高等院校计算机任务驱动教改教材

Linux系统管理

（RHEL 8/CentOS 8）

（微课版）

杨 云 王春身 魏 尧 编著

清華大學出版社
·北京·

内 容 简 介

本书是国家精品课程、国家精品资源共享课程和浙江省精品在线开放课程“Linux网络操作系统”的配套教材，也是一本基于“项目驱动、任务导向”的“双元”模式的纸媒＋电子活页的项目化零基础教程。

本书以RHEL 8/CentOS 8为平台，全书共10章，包括搭建与测试Linux服务器、使用常用的Linux命令、安装与管理软件包、Shell与vim编辑器、用户和组管理、文件系统和磁盘管理、配置防火墙和SELinux、配置与管理代理服务器、Linux系统监视与进程管理、使用gcc和make调试程序。此外，还有14个扩展项目（电子活页）。本书所有项目配有“项目实训”等结合实践应用的内容，同时引用了大量的企业应用实例，并配以知识点微课和项目实训慕课，使“教、学、做”融为一体，实现理论与实践的统一。

本书可作为本科及高职高专院校大数据技术、数据科学、云计算技术、人工智能技术等相关专业的理论与实践教材，也可作为Linux系统管理和网络管理人员的自学用书。

图书在版编目（CIP）数据

Linux系统管理：RHEL 8/CentOS 8：微课版/杨云，王春身，魏尧编著. —北京：清华大学出版社，2022.4（2024.7重印）

高等院校计算机任务驱动教改教材

ISBN 978-7-302-59973-9

Ⅰ. ①L… Ⅱ. ①杨… ②王… ③魏… Ⅲ. ①Linux操作系统－高等学校－教材 Ⅳ. ①TP316.85

中国版本图书馆CIP数据核字（2022）第016075号

策划编辑：张龙卿
封面设计：范春燕
责任校对：李　梅
责任印制：沈　露

出版发行：清华大学出版社
网　　址：https://www.tup.com.cn，https://www.wqxuetang.com
地　　址：北京清华大学学研大厦A座　　**邮　　编**：100084
社 总 机：010-83470000　　**邮　　购**：010-62786544
投稿与读者服务：010-62776969，c-service@tup.tsinghua.edu.cn
质量反馈：010-62772015，zhiliang@tup.tsinghua.edu.cn
课件下载：https://www.tup.com.cn，010-83470410
印 装 者：三河市龙大印装有限公司
经　　销：全国新华书店
开　　本：185mm×260mm　　**印　　张**：16.75　　**字　　数**：404千字
版　　次：2022年4月第1版　　**印　　次**：2024年7月第4次印刷
定　　价：59.00元

产品编号：094418-01

前 言

1. 编写背景

云计算技术、人工智能技术、大数据技术、数据科学等专业直接服务国家新兴战略产业，而 Linux 系统管理是这些专业的平台课程，伴随着新兴专业的快速发展，编写一本“易教易学”“项目导向、任务驱动”的“双元”模式教材非常必要。

2. 本书特点

本书为教师和学生提供“教、学、做、导、考”一站式课程解决方案和立体化教学资源，助力“易教易学”。

（1）在形式上，本书采用了“纸质教材＋电子活页”的形式。

采用知识点微课和项目实录慕课的形式辅助教学，增加了丰富的数字资源。纸质教材和电子活页以项目为载体，以工作过程为导向，以职业素养和职业能力培养为重点，按照技术应用从易到难，教学内容从简单到复杂、从局部到整体的原则归纳教材内容。

（2）国家精品课程和国家精品资源共享课程配套教材。

本书相关教学视频和实验视频全部放在课程网站供下载学习和在线收看。教学中用到的 PPT 课件、电子教案、实践教学、授课计划、课程标准、题库、论坛、学习指南、习题解答、补充材料等内容，也都放在了国家精品资源共享课程网站上。国家精品资源共享课程“Linux 网络操作系统”网址为 http://www.icourses.cn/sCourse/course_2843.html。

（3）产教融合、书证融通、课证融通，校企“双元”合作开发“理实一体”教材。

本书内容对接职业标准和岗位需求，以企业“真实工程项目”为素材进行项目设计及实施，将教学内容与 Linux 资格认证相融合，业界专家拍摄项目视频，书证融通、课证融通。

（4）符合“三教”改革精神，创新教材形态。

将教材、课堂、教学资源、LEEPEE 教学法四者融合，实现线上线下的有机结合，为“翻转课堂”和“混合课堂”改革奠定基础。采用“纸质教材＋电子活页”的形式编写教材。除教材外，本书还提供丰富的数字资源，包含视频、音频、作业、试卷、拓展资源、讨论、扩展的项目实录视频等，实现纸质教材三年修订、电子活页随时增减和修订的目标。

3. 配套的教学资源

（1）知识点微课（近 10 个）、项目实录慕课（近 30 个）。全部的知识点微课和全套的项目实录慕课都可通过扫描书中二维码获取。

（2）课件、教案、授课计划、项目指导书、课程标准、拓展提升、任务单、实训指导书等，以及可供参考的服务器的配置文件。

（3）大赛试题（试卷 A、试卷 B）及答案、本书习题及答案。

(4) 本书配备了以下电子活页内容或视频,读者可扫描二维码学习。

使用 Cyrus-SASL 实现 SMTP 认证

实现邮件 TLS-SSL 加密通信

排除系统和网络故障

OpenSSL 及证书服务

安装 Linux Nginx MariaDB PHP(LEMP)

配置远程管理

配置与管理电子邮件服务器

配置与管理 VPN 服务器

配置与管理 Web 服务器

配置与管理 DNS 服务器

配置与管理 DHCP 服务器

配置与管理 samba 服务器

配置与管理 NFS 服务器

配置与管理 FTP 服务器

本书由山东现代学院杨云、山东鹏森信息科技有限公司王春身、常州市高级职业技术学校魏尧编著,浪潮集团薛立强、浙江东方职业技术学院刁琦也参加了部分内容的编写和视频的创作。特别感谢浪潮集团、山东鹏森信息科技有限公司提供了教学案例。订购教材后请向编者索要全套备课包。

编著者

2022 年 1 月于泉城

目　录

第1章 搭建与测试 Linux 服务器

Linux 是当前有很大发展潜力的计算机操作系统,Internet 的旺盛需求正推动着 Linux 的发展热潮一浪高过一浪。自由与开放的特性,加上强大的网络功能,使 Linux 在 21 世纪有着无限的发展前景。本章主要介绍 Linux 系统的安装与简单配置。

学习要点

- 了解 Linux 系统的历史、版权以及特点。
- 了解 RHEL 8 的优点及其家族成员。
- 掌握如何搭建 RHEL 8 服务器。
- 掌握如何配置 Linux 常规网络和如何测试 Linux 网络环境。

1.1 认识 Linux 操作系统

1.1.1 Linux 系统的历史

Linux 系统是一个类似 UNIX 的操作系统。Linux 系统是 UNIX 在计算机上的完整实现,它的标志是一个名为 Tux 的可爱的小企鹅,如图 1-1 所示。UNIX 操作系统是 1969 年由 K.Thompson 和 D.M.Richie 在美国贝尔实验室开发的一个操作系统,由于良好而稳定的性能,其迅速在计算机中得到广泛的应用,在随后的几十年中又做了不断的改进。

图 1-1 Linux 的标志 Tux

自由开源的 Linux 操作系统

1990 年,芬兰人 Linus Torvalds 接触了为教学而设计的 Minix 系统后,开始着手研究编写一个开放的与 Minix 系统兼容的操作系统。1991 年 10 月 5 日,Linus Torvalds 在赫尔辛基技术大学的一台 FTP 服务器上发布了一个消息,这也标志着 Linux 系统的诞生。Linus Torvalds 公布了第一个 Linux 的内核版本 0.02 版。在刚开始时,Linus Torvalds 的兴趣在于了解操作系统运行原理,因此 Linux 早期的版本并没有考虑最终用户的使用,只是提供了最核心的框架,使 Linux 编程人员可以享受编制内核的乐趣,但这样也保证了 Linux 系统内核的强大与稳定。Internet 的兴起,使 Linux 系统也能十分迅速地发展,很快就有许多程序员加入了 Linux 系统的编写行列之中。

随着编程小组的扩大和完整的操作系统基础软件的出现,Linux 开发人员认识到,Linux 已经逐渐变成一个成熟的操作系统。1992 年 3 月,内核 1.0 版本的推出,标志着 Linux 第一个正式版本的诞生。这时能在 Linux 上运行的软件已经十分广泛了,从编译器到网络软件以及 X-Window 都有。现在,Linux 凭借优秀的设计、不凡的性能,加上 IBM、Intel、AMD、Dell、Oracle、Sybase 等国际知名企业的大力支持,市场份额逐步扩大,逐渐成为主流操作系统之一。

1.1.2 Linux 的版权问题

Linux 是基于 Copyleft(无版权)的软件模式进行发布的。其实 Copyleft 是与 Copyright(版权所有)相对立的新名称,它是 GNU 项目制定的通用公共许可证(general public license,GPL)。GNU 项目是由 Richard Stallman 于 1984 年提出的,他建立了自由软件基金会(FSF)并提出 GNU 计划的目的是开发一个完全自由的、与 UNIX 类似但功能更强大的操作系统,以便为所有的计算机使用者提供一个功能齐全、性能良好的基本系统,它的标志是角马,如图 1-2 所示。

图 1-2　GNU 的标志角马

GPL 是由自由软件基金会发行的用于计算机软件的协议证书,使用证书的软件称为自由软件(后来改名为开放源代码软件)。大多数的 GNU 程序和超过半数的自由软件使用它,GPL 保证任何人都有权使用、复制和修改该软件。任何人都有权取得、修改和重新发布自由软件的源代码,并且规定在不增加附加费用的条件下可以得到自由软件的源代码。同时还规定自由软件的衍生作品必须以 GPL 作为它重新发布的许可协议。Copyleft 软件的组成非常透明化,这样当出现问题时,就可以准确地查明故障原因,及时采取相应对策,同时用户不用再担心有"后门"的威胁。

小资料

GNU 这个名字使用了有趣的递归缩写,它是 GNU's not UNIX 的缩写形式。由于递归缩写是一种在全称中递归引用它自身的缩写,因此无法精确地解释出它的真正全称。

总之,Linux 操作系统作为一个免费、自由、开放的操作系统,它的发展势不可挡。

1.1.3 理解 Linux 体系结构

Linux 一般包括三部分:内核(Kernel)、命令解释层(Shell 或其他操作环境)、实用工具。

1. 内核

内核是系统的中心,是运行程序和管理磁盘及打印机等硬件设备的核心程序。操作环境向用户提供一个操作界面,它从用户那里接受命令,并且把命令送给内核去执行。由于内核提供的都是操作系统最基本的功能，如果内核发生问题，整个计算机系统就可能会崩溃。

Linux 内核的源代码主要用 C 语言编写，只有部分与驱动相关的用汇编语言 Assembly 编写。Linux 内核采用模块化的结构，其主要模块包括存储管理、CPU 和进程管理、文件系统管理、设备管理和驱动、网络通信以及系统的引导、系统调用等。Linux 内核的源代码通常安装在/usr/src 目录，可供用户查看和修改。

2. 命令解释层

Shell 是系统的用户界面，提供了用户与内核进行交互操作的一种接口。它接收用户输入的命令，并且把它送入内核去执行。

操作环境在操作系统内核与用户之间提供操作界面，它可以描述为一个解释器。操作系统对用户输入的命令进行解释，再将其发送到内核。Linux 存在几种操作环境，分别是桌面(desktop)、窗口管理器(Window manager)和命令行 Shell(command line Shell)。Linux 系统中的每个用户都可以拥有自己的用户操作界面，根据自己的要求进行定制。

3. 实用工具

标准的 Linux 系统都有一套叫作实用工具的程序，它们是专门的程序，如编辑器、执行标准的计算操作等。用户也可以创建自己的工具。

实用工具可分为以下三类。

- 编辑器：用于编辑文件。
- 过滤器：用于接收数据并过滤数据。
- 交互程序：允许用户发送信息或接收来自其他用户的信息。

Linux 的编辑器主要有 Ed、Ex、vi、vim 和 Emacs。Ed 和 Ex 是行编辑器，vi、vim 和 Emacs 是全屏幕编辑器。

Linux 的过滤器(filter)读取用户文件或其他设备的输入数据。

交互程序是用户与机器的信息接口。Linux 是一个多用户系统，它必须与所有用户保持联系。

1.1.4 认识 Linux 的版本

Linux 的版本分为内核版本和发行版本两种。

1. 内核版本

内核提供了一个在裸设备与应用程序间的抽象层。例如，程序本身不需要了解用户的主板芯片集或磁盘控制器的细节就能在高层次上读写磁盘。

内核的开发和规范一直由 Linus 领导的开发小组控制着，版本也是唯一的。开发小组每隔一段时间公布新的版本或其修订版，从 1991 年 10 月 Linus 向世界公开发布的内核 0.0.2 版本(0.0.1 版本功能相当简单，所以没有公开发布)到目前最新的内核 5.10.12 版本，Linux 的功能越来越强大。

Linux 内核的版本号命名是有一定规则的，版本号的格式通常为“主版本号.次版本号.修正号”。主版本号和次版本号标志着重要的功能变动，修正号表示较小的功能变更。以 2.6.12 版本为例，2 代表主版本号，6 代表次版本号，12 代表修正号。其中次版本号还有特定的意义：如果是偶数，就表示该内核是一个可放心使用的稳定版；如果是奇数，则表示该内核加入了某些测试的新功能，是一个内部可能存在着 BUG 的测试版。如 2.5.74 表示是一个测试版的内核，2.6.12 表示是一个稳定版的内核。读者可以到 Linux 内核官方网站 http://www.kernel.org/下载最新的内核代码，如图 1-3 所示。

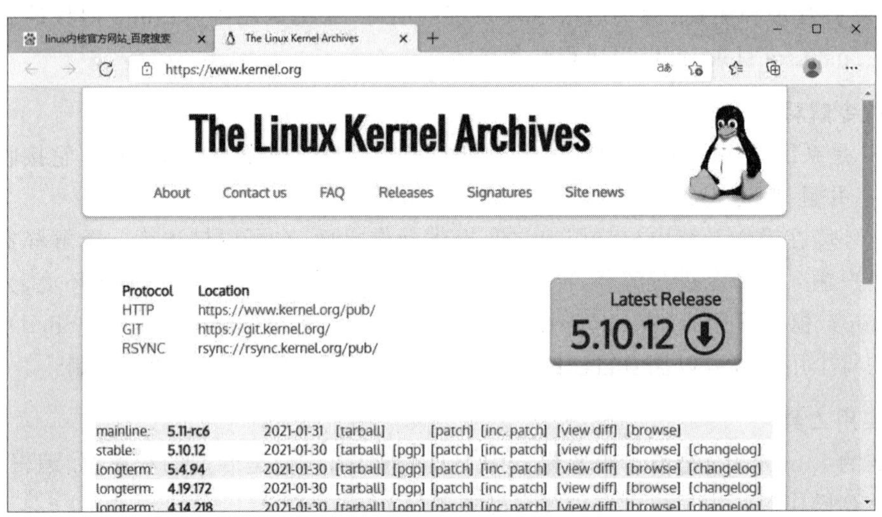

图 1-3　Linux 内核官方网站 http://www.kernel.org/

2. 发行版本

仅有内核而没有应用软件的操作系统是无法使用的，所以许多公司或社团将内核、源代码及相关的应用程序组织构成一个完整的操作系统，让一般的用户可以简便地安装和使用 Linux，这就是所谓的发行版本(distribution)，一般谈论的 Linux 系统便是针对这些发行版本的。目前各种发行版本超过 300 种，它们的发行版本号各不相同，使用的内核版本号也可能不一样，现在流行的套件有 Red Hat(红帽)、CentOS、Fedora、openSUSE、Debian、Ubuntu 等。

本书是基于最新的 Red Hat Enterprise Linux 8 操作系统(简称 RHEL 8)编写的，书中内容及实验完全通用于 CentOS、Fedora 等系统。也就是说，当你学完本书后，即便公司内的生产环境部署的是 CentOS 系统，也照样会使用。更重要的是，本书配套资料中的内容与红帽 RHCSA(Red Hat certified system administrator，红帽认证系统管理员)及 RHCE(Red Hat certified engineer，红帽认证工程师)考试基本保持一致，因此更适合备考红帽认证的考生使用。

1.1.5　Red Hat Enterprise Linux 8

作为面向云环境和企业 IT 的强大企业级 Linux 系统，Red Hat Enterprise Linux 8 正式版于 2019 年 5 月 8 日正式发布。在 RHEL 7 系列发布将近 5 年之后，RHEL 8 在优化诸多核心组件的同时引入了诸多强大的新功能，从而让用户轻松驾驭各种环境以及支持各种工作负载。

RHEL 8 为混合云时代的到来引入了大量新功能，包括用于配置、管理、修复和配置

RHEL 8 的 Red Hat Smart Management 扩展程序，以及包含快速迁移框架、编程语言和诸多开发者工具在内的 Application Streams。

RHEL 8 同时对管理员和管理区域进行了改善，让系统管理员、Windows 管理员更容易访问，此外通过 Red Hat Enterprise Linux System Roles 让 Linux 初学者更快自动化执行复杂任务，以及通过 RHEL Web 控制台用于管理和监控 Red Hat Enterprise Linux 系统的运行状况。

在安全方面，RHEL 8 内置了对 OpenSSL 1.1.1 和 TLS 1.3 加密标准的支持。它还为 Red Hat 容器工具包提供全面支持，用于创建、运行和共享容器化应用程序，改进对 ARM 和 POWER 架构、SAP 解决方案和实时应用程序以及 Red Hat 混合云基础架构的支持。

1.2　使用 VM 虚拟机安装 RHEL 8

在安装操作系统前，先介绍如何安装 VM 虚拟机。

1.2.1　安装配置 VM 虚拟机

（1）成功安装 VMware Workstation 后的界面如图 1-4 所示。

图 1-4　虚拟机软件的管理界面

（2）在图 1-4 所示的界面中，单击“创建新的虚拟机”选项，并在弹出的“新建虚拟机向导”界面中选择“典型”单选按钮，然后单击“下一步”按钮，如图 1-5 所示。

（3）选中“稍后安装操作系统”单选按钮，然后单击“下一步”按钮，如图 1-6 所示。

注 意

一定要选择“稍后安装操作系统”单选按钮。如果选择“安装程序光盘映像文件”单选按钮，并把下载好的 RHEL 8 系统的映像选中，虚拟机会通过默认的安装策略为你部署最精简的 Linux 系统，而不会再向你询问安装设置的选项。

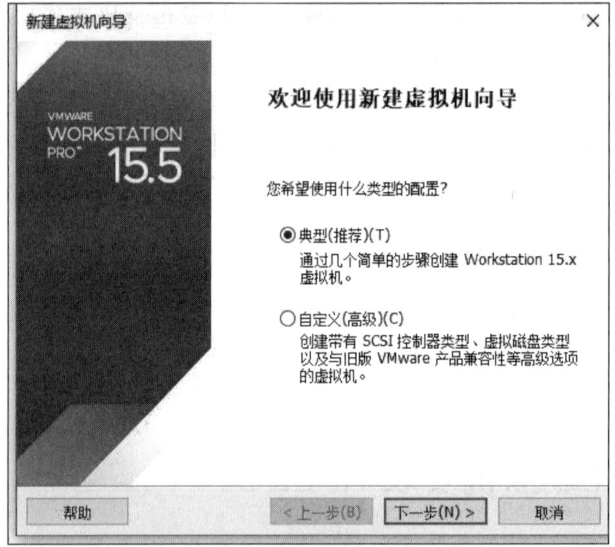

图 1-5 新建虚拟机向导

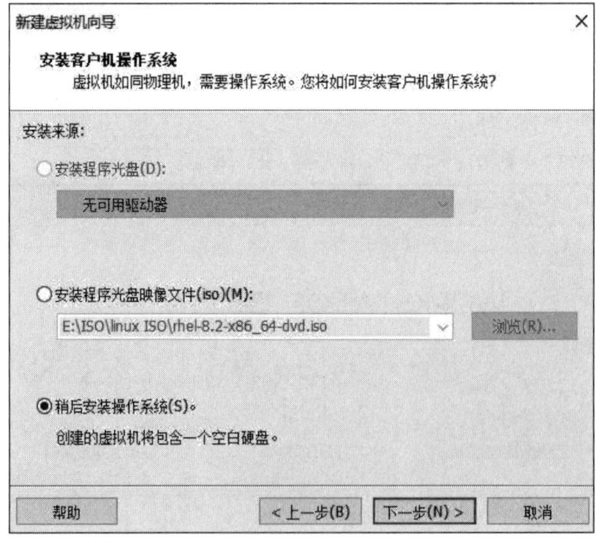

图 1-6 选择虚拟机的安装来源

(4) 在图 1-7 所示的界面中,将客户机操作系统的类型选择为 Linux,版本为“Red Hat Enterprise Linux 8 64 位”,然后单击“下一步”按钮。

(5) 填写“虚拟机名称”字段,并在选择安装位置之后单击“下一步”按钮,如图 1-8 所示。

(6) 将虚拟机系统的“最大磁盘大小”设置为 100.0GB(默认 20GB),然后单击“下一步”按钮,如图 1-9 所示。

(7) 单击“自定义硬件”按钮,如图 1-10 所示。

(8) 在出现的图 1-11 所示的界面中,建议将虚拟机系统内存的可用量设置为 2GB,最低不应低于 1GB。根据宿主机的性能设置 CPU 处理器的数量以及每个处理器的核心数量,并开启虚拟化功能,如图 1-12 所示。

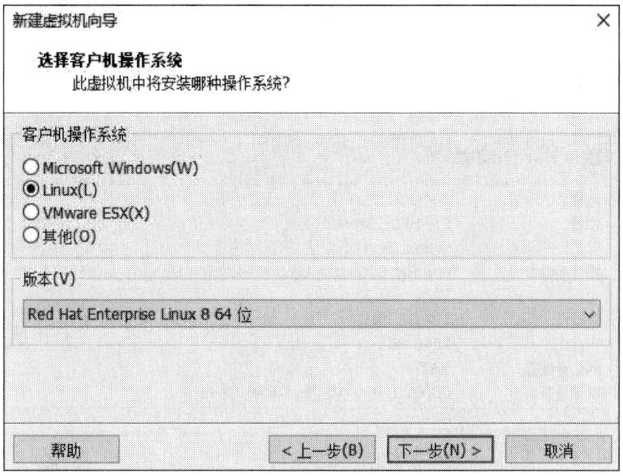

图 1-7　选择操作系统的版本

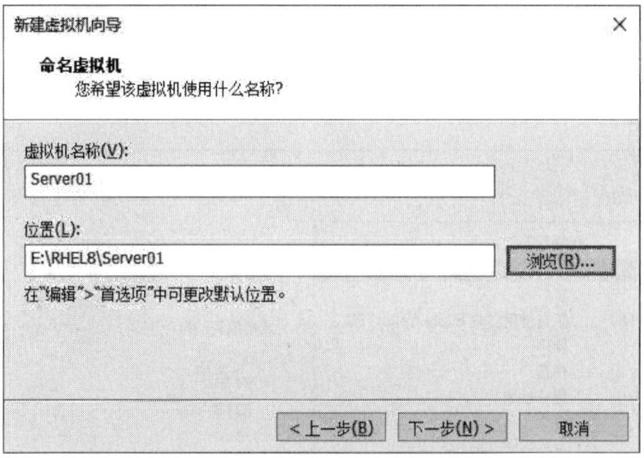

图 1-8　命名虚拟机及设置安装路径

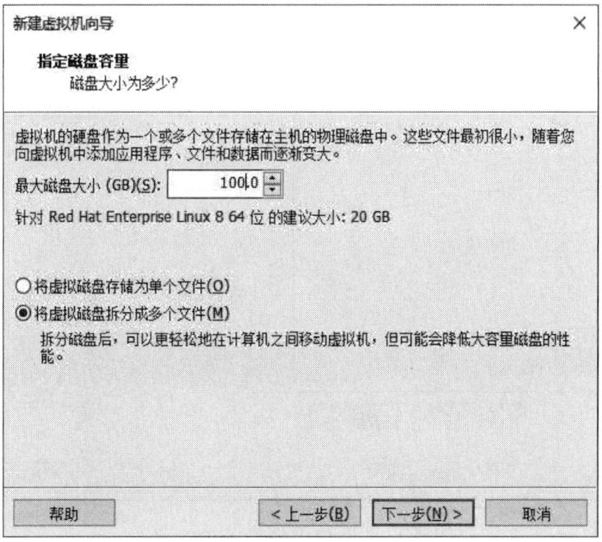

图 1-9　设置虚拟机最大磁盘大小

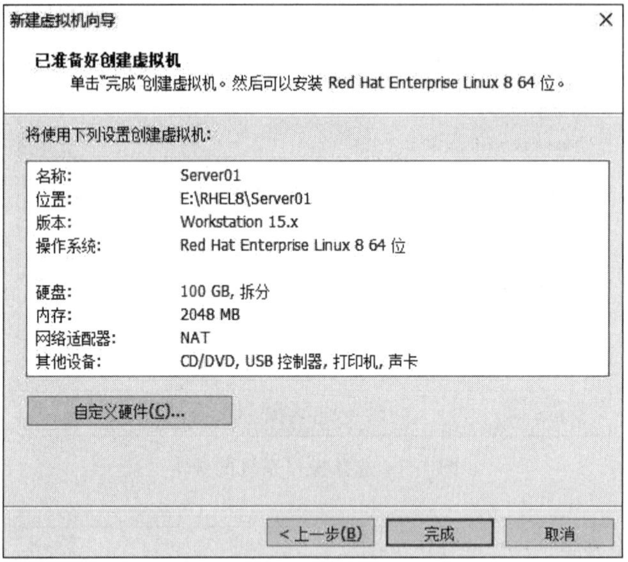

图 1-10 虚拟机的配置界面

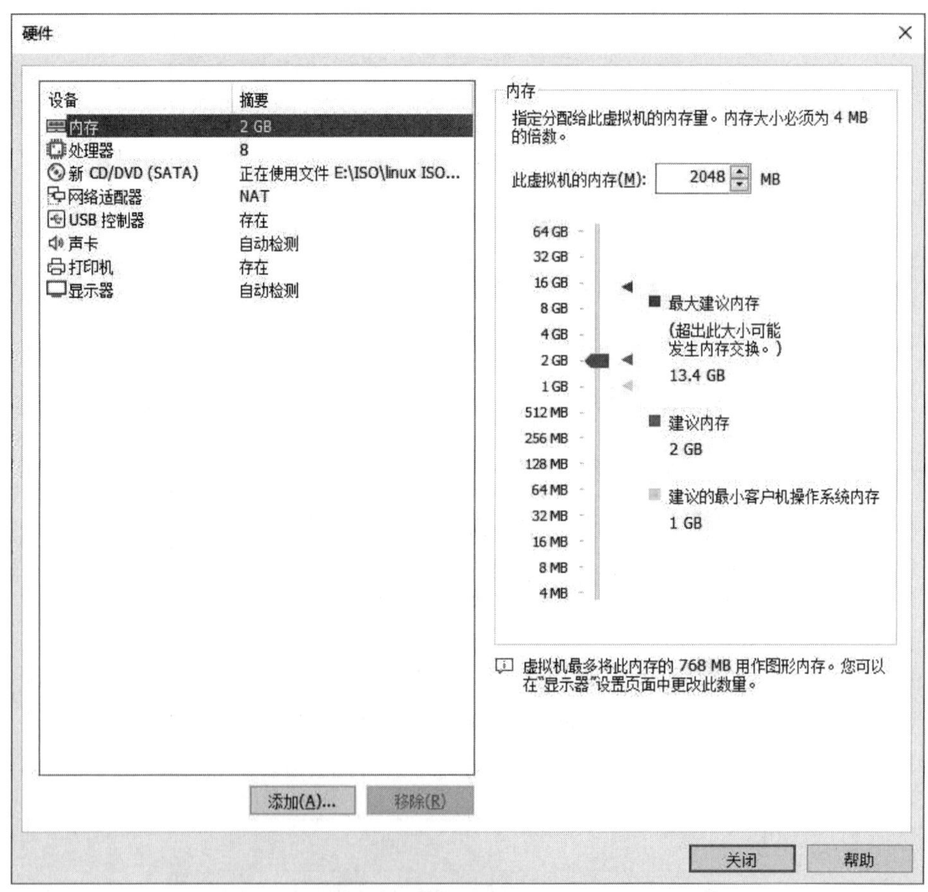

图 1-11 设置虚拟机的内存量

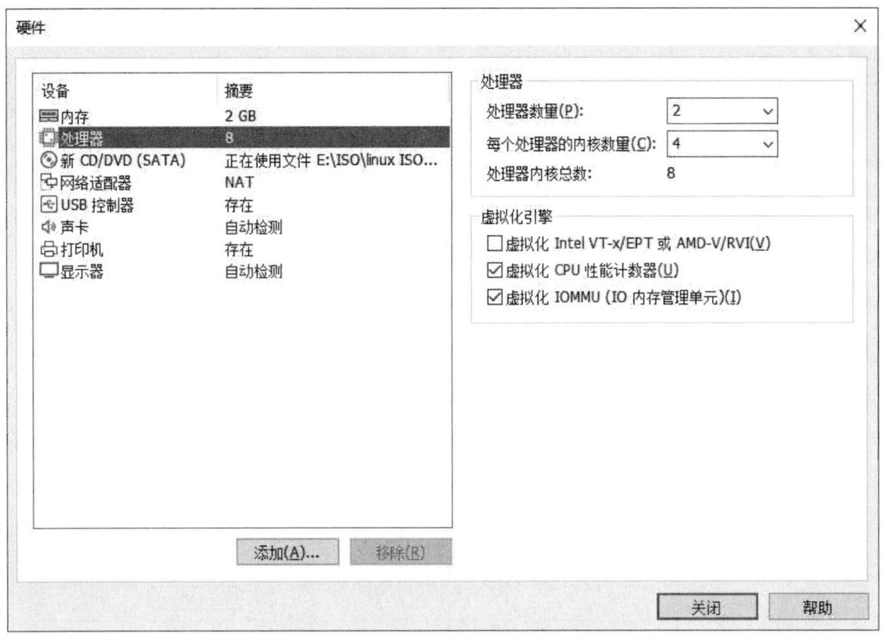

图 1-12　设置虚拟机的处理器参数

(9) 光驱设备此时应在“使用 ISO 映像文件”中选中了下载好的 RHEL 系统映像文件，如图 1-13 所示。

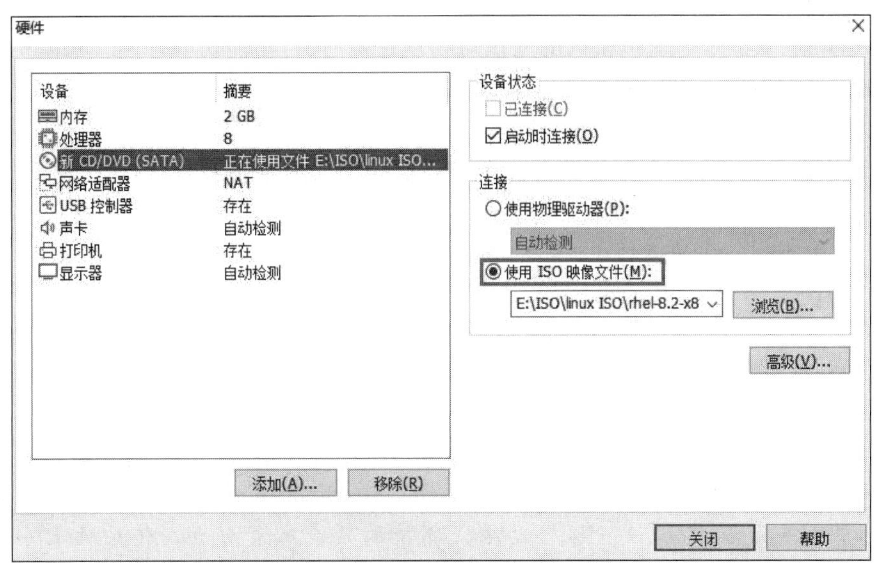

图 1-13　设置虚拟机的光驱设备

(10) VM 虚拟机软件为用户提供了 3 种可选的网络模式，分别为桥接模式、NAT 模式与仅主机模式。这里选择“仅主机模式”，如图 1-14 所示。

- 桥接模式：相当于在物理主机与虚拟机网卡之间架设了一座桥梁，从而可以通过物理主机的网卡访问外网。在实际应用，桥接模式使用的虚拟机网卡是 VMnet0。

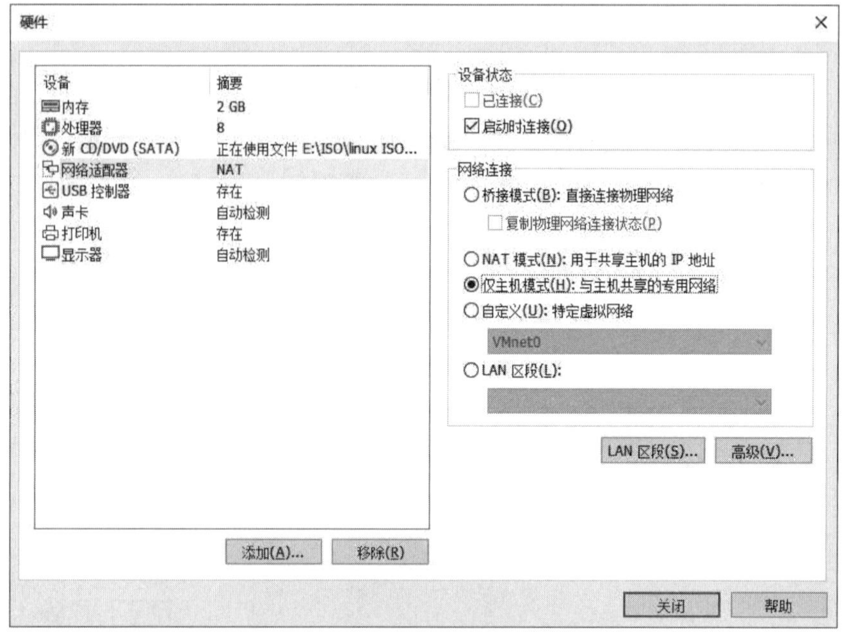

图 1-14　设置虚拟机的网络适配器

- NAT 模式：让 VM 虚拟机的网络服务发挥路由器的作用，使得通过虚拟机软件模拟的主机可以通过物理主机访问外网。在真机中，NAT 虚拟机网卡对应的物理网卡是 VMnet8。
- 仅主机模式：仅让虚拟机内的主机与物理主机通信，不能访问外网。在真机中，仅主机模式模拟网卡对应的物理网卡是 VMnet1。

(11) 把 USB 控制器、声卡、打印机设备等不需要的设备全部移除。移掉声卡后，可以避免在输入错误后发出提示声音，确保自己在今后实验中的思绪不被打扰，然后单击“关闭”→“完成”按钮。

(12) 右击刚刚完成的虚拟机，选择“设置”→“选项”→“高级”命令，根据实际情况选择固件类型，如图 1-15 所示。

(13) 单击“确定”按钮，虚拟机的安装和配置顺利完成。当看到图 1-16 所示的界面时，就说明虚拟机已经配置成功了。

小知识

①UEFI(unified extensible firmware interface，统一的可扩展固件接口)启动需要一个独立的分区，它将系统启动文件和操作系统本身隔离，可以更好地保护系统的启动。②UEFI 启动方式支持的硬盘容量更大。传统的 BIOS(basic input output system，基本输入/输出系统)启动由于 MBR(master boot record，主引导记录)的限制，默认是无法引导超过 2.1TB 以上的硬盘的。随着硬盘价格的不断走低，2.1TB 以上的硬盘会逐渐普及，因此 UEFI 启动也是今后主流的启动方式。③本书采取 UEFI 启动，但在某些关键点会同时讲解两种方式，请读者学习时注意。

图 1-15　最终的虚拟机配置情况

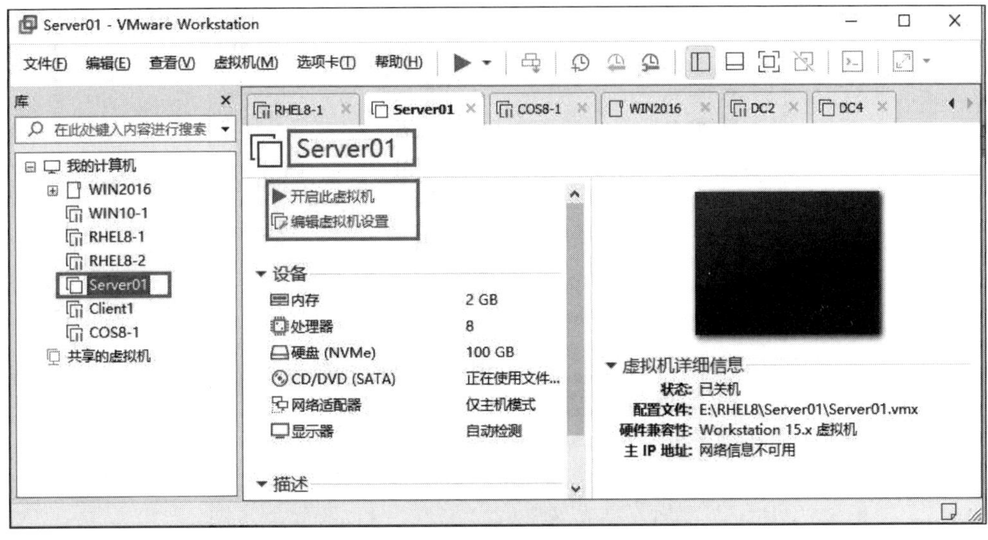

图 1-16　虚拟机配置成功界面

1.2.2 安装配置 RHEL 8 操作系统

安装 RHEL 8 系统时,计算机的 CPU 需要支持 VT(virtualization technology,虚拟化技术)。VT 是指让单台计算机能够分隔出多个独立资源区,并让每个资源区按照需要模拟出系统的一项技术,其本质就是通过中间层实现计算机资源的管理和再分配,让系统资源的利用率最大化。如果开启虚拟机后依然提示“CPU 不支持 VT 技术”等报错信息,请重启计算机并进入 BIOS 中,然后把 VT 虚拟化功能开启即可。

(1) 在虚拟机管理界面中单击“开启此虚拟机”按钮后数秒,就看到 RHEL 系统安装界面,如图 1-17 所示。在界面中,Test this media & install Red Hat Enterprise Linux 8.2 和 Troubleshooting 的作用分别是校验光盘完整性后再安装以及启动救援模式。此时通过键盘的方向键选择 Install Red Hat Enterprise Linux 8.2 选项来直接安装 Linux 系统。

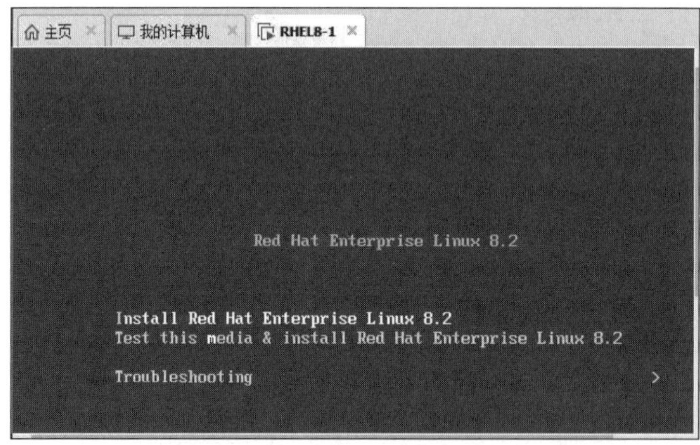

图 1-17 RHEL 8 系统安装界面

(2) 按 Enter 键后开始加载安装映像,所需时间在 30～60 秒,请耐心等待。选择系统的安装语言(简体中文)后单击“继续”按钮,如图 1-18 所示。

图 1-18 选择系统的安装语言

(3) 如图 1-19 所示，“软件选择”项按系统默认值，不必更改。RHEL 8 系统的软件定制界面可以根据用户的需求来调整系统的基本环境，例如把 Linux 系统用作基础服务器、文件服务器、Web 服务器或工作站等。RHEL 8 系统已默认选中“带 GUI 的服务器”单选按钮(如果不选此项，则无法进入图形界面)，可以不做任何更改。单击“软件选择”按钮，会显示图 1-20 所示的界面。

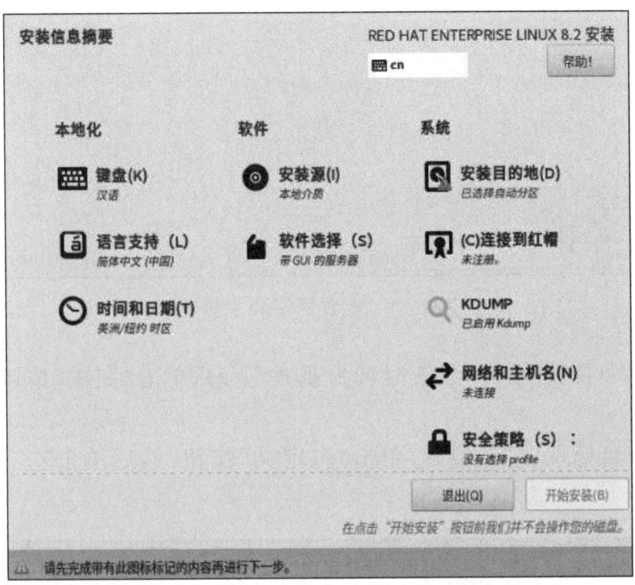

图 1-19　安装系统界面

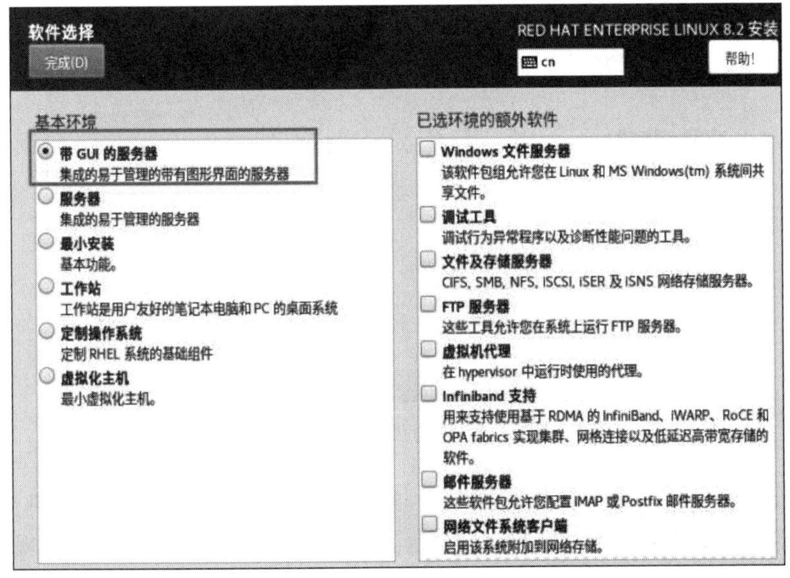

图 1-20　软件选择

(4) 单击“完成”按钮，返回到 RHEL 8 系统安装主界面。单击“网络和主机名”选项后，将“主机名”字段设置为 Server01，将以太网的连接状态改成“打开”状态，然后单击左上角的

"完成"按钮,如图 1-21 所示。

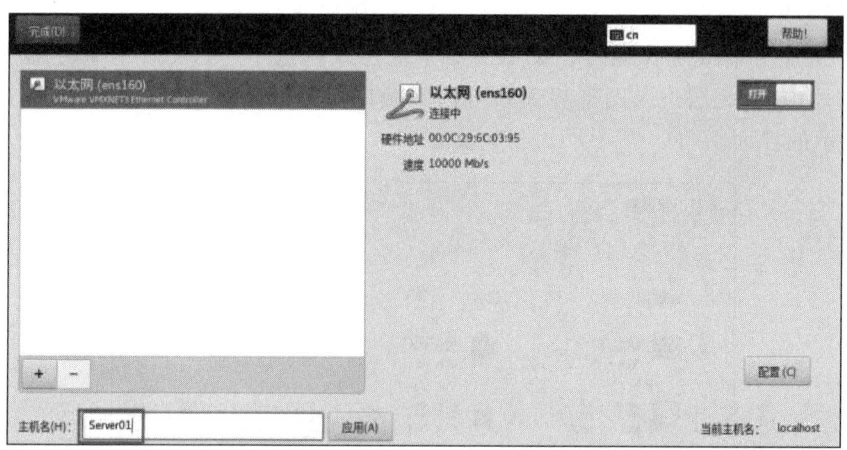

图 1-21 配置网络和主机名

(5) 选择"时间和日期"命令,设置时区为亚洲/上海,单击"完成"按钮,返回 RHEL 8 系统安装主界面。

(6) 单击"安装目标位置"选项后,单击"自定义"按钮,然后单击左上角的"完成"按钮,如图 1-22 所示。

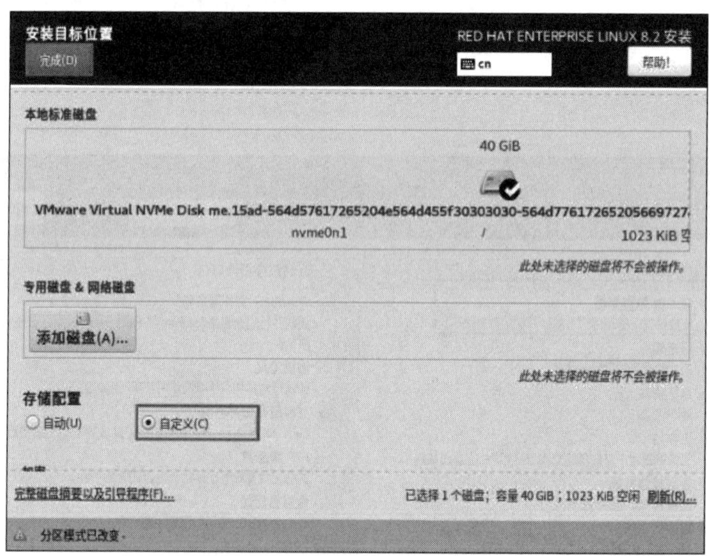

图 1-22 设置安装的目标位置

(7) 开始配置分区。磁盘分区允许用户将一个磁盘划分成几个单独的部分,每一部分都有自己的盘符。在分区之前,首先规划分区,以 100GB 硬盘为例,应做如下规划。

- /boot 分区大小为 500MB。
- /boot/efi 分区大小为 500MB。
- "/"分区大小为 10GB
- /home 分区大小为 8GB。

- swap 分区大小为 4GB。
- /usr 分区大小为 8GB。
- /var 分区大小为 8GB。
- /tmp 分区大小为 1GB。
- 预留 60GB 左右。

下面进行具体分区操作。

① 创建/boot 分区(启动分区)。在“新挂载点将使用以下分区方案”选中“标准分区”。单击“+”按钮,如图 1-23 所示,选择挂载点为/boot(也可以直接输入挂载点),容量大小设置为 500MB,然后单击“添加挂载点”按钮。在图 1-24 所示的界面中设置文件系统类型为默认文件系统 xfs。

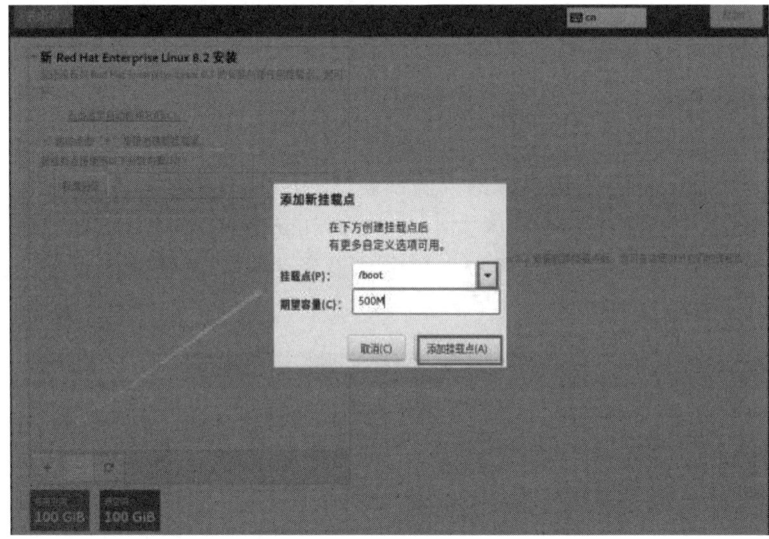

图 1-23　添加/boot 挂载点

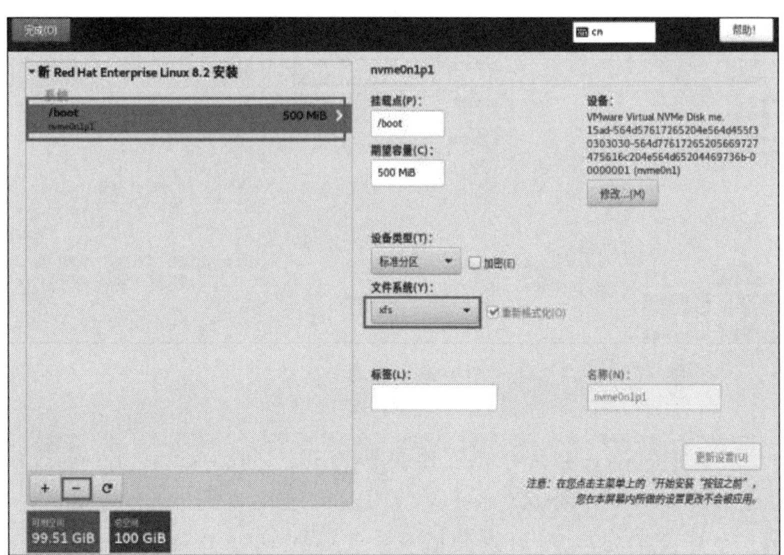

图 1-24　设置/boot 挂载点的文件类型

注 意

① 一定选中标准分区，以保证/home 为单独分区，为后面的配额实训做必要准备。②UEFI 类型下的 Linux 系统至少必须建立的 4 个分区是：根分区(/)、启动分区(/boot)、EFI 启动分区(/boot/efi)和交换分区(swap)。③单击图 1-24 中的“—”号，可以删除选中的分区。

② 创建交换分区。单击“+”按钮，创建交换分区。“文件系统”类型中选择 swap，大小一般设置为物理内存的两倍即可。例如，计算机物理内存大小为 2GB，设置的 swap 分区大小就是 4096MB(4GB)。

说 明

什么是 swap 分区？简单地说，swap 就是虚拟内存分区，它类似于 Windows 的 pagefile.sys 页面交换文件。就是当计算机的物理内存不够时，利用硬盘上的指定空间作为后备军来动态扩充内存的大小。

③ 创建 EFI 启动分区。用与上面类似的方法创建 EFI 启动分区(/boot/efi)，大小为 500MB。

④ 创建“/”分区。用与上面类似的方法创建“/”分区，大小为 10GB。

⑤ 用同样方法：创建/home 分区大小为 8GB，/usr 分区大小为 8GB，/var 分区大小为 8GB，/tmp 分区大小为 1GB。文件系统类型全部设置为 xfs，设置分区类型全部为“标准分区”。设置完成如图 1-25 所示。

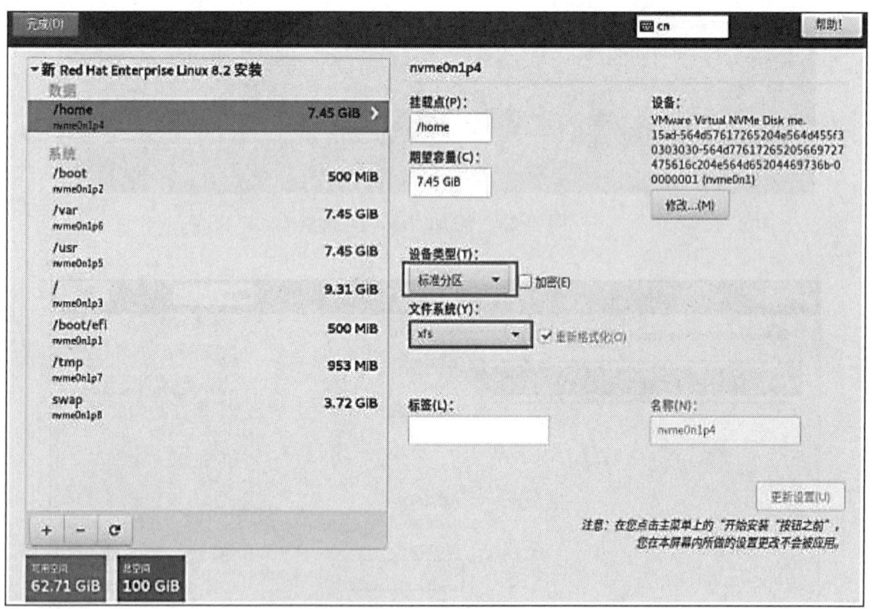

图 1-25　手动分区

注 意

① 不可与 root 分区分开的目录是：/dev、/etc、/sbin、/bin 和/lib。系统启动时，核心只载入一个分区，那就是“/”，核心启动要加载/dev、/etc、/sbin、/bin 和/lib 5 个目录的程序，所以以上几个目录必须和/根目录在一起。

② 单独分区的目录最好是/home、/usr、/var 和/tmp。出于安全和管理的目的，最好将以上 4 个目录独立出来。例如，在 samba 服务中，/home 目录可以配置磁盘配额；在 postfix 服务中，/var 目录可以配置磁盘配额。

⑥ 单击左上角的“完成”按钮，如图 1-26 所示，单击“接受更改”按钮完成分区。

更改摘要

您的自定义更改将产生以下变更，这些变更将会在您返回到主菜单并开始安装时生效：

顺序	操作	类型	设备
1	销毁格式	Unknown	VMware Virtual NVMe Disk me.15ad-564d57
2	创建格式	分区表 (GPT)	VMware Virtual NVMe Disk me.15ad-564d57
3	创建设备	partition	VMware Virtual NVMe Disk me.15ad-564d57
4	创建格式	EFI System Partition	VMware Virtual NVMe Disk me.15ad-564d57
5	创建设备	partition	VMware Virtual NVMe Disk me.15ad-564d57
6	创建设备	partition	VMware Virtual NVMe Disk me.15ad-564d57
7	创建设备	partition	VMware Virtual NVMe Disk me.15ad-564d57
8	创建设备	partition	VMware Virtual NVMe Disk me.15ad-564d57
9	创建设备	partition	VMware Virtual NVMe Disk me.15ad-564d57
10	创建设备	partition	VMware Virtual NVMe Disk me.15ad-564d57

取消并返回到自定义分区(C)　　接受更改(A)

图 1-26　完成分区后的结果

如果选择的固件类型为 UEFI，则 Linux 系统至少必须建立 4 个分区：根分区(/)、启动分区(/boot)、EFI 启动分区(/boot/efi)和交换分区(swap)。

本例中，/home 使用了独立分区/dev/nvme0n1p2。分区号与分区顺序有关。

对于非易失性存储器标准(non-volatile memory express，NVMe)硬盘要特别注意，这是一种固态硬盘。/dev/nvme0n1 是第 1 个 NVMe 硬盘，/dev/nvme0n2 是第 2 个 NVMe 硬盘，而/dev/nvme0n1p1 表示第 1 个 NVMe 硬盘的第 1 个主分区，/dev/nvme0n1p5 表示第 1 个 NVMe 硬盘的第 1 个逻辑分区，以此类推。

(8) 返回到安装主界面，如图 1-27 所示，单击“开始安装”按钮后即可看到安装进度。在此处选择“根密码”，如图 1-28 所示。

(9) 设置根密码的密码。若坚持用弱口令的密码，则需要单击两次“完成”按钮才可以确认。这里需要说明，当你在虚拟机中做实验时，密码无所谓强弱，但在生产环境中一定要让 root 管理员的密码足够复杂，否则系统将面临严重的安全问题。完成根密码设置后，单击“完成”按钮。

(10) Linux 系统安装过程需要 30～60 分钟，用户在安装期间耐心等待即可。安装完成后单击“重启”按钮。

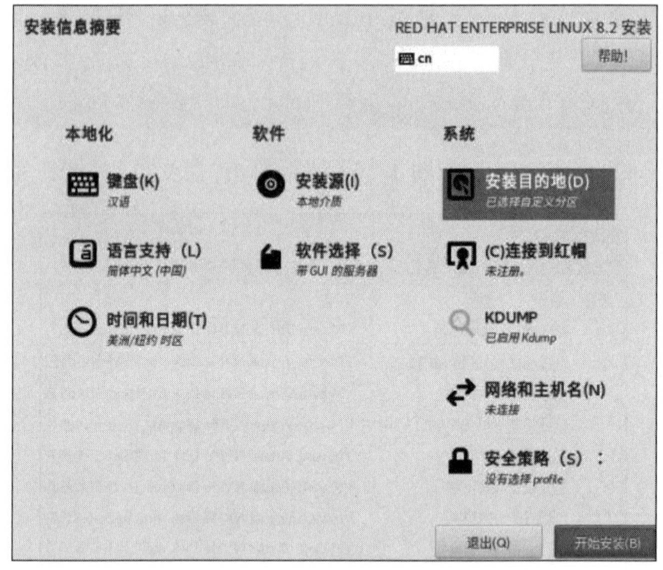

图 1-27　RHEL 8 安装主界面

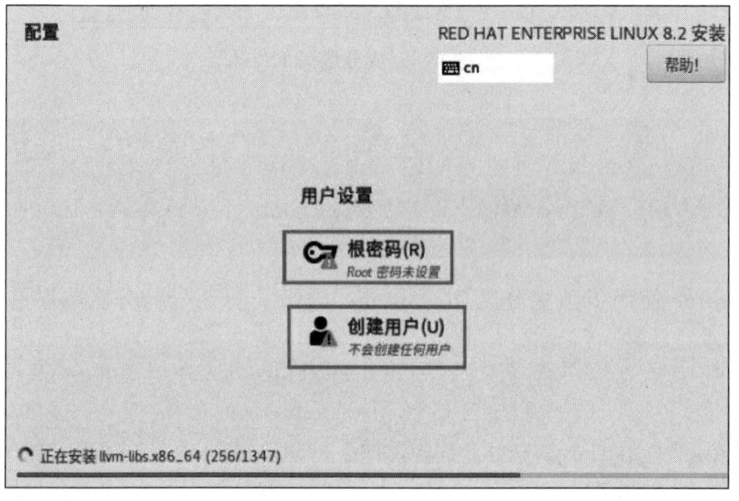

图 1-28　RHEL 8 系统的配置界面

(11) 重启系统后将看到系统的初始化界面,单击 License Information 选项,如图 1-29 所示。

(12) 选中"我同意许可协议"复选框,然后单击左上角的"完成"按钮。

(13) 返回到初始化界面后单击"结束配置"按钮,系统自动重启。

(14) 重启后,连续单击"前进"或"跳过"按钮,直到出现如图 1-30 所示的创建一个本地的普通用户界面,输入用户名和密码等信息,例如该账户的用户名为 yangyun,密码为"12345678",然后单击两次"前进"按钮。

(15) 在图 1-31 所示的界面中,单击"开始使用 Red Hat Enterprise Linux(S)"按钮后,系统自动重启,出现图 1-32 所示的登录界面。

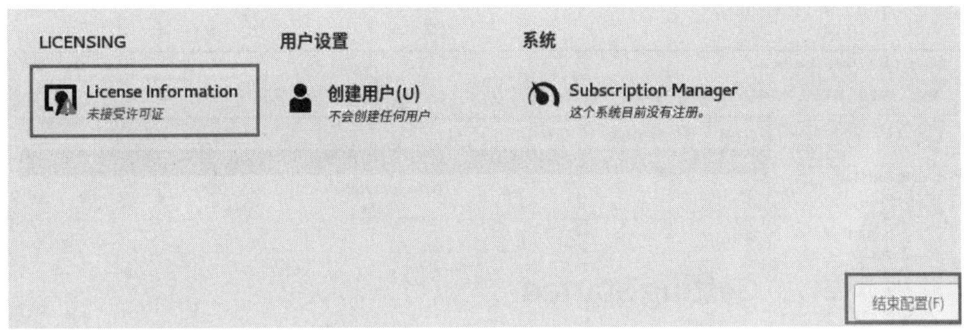

图 1-29　系统初始化界面

图 1-30　设置本地普通用户

图 1-31　系统初始化结束界面

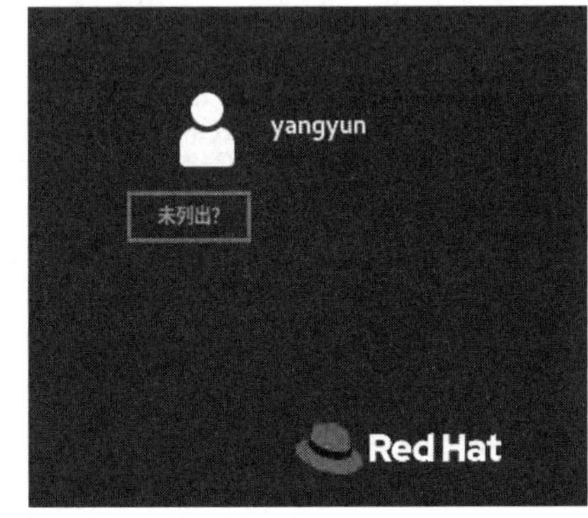

图 1-32　登录界面

(16) 单击“未列出”命令，出现登录界面，以 root 用户身份登录 RHEL 8 系统。

(17) 语言选项选择默认设置“汉语”，然后单击“前进”按钮。

(18) 选择系统的键盘布局或输入方式的默认值“汉语”，然后单击“前进”按钮。

(19) 单击“开始使用 Red Hat Enterprise Linux”按钮后，系统再次自动重启，出现如

图 1-33 所示的欢迎界面。

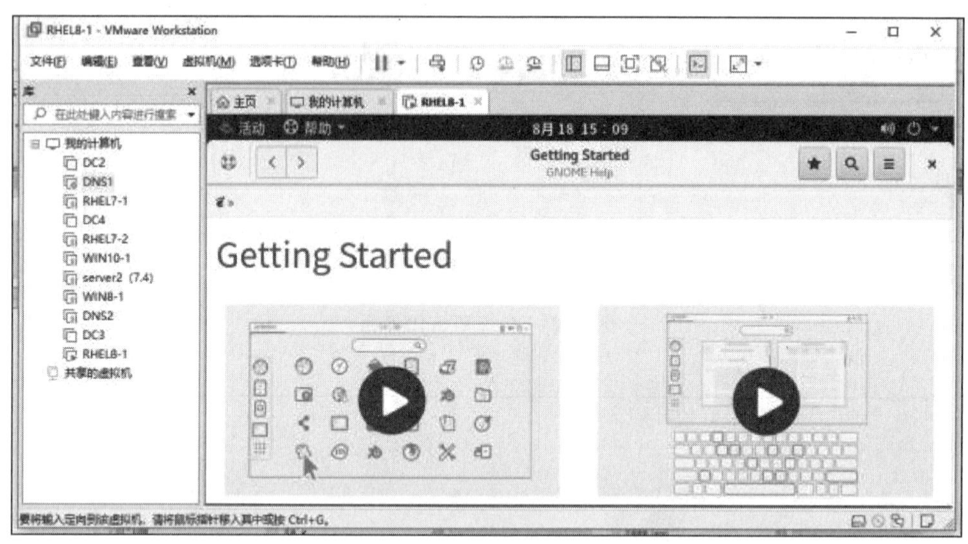

图 1-33　设置系统的输入来源类型

(20) 关闭欢迎界面,接着呈现新安装的 RHEL 8 的炫酷界面。RHEL 8 不像之前的版本,右击就可以打开命令行界面,需要在活动菜单中打开需要的应用。单击左上角的“活动”按钮,如图 1-34 所示。

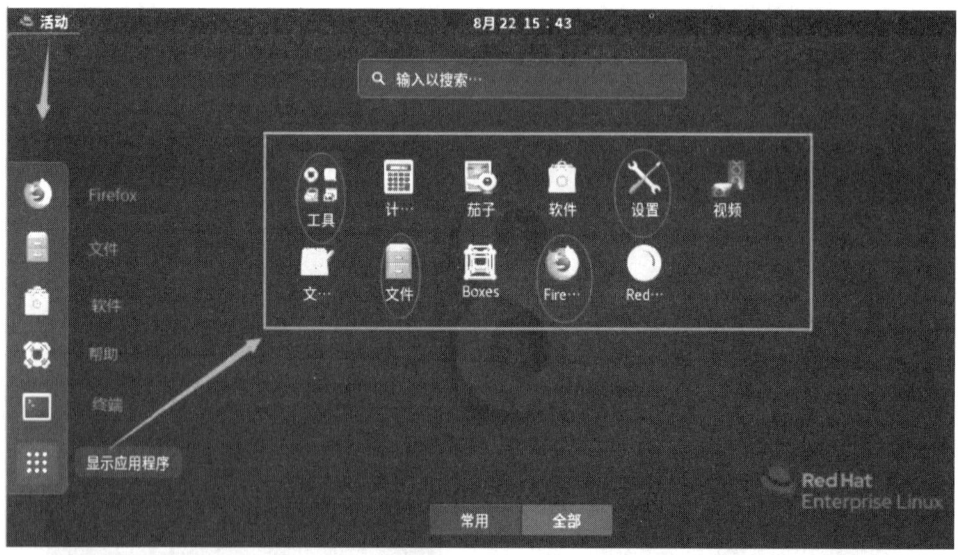

图 1-34　RHEL 8 初次安装完成后的界面

单击“活动”→“显示应用程序”命令,会显示全部应用程序,包括工具、设置、文件和 Firefox 等常用应用程序。

1.3　重置 root 管理员密码

平日里让运维人员头疼的事情已经很多了，因此偶尔把 Linux 系统的密码忘记了并不用慌，只需简单几步就可以完成密码的重置工作。如果你刚刚接手了一台 Linux 系统，要先执行第 1 步，确定是否为 RHEL 8 系统，如果是，则可进行第 2 步及以后的操作。

（1）在 RHEL 8 中，选择“活动”→“终端”命令，然后在打开的终端中输入如下命令。

```
[root@Server01 ~]#cat /etc/redhat-release
Red Hat Enterprise Linux release 8.2 (Ootpa)
```

（2）在终端输入 reboot，或者单击右上角的关机按钮，选择“重启”按钮，重启 Linux 系统主机并在出现引导界面时，按 e 键进入内核编辑界面，如图 1-35 所示。

```
Red Hat Enterprise Linux (4.18.0-193.el8.x86_64) 8.2 (Ootpa)
Red Hat Enterprise Linux (0-rescue-e2782b474739433d93a737fff586e5ec) 8.2→

Use the ↑ and ↓ keys to change the selection.
Press 'e' to edit the selected item, or 'c' for a command prompt.
```

图 1-35　Linux 系统的引导界面

（3）在 Linux 参数这行的最后面追加 rd.break 参数，然后按 Ctrl ＋ X 组合键来运行修改过的内核程序，如图 1-36 所示。

```
load_video
set gfx_payload=keep
insmod gzio
linux ($root)/vmlinuz-4.18.0-193.el8.x86_64 root=UUID=fbe912de-e196-4755-93f3-\
ebf2722aeb13 ro crashkernel=auto resume=/dev/mapper/rhel-swap rd.lvm.lv=rhel/s\
wap rhgb quiet  rd.break
initrd  ($root)/initramfs-4.18.0-193.el8.x86_64.img $tuned_initrd

Press Ctrl-x to start, Ctrl-c for a command prompt or Escape to
discard edits and return to the menu. Pressing Tab lists
possible completions.
```

图 1-36　内核信息的编辑界面

（4）大约 30 秒后进入系统的紧急救援模式。依次输入以下命令，等待系统重启操作完毕，然后就可以使用新密码 newredhat 来登录 Linux 系统了。命令行的执行效果如图 1-37 所示。

```
Generating "/run/initramfs/rdsosreport.txt"


Entering emergency mode. Exit the shell to continue.
Type "journalctl" to view system logs.
You might want to save "/run/initramfs/rdsosreport.txt" to a USB stick or /boot
after mounting them and attach it to a bug report.


switch_root:/# mount -o remount,rw /sysroot
switch_root:/# chroot /sysroot
sh-4.4# passwd
■■■■ root ■■■■
■■ ■■■
■■■■■■ ■■■■■■■■■ -■■■■■■■■
■■■■■■ ■■■
passwd■ ■■■■■■■■■■■■■■■■■
sh-4.4# touch /.autorelabel
sh-4.4# exit
exit
switch_root:/# reboot
```

图 1-37　重置 Linux 系统的 root 管理员密码

输入 passwd 后，输入密码和确认密码是不显示的！

```
mount -o remount,rw /sysroot
chroot /sysroot
passwd
touch /.autorelabel
exit
reboot
```

1.4　systemd 初始化进程

Linux 操作系统的开机过程是这样的，即从 BIOS 开始，进入 Boot Loader，再加载系统内核，然后内核进行初始化，最后启动初始化进程。初始化进程作为 Linux 系统的第一个进程，需要完成 Linux 系统中相关的初始化工作，为用户提供合适的工作环境。红帽 RHEL 8 系统已经替换掉了熟悉的初始化进程服务 System V init，正式采用全新的 systemd 初始化进程服务。systemd 初始化进程服务采用了并发启动机制，开机速度得到了不小的提升。

RHEL 8 系统选择 systemd 初始化进程服务已经是一个既定事实，因此也没有了“运行级别”这个概念。Linux 系统在启动时要进行大量的初始化工作，如挂载文件系统和交换分区、启动各类进程服务等，这些都可以看作一个一个的单元(unit)。systemd 用目标(target)代替了 System V init 中运行级别的概念，这两者的区别如表 1-1 所示。

表 1-1　systemd 与 System V init 的区别以及作用

System V init 运行级别	systemd 目标名称	作　用
0	runlevel0.target，poweroff.target	关机
1	runlevel1.target，rescue.target	单用户模式
2	runlevel2.target，multi-user.target	等同于级别 3
3	runlevel3.target，multi-user.target	多用户的文本界面
4	runlevel4.target，multi-user.target	等同于级别 3
5	runlevel5.target，graphical.target	多用户的图形界面

续表

System V init 运行级别	systemd 目标名称	作　用
6	runlevel6.target，reboot.target	重启
emergency	emergency.target	紧急启动 Shell

下面在 RHEL 8 系统中完成以下两个实例。

【例 1-1】 多用户的图形界面转换为多用户的文本界面。

```
[root@Server01 ~]#systemctl get-default
graphical.target
[root@Server01 ~]#systemctl set-default multi-user.target
Removed /etc/systemd/system/default.target.
Created symlink /etc/systemd/system/default.target→
/usr/lib/systemd/system/multi-user.target.
[root@Server01 ~]#reboot
```

【例 1-2】 多用户的文本界面转换为多用户的图形界面。

```
[root@Server01 ~]#systemctl set-default graphical.target
Removed /etc/systemd/system/default.target.
Created symlink /etc/systemd/system/default.target →
/usr/lib/systemd/system/graphical.target.
[root@Server01 ~]#reboot
```

在 RHEL 6 系统中使用 service、chkconfig 等命令来管理系统服务，而在 RHEL 8 系统中使用 systemctl 命令来管理服务。表 1-2 和表 1-3 是 RHEL 6 系统中的 System V init 命令与 RHEL 7 系统中的 systemctl 命令的对比，后续章节中会经常用到它们。

表 1-2　systemctl 管理服务的启动、重启、停止、重载、查看状态等常用命令

System V init 命令(RHEL 6 系统)	systemctl 命令(RHEL 7 系统)	作　用
service foo start	systemctl start foo.service	启动服务
service foo restart	systemctl restart foo.service	重启服务
service foo stop	systemctl stop foo.service	停止服务
service foo reload	systemctl reload foo.service	重新加载配置文件(不终止服务)
service foo status	systemctl status foo.service	查看服务状态

表 1-3　systemctl 设置服务开机启动、不启动、查看各级别下服务启动状态等常用命令

System V init 命令(RHEL 6 系统)	systemctl 命令(RHEL 7 系统)	作　用
chkconfig foo on	systemctl enable foo.service	开机自动启动
chkconfig foo off	systemctl disable foo.service	开机不自动启动
chkconfig foo	systemctl is -enabled foo.service	查看特定服务是否为开机自动启动
chkconfig -list	systemctl list-unit-files --type=service	查看各个级别下服务的启动与禁用情况

1.5 启动 Shell

Linux 中的 Shell 又称命令行,在这个命令行窗口中,用户输入指令,操作系统执行并将结果回显在屏幕上。

1. 使用 Linux 系统的终端窗口

现在的 Red Hat Enterprise Linux 8 操作系统默认采用的都是图形界面的 GNOME 或者 KDE 操作方式,要想使用 Shell 功能,就必须像在 Windows 中那样打开一个命令行窗口。一般用户可以通过执行"活动"→"终端"命令来打开终端窗口,如图 1-38 所示。

图 1-38 RHEL 8 的终端窗口

执行以上命令后,就打开了一个白底黑字的命令行窗口,这里可以使用 Red Hat Enterprise Linux 8 支持的所有命令行指令。

2. 使用 Shell 提示符

登录之后,普通用户的命令行提示符以"$"号结尾,超级用户的命令行提示符以"#"号结尾。

```
[root@RHEL 8-1 ~]#                          ;根用户以"#"号结尾
[root@RHEL 8-1 ~]#su -   yangyun            ;切换到普通账户 yangyun,提示符将变为"$"
[yangyun@RHEL 8-1 ~]$su -   root            ;再切换回 root 账户,提示符将变为"#"
密码:
```

3. 退出系统

在终端中输入"shutdown -P now",或者单击右上角的关机按钮⏻,选择"关机"命令,可以关闭系统。

4. 再次登录

如果再次登录,为了后面的实训顺利进行,请选择 root 用户。如图 1-39 所示,单击"未列出?"按钮,在出现的登录对话框中输入 root 用户及密码,以 root 身份登录计算机。

5. 制作系统快照

安装成功后,请一定使用 VM 的快照功能进行快照备份,一旦需要可立即恢复到系统的初始状态。提醒读者,对于重要实训节点,也可以进行快照备份,以便后续可以恢复到适当断点。

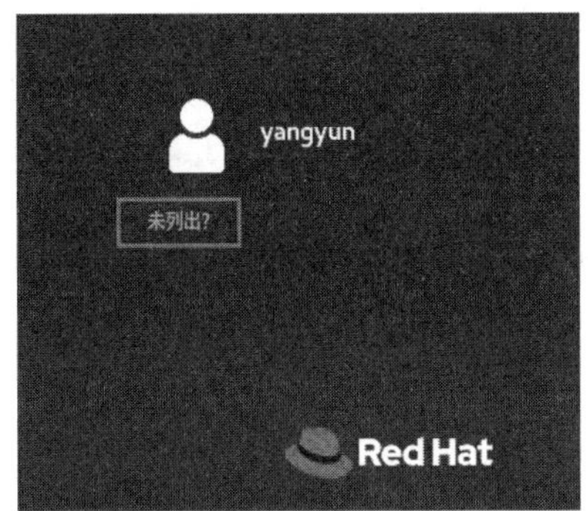

图 1-39　选择用户登录

1.6　配置常规网络

Linux 主机要与网络中其他主机进行通信，首先要进行正确的网络配置。网络配置通常包括主机名、IP 地址、子网掩码、默认网关、DNS 服务器等。

1.6.1　使用 nmtui 修改主机名

RHEL8 有以下 3 种形式的主机名。

- 静态的(static)："静态"主机名也称为内核主机名，是系统在启动时从/etc/hostname 自动初始化的主机名。
- 瞬态的(transient)："瞬态"主机名是在系统运行时临时分配的主机名，由内核管理。例如，通过 DHCP 或 DNS 服务器分配的 localhost 就是这种形式的主机名。
- 灵活的(pretty)："灵活"主机名是 UTF8 格式的自由主机名，以展示给终端用户。

与之前版本不同，RHEL 8 中的主机名配置文件为/etc/hostname，可以在配置文件中直接更改主机名。请读者使用"vim /etc/hostname"命令试一试。

1. 使用 nmtui 修改主机名

```
[root@Server01 ~]#nmtui
```

在图 1-40 和图 1-41 所示的界面中进行配置。

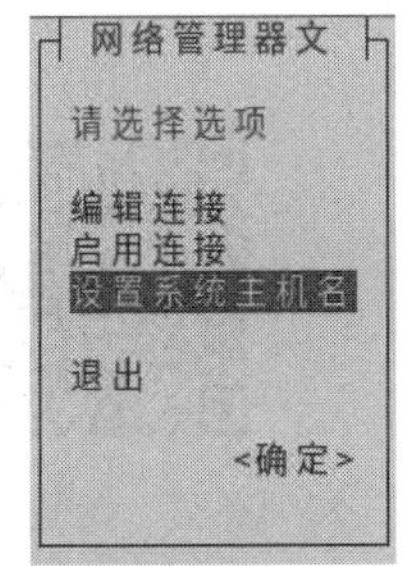

图 1-40　配置 hostname

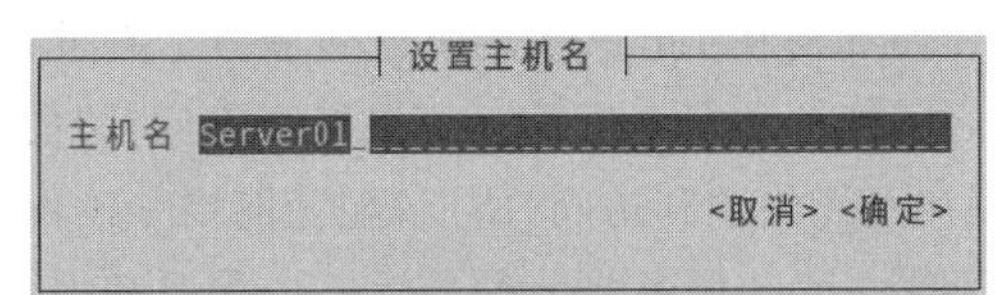

图 1-41　修改主机名为 Server01

使用 NetworkManager 的 nmtui 接口修改了静态主机名后(/etc/hostname 文件),不会通知 hostnamectl。要想强制让 hostnamectl 知道静态主机名已经被修改,需要重启 hostnamed 服务。

```
[root@Server01 ~]#systemctl restart systemd-hostnamed
```

2. 使用 hostnamectl 修改主机名

(1) 查看主机名。

```
[root@Server01 ~]#hostnamectl status
  Static hostname: Server01
      ...
```

(2) 设置新的主机名。

```
[root@Server01 ~]#hostnamectl set-hostname my.smile.com
```

(3) 再次查看主机名。

```
[root@Server01 ~]#hostnamectl status
  Static hostname: my.smile.com
      ...
```

3. 使用 NetworkManager 的命令行接口 nmcli 修改主机名

(1) nmcli 可以修改/etc/hostname 中的静态主机名。

```
//查看主机名
[root@Server01 ~]#nmcli general hostname
my.smile.com
//设置新主机名
[root@Server01 ~]#nmcli general hostname Server01
[root@Server01 ~]#nmcli general hostname
Server01
```

(2) 重启 hostnamed 服务让 hostnamectl 知道静态主机名已经被修改。

```
[root@Server01 ~]#systemctl restart systemd-hostnamed
```

1.6.2 使用系统菜单配置网络

实训项目　配置 TCP/IP 网络接口

后续将学习如何在 Linux 系统上配置服务。在此之前,必须先保证主机之间能够顺畅地通信。如果网络不通,即便服务部署得再正确,用户也无法顺利访问,所以,配置网络并确保网络的连通性是学习部署 Linux 服务之前的最后一个重要知识点。

(1) 以 Server01 为例。在 Server01 的桌面上依次单击"活动"→"显示应用程序"→"设置"→"网络"命令，打开网络配置界面，一步步完成网络信息查询和网络配置。具体过程如图 1-42 和图 1-43 所示。

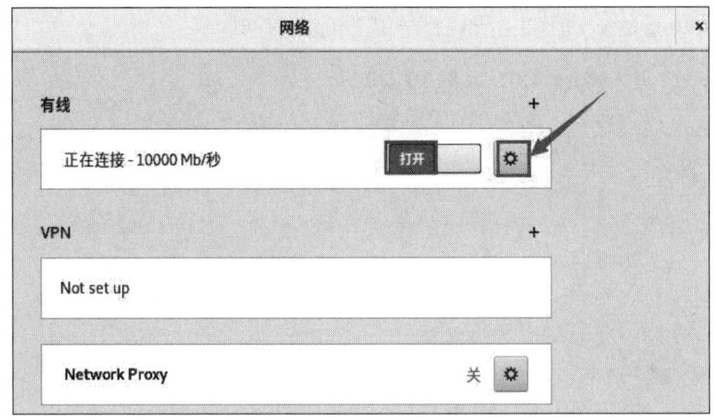

图 1-42　打开连接、单击齿轮进行配置

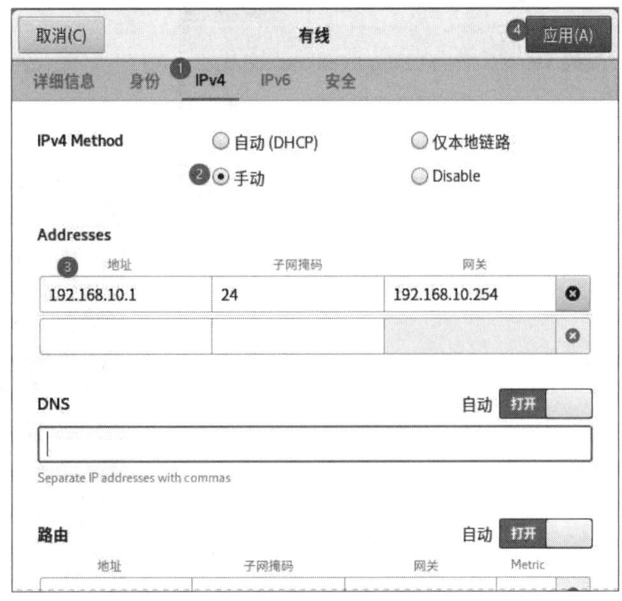

图 1-43　配置有线连接

(2) 设置完成后，单击"应用"按钮应用配置，回到图 1-42 所示的界面。注意网络连接应该在"打开"状态下设置，如果在"关闭"状态，请进行修改。

(3) 再次单击齿轮⚙按钮，显示图 1-44 所示的最终配置结果，一定勾选"自动连接"选项，否则计算机启动后不能自动连接网络。最后单击"应用"按钮。注意，有时需要重启系统配置才能生效。

① 首选使用系统菜单配置网络。因为从 RHEL 8 开始，图形界面已经非常完善。

② 如果网络正常工作，会在桌面的右上角显示网络连接图标，直接单击该图标也可以进行网络配置，如图 1-45 所示。

③ 按同样方法配置 Client1 的网络参数：IP 地址为 192.168.10.21/24，默认网关为 192.168.10.254。

④ 在 Server01 上测试与 Client1 的连通性，测试成功。

```
[root@Server01 ~]#ping 192.168.10.20 -c 4
PING 192.168.10.20 (192.168.10.20) 56(84) bytes of data.
64 bytes from 192.168.10.20: icmp_seq=1 ttl=64 time=0.904 ms
64 bytes from 192.168.10.20: icmp_seq=2 ttl=64 time=0.961 ms
64 bytes from 192.168.10.20: icmp_seq=3 ttl=64 time=1.12 ms
64 bytes from 192.168.10.20: icmp_seq=4 ttl=64 time=0.607 ms

---192.168.10.20 ping statistics ---
4 packets transmitted, 4 received, 0%packet loss, time 34ms
rtt min/avg/max/mdev =0.607/0.898/1.120/0.185 ms
```

图 1-44　网络配置界面

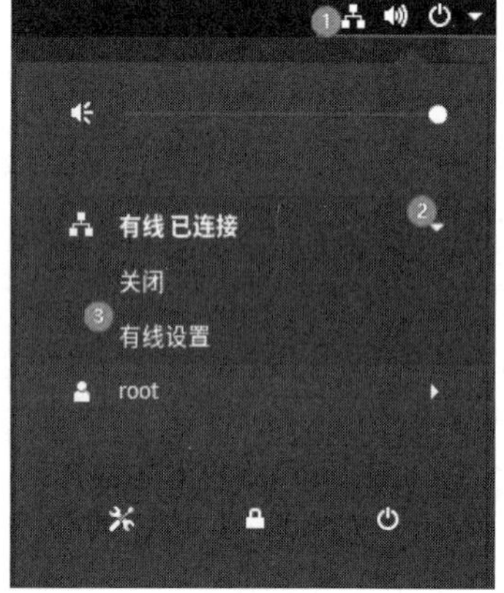

图 1-45　单击网络连接图标配置网络

1.6.3　使用图形界面配置网络

使用图形界面配置网络是比较方便、简单的一种网络配置方式。

(1) 1.7.2 小节使用网络配置文件配置网络服务，本节使用 nmtui 命令配置网络。

```
[root@Server01 ~]#nmtui
```

(2) 显示图 1-46 所示的图形配置界面。配置过程如图 1-47 和图 1-48 所示。

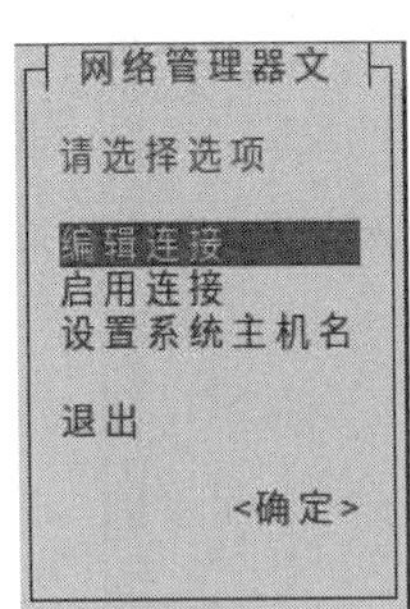

图 1-46　选中“编辑连接”并按 Enter 键

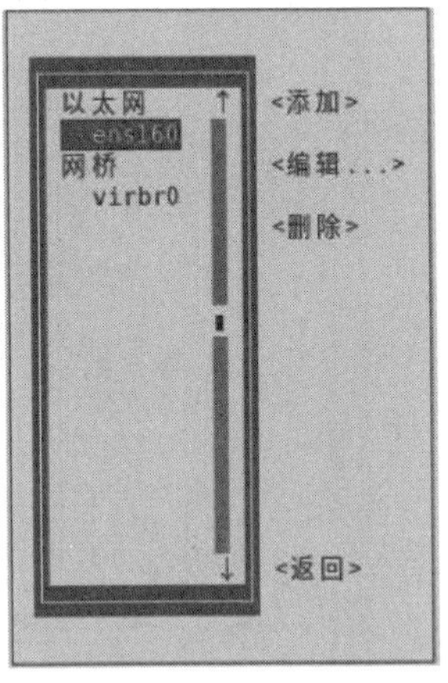

图 1-47　选中要编辑的网卡名称，然后按 Enter 键

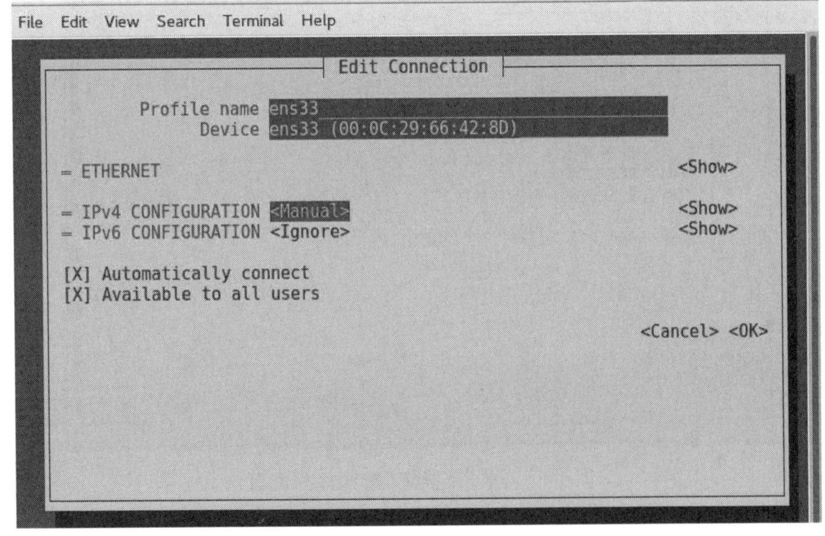

图 1-48　把网络 IPv4 的配置方式改成 Manual(手动)

本书中所有的服务器主机 IP 地址均为 192.168.10.1，而客户端主机一般设为 192.168.10.20 及 192.168.10.30。之所以这样做，就是为了后面服务器配置方便。

(3) 单击“显示”按钮，显示信息配置框，如图 1-49 所示。在服务器主机的网络配置信息中填写 IP 地址 192.168.10.1/24 等信息，单击“确定”按钮，如图 1-50 所示。

(4) 单击“返回”按钮回到 nmtui 图形界面初始状态，选中“启用连接”选项，激活刚才的连接 ens160。前面有“*”号表示激活，如图 1-51 和图 1-52 所示。

(5) 至此，在 Linux 系统中配置网络的步骤就结束了，使用 ifconfig 命令测试配置情况。

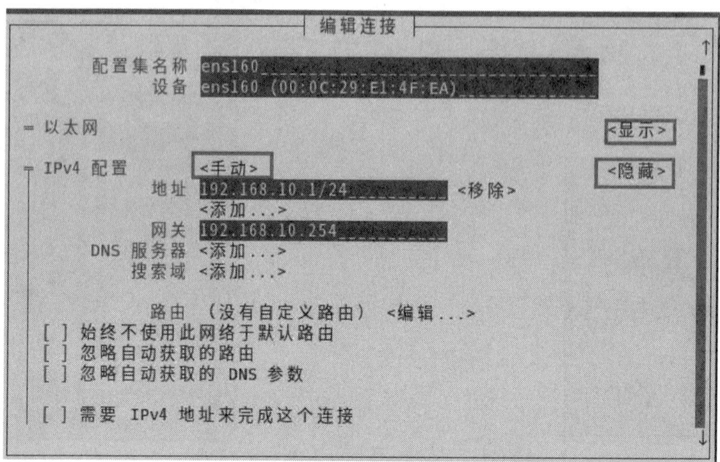

图 1-49　填写 IP 地址等参数

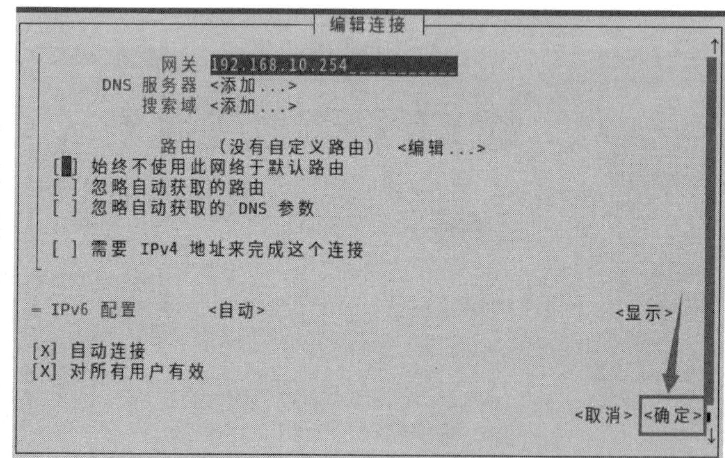

图 1-50　单击“确定”按钮保存配置

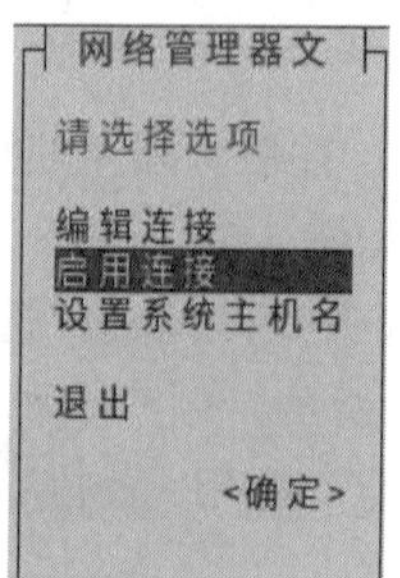

图 1-51　选择“启用连接”选项

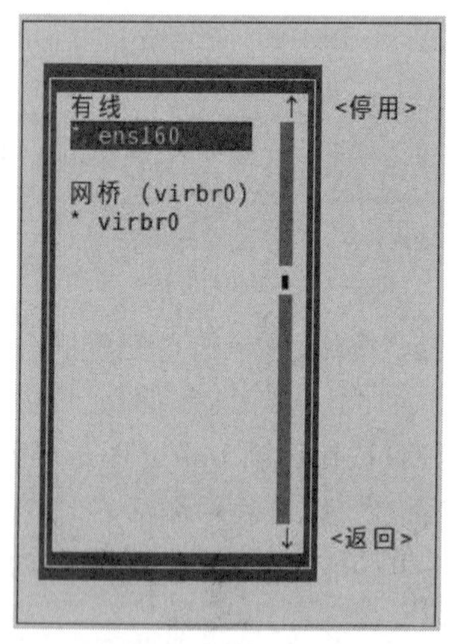

图 1-52　激活连接或停用连接

```
[root@Server01 ~]#ifconfig
ens160: flags=4163<UP,BROADCAST,RUNNING,MULTICAST>mtu 1500
        inet 192.168.10.1 netmask 255.255.255.0 broadcast 192.168.10.255
        inet6 fe80::c0ae:d7f4:8f5:e135 prefixlen 64 scopeid 0x20<link>
       ...
```

1.6.4　使用 nmcli 命令配置网络

NetworkManager 是管理和监控网络设置的守护进程，设备即网络接口，连接是对网络接口的配置。一个网络接口可以有多个连接配置，但同时只有一个连接配置生效。以下实例仍在 Server01 上实现。

1. 常用命令

- nmcli connection show：显示所有连接。
- nmcli connection show --active：显示所有活动的连接状态。
- nmcli connection show "ens160"：显示网络连接配置。
- nmcli device status：显示设备状态。
- nmcli device show ens160：显示网络接口属性。
- nmcli connection add help：查看帮助。
- nmcli connection reload：重新加载配置。
- nmcli connection down test2：禁用 test2 的配置，注意一个网卡可以有多个配置。
- nmcli connection up test2：启用 test2 的配置。
- nmcli device disconnect ens160：禁用 ens160 网卡。
- nmcli device connect ens160：启用 ens160 网卡。

2. 创建新连接配置

（1）创建新连接配置 default，IP 地址通过 DHCP 自动获取。

```
[root@Server01 ~]#nmcli connection show
NAME      UUID                                  TYPE      DEVICE
ens160    25982f0e-69c7-4987-986c-6994e7f34762  ethernet  ens160
virbr0    ea1235ae-ebb4-4750-ba67-bbb4de7b4b1d  bridge    virbr0
[root@Server01 ~]#nmcli connection add con-name default type Ethernet
                  ifname ens160
连接 "default" (01178d20-ffc4-4fda-a15a-0da2547f8545) 已成功添加。
```

（2）删除连接。

```
[root@Server01 ~]#nmcli connection delete default
成功删除连接 "default" (01178d20-ffc4-4fda-a15a-0da2547f8545)。
```

（3）创建新的连接配置 test2，指定静态 IP 地址，不自动连接。

```
[root@Server01 ~]#nmcli connection add con-name test2 ipv4.method manual
                  ifname ens160 autoconnect no type Ethernet ipv4.addresses
                  192.168.10.100/24 gw4 192.168.10.1
Connection 'test2' (7b0ae802-1bb7-41a3-92ad-5a1587eb367f) successfully added.
```

(4) 参数说明如下。

- con-name:指定连接名字,没有特殊要求。
- ipv4.methmod:指定获取 IP 地址的方式。
- ifname:指定网卡设备名,也就是本次配置所生效的网卡。
- autoconnect:指定是否自动启动。
- ipv4.addresses:指定 IPv4 地址。
- gw4:指定网关。

3. 查看/etc/sysconfig/network-scripts/目录

```
[root@Server01 ~]#ls /etc/sysconfig/network-scripts/ifcfg-*
/etc/sysconfig/network-scripts/ifcfg-ens160
/etc/sysconfig/network-scripts/ifcfg-test2
```

多出一个文件/etc/sysconfig/network-scripts/ifcfg-test2,说明添加确实生效了。

4. 启用 test2 连接配置

```
[root@Server01 ~]#nmcli connection up test2
连接已成功激活(D-Bus 活动路径:
/org/freedesktop/NetworkManager/ActiveConnection/11)
[root@Server01 ~]#nmcli connection show
NAME     UUID                                  TYPE             DEVICE
test2    7b0ae802-1bb7-41a3-92ad-5a1587eb367f  802-3-ethernet   ens160
virbr0   f30a1db5-d30b-47e6-a8b1-b57c614385aa  bridge 4         virbr0
ens160   9d5c53ac-93b5-41bb-af37-4908cce6dc31  802-3-ethernet   --
```

5. 查看是否生效

```
[root@Server01 ~]#nmcli device show ens160
GENERAL.DEVICE:                            ens160
...
```

基本的 IP 地址配置成功。

6. 修改连接设置

(1) 修改 test2 为自动启动。

```
[root@Server01 ~]#nmcli connection modify test2 connection.autoconnect yes
```

(2) 修改 DNS 为 192.168.10.1。

```
[root@Server01 ~]#nmcli connection modify test2 ipv4.dns 192.168.10.1
```

(3) 添加 DNS 114.114.114.114。

```
[root@Server01 ~]#nmcli connection modify test2 +ipv4.dns 114.114.114.114
```

(4) 看一下是否成功。

```
[root@Server01 ~]#cat /etc/sysconfig/network-scripts/ifcfg-test2
TYPE=Ethernet
PROXY_METHOD=none
BROWSER_ONLY=no
BOOTPROTO=none
IPADDR=192.168.10.100
PREFIX=24
GATEWAY=192.168.10.1
DEFROUTE=yes
IPV4_FAILURE_FATAL=no
IPV6INIT=yes
IPV6_AUTOCONF=yes
IPV6_DEFROUTE=yes
IPV6_FAILURE_FATAL=no
IPV6_ADDR_GEN_MODE=stable-privacy
NAME=test2
UUID=7b0ae802-1bb7-41a3-92ad-5a1587eb367f
DEVICE=ens160
ONBOOT=yes
DNS1=192.168.10.1
DNS2=114.114.114.114
```

可以看到均已生效。

(5) 删除 DNS。

```
[root@Server01 ~]#nmcli connection modify test2 -ipv4.dns 114.114.114.114
```

(6) 修改 IP 地址和默认网关。

```
[root@Server01 ~]#nmcli connection modify test2 ipv4.addresses 192.168.10.200/
                  24 gw4 192.168.10.254
```

(7) 还可以添加多个 IP 地址。

```
[root@Server01 ~]#nmcli connection modify test2 +ipv4.addresses 192.168.10.
                  250/24
[root@Server01 ~]#nmcli connection show "test2"
```

(8) 为了不影响后面的实训，将 test2 连接删除。

```
[root@Server01 ~]#nmcli connection delete test2
成功删除连接 "test2" (9fe761ef-bd96-486b-ad89-66e5ea1531bc)。
[root@Server01 ~]#nmcli connection show
NAME     UUID                                   TYPE      DEVICE
ens160   25982f0e-69c7-4987-986c-6994e7f34762   ethernet  ens160
virbr0   ea1235ae-ebb4-4750-ba67-bbb4de7b4b1d   bridge    virbr0
```

(9) nmcli 命令和/etc/sysconfig/network-scripts/ifcfg-＊文件的对应关系。

nmcli 命令和/etc/sysconfig/network-scripts/ifcfg-＊文件的对应关系如表 1-4 所示。

表 1-4　nmcli 命令和/etc/sysconfig/network-scripts/ifcfg-* 文件的对应关系

nmcli 命令	/etc/sysconfig/network-scripts/ifcfg-* 文件
ipv4.method manual	BOOTPROTO=none
ipv4.method auto	BOOTPROTO=dhcp
ipv4.addresses 192.0.2.1/24	IPADDR=192.0.2.1 PREFIX=24
gw4 192.0.2.254	GATEWAY=192.0.2.254
ipv4.dns 8.8.8.8	DNS0=8.8.8.8
ipv4.dns-search example.com	DOMAIN=example.com
ipv4.ignore-auto-dns true	PEERDNS=no
connection.autoconnect yes	ONBOOT=yes
connection.id eth0	NAME=eth0
connection.interface-name eth0	DEVICE=eth0
802-3-ethernet.mac-address...	HWADDR=...

1.7　项目实录：Linux 系统安装与基本配置

1. 观看视频

实训前请扫描二维码观看视频。

实训项目　Linux 操作系统的安装与基本配置

2. 项目背景

公司需要新安装一台 RHEL 8，该计算机硬盘大小为 100GB，固件启动类型仍采用传统的 BIOS 模式，而不采用 UEFI 启动模式。

3. 项目要求

(1) 规划好两台计算机(Server01 和 Client1)的 IP 地址、主机名、虚拟机网络连接方式等内容。

(2) 在 Server01 上安装完整的 RHEL 8 操作系统。

(3) 硬盘大小为 100GB，按要求完成分区创建。

- /boot 分区大小为 600MB。
- swap 分区大小为 4GB。
- /分区大小为 10GB。
- /usr 分区大小为 8GB。
- /home 分区大小为 8GB。
- /var 分区大小为 8GB。
- /tmp 分区大小为 6GB。
- 预留 55GB 不进行分区。

(4) 简单设置新安装的 RHEL 8 的网络环境。

(5) 安装 GNOME 桌面环境,将显示分辨率调至 1280 像素×768 像素。

(6) 制作快照。

(7) 使用 VMware 虚拟机的"克隆"功能新生成一个 RHEL 8 系统,主机名为 Client1,并设置该主机的 IP 地址等参数。(克隆生成的主机系统要避免与原主机冲突)

(8) 使用 ping 命令测试这两台 Linux 主机的连通性。

4. 深度思考

在观看视频时思考以下两个问题。

(1) 分区规划为什么必须要慎之又慎?

(2) 第一个系统的虚拟内存设置至少多大? 为什么?

5. 做一做

根据项目要求及视频内容,将项目完整地做一遍。

1.8　练习题

一、填空题

1. GNU 的含义是________。

2. Linux 一般有________、________、________ 3 个主要部分。

3. ________文件主要用于设置基本的网络配置,包括主机名称、网关等。

4. 一块网卡对应一个配置文件,配置文件位于目录________中,文件名以________开始。

5. ________文件是 DNS 客户端用于指定系统所用的 DNS 服务器的 IP 地址。

6. POSIX 是________的缩写,重点在规范核心与应用程序之间的接口,这是由美国电气与电子工程师学会(IEEE)所发布的一项标准。

7. 当前的 Linux 常见的应用可分为________与________两个方面。

8. Linux 的版本分为________和________两种。

9. 安装 Linux 最少需要两个分区,分别是________。

10. Linux 默认的系统管理员账户是________。

二、选择题

1. Linux 最早是由计算机爱好者(　　)开发的。

　A. Richard Petersen　　B. Linus Torvalds
　C. Rob Pick　　D. Linux Sarwar

2. 下列(　　)是自由软件。

　A. Windows XP　　B. UNIX　　C. Linux　　D. Windows 2008

3. 下列(　　)不是 Linux 的特点。

　A. 多任务　　B. 单用户　　C. 设备独立性　　D. 开放性

4. Linux 的内核版本 2.3.20 是(　　)的版本。

　A. 不稳定　　B. 稳定的　　C. 第三次修订　　D. 第二次修订

5. Linux 安装过程中的硬盘分区工具是(　　)。

A. PQmagic　　B. FDISK　　C. FIPS　　D. Disk Druid

6. Linux 的根分区系统类型可以设置成(　　)。

A. FAT16　　B. FAT32　　C. ext4　　D. NTFS

7. 以下能用来显示 server 当前正在监听的端口的命令是(　　)。

A. ifconfig　　B. netlst　　C. iptables　　D. netstat

8. 以下存放机器名到 IP 地址的映射的文件是(　　)。

A. /etc/hosts　　B. /etc/host　　C. /etc/host.equiv　　D. /etc/hdinit

9. Linux 系统提供了一些网络测试命令,当与某远程网络连接不上时,就需要跟踪路由查看,以便了解在网络的什么位置出现了问题,满足该目的的命令是(　　)。

A. ping　　B. ifconfig　　C. traceroute　　D. netstat

三、补充表格

请将 nmcli 命令的含义列表补充完整(表 1-5)。

表 1-5　补充命令

常 用 命 令	功　　能
	显示所有连接
	显示所有活动的连接状态
nmcli connection show "ens160"	
nmcli device status	
nmcli device show ens160	
	查看帮助
	重新加载配置
nmcli connection down test2	
nmcli connection up test2	
	禁用 ens160 网卡,物理网卡
nmcli device connect ens160	

四、简答题

1. 简述 Linux 的体系结构。

2. 使用虚拟机安装 Linux 系统时,为什么要先选择稍后安装操作系统,而不是选择 RHEL 8 系统映像光盘?

3. 简述 RPM 与 yum 软件仓库的作用。

4. 安装 Linux 系统的基本磁盘分区有哪些?

5. Linux 系统支持的文件类型有哪些?

6. 丢失 root 口令如何解决?

7. RHEL 8 系统采用了 systemd 作为初始化进程,那么如何查看某个服务的运行状态?

第2章 使用常用的 Linux 命令

在文本模式和终端模式下，经常使用 Linux 命令来查看系统的状态和监视系统的操作，如对文件和目录进行浏览、操作等。在 Linux 较早的版本中，由于不支持图形化操作，用户基本上是使用命令行方式对系统进行操作，所以掌握常用的 Linux 命令是必要的。本章将对 Linux 的常用命令进行分类介绍。

学习要点

- Linux 系统的终端窗口和命令基础。
- 文件目录类命令。
- 系统信息类命令。
- 进程管理类命令及其他常用命令。

2.1 Linux 命令基础

掌握 Linux 命令对于管理 Linux 网络操作系统是非常必要的。

2.1.1 了解 Linux 命令特点

Linux 常用命令与 vim 编辑器

在 Linux 系统中命令区分大小写。在命令行中，可以使用 Tab 键来自动补齐命令，即可以只输入命令的前几个字母，然后按 Tab 键。

按 Tab 键时，如果系统只找到一个和输入字符相匹配的目录或文件，则自动补齐；如果没有匹配的内容或有多个相匹配的名字，系统将发出警鸣声，再按一下 Tab 键将列出所有相匹配的内容（如果有），以供用户选择。例如，在命令提示符后输入 mou，然后按 Tab 键，系统将自动补全该命令为 mount；如果在命令提示符后只输入 mo，然后按 Tab 键，此时将警鸣一声，再次按 Tab 键，系统将显示所有以 mo 开头的命令。

另外，利用向上或向下的光标键，可以翻查曾经执行过的历史命令，并可以再次执行。

如果要在一个命令行上输入和执行多条命令，可以使用分号来分隔命令，如："cd /;ls"。

断开一个长命令行，可以使用反斜杠"\"，可以将一个较长的命令分成多行表达，增强命令的可读性。执行后，Shell 自动显示提示符"＞"，表示正在输入一个长命令，此时可继续在新行上输入命令的后续部分。

2.1.2 后台运行程序

一个文本控制台或一个仿真终端在同一时刻只能运行一个程序或命令,在未执行结束前,一般不能进行其他操作,此时可采用将程序在后台执行的方式,以释放控制台或终端,使其仍能进行其他操作。要使程序以后台方式执行,只需在要执行的命令后跟上一个"&"符号即可,如"top &"。

2.2 熟练使用文件目录类命令

文件目录类命令是对文件和目录进行各种操作的命令。

2.2.1 熟练使用浏览目录类命令

1. 使用 pwd 命令

pwd 命令用于显示用户当前所处的目录。如果用户不知道自己当前所处的目录,就必须使用它。例如:

```
[root@Server01 ~]#pwd
/root
```

2. 使用 cd 命令

cd 命令用来在不同的目录中进行切换。用户在登录系统后,会处于用户的家目录($HOME)中,该目录一般以/home 开始,后跟用户名,这个目录就是用户的初始登录目录(root 用户的家目录为/root)。如果用户想切换到其他的目录中,就可以使用 cd 命令,后跟想要切换的目录名。例如:

```
[root@Server01 ~]#cd ..              //改变目录位置至当前目录的父目录下
[root@Server01 /]#cd etc             //改变目录位置至当前目录下的 etc 子目录下
[root@Server01 etc]#cd ./yum         //改变目录位置至当前目录(.)下的 yum 子目录下
[root@Server01 yum]#cd ~             //改变目录位置至用户登录时的工作目录(用户的家目
                                       录)下
[root@Server01 ~]#cd ../etc          //改变目录位置至当前目录的父目录下的 etc 子目录下
[root@Server01 etc]#cd /etc/xml      //利用绝对路径改变目录到 /etc/xml 目录下
[root@Server01 xml]#cd               //改变目录位置至用户登录时的工作目录下
```

说 明

在 Linux 系统中,用"."代表当前目录;用".."代表当前目录的父目录;用"~"代表用户的个人家目录(主目录)。例如,root 用户的个人主目录是/root,则不带任何参数的 cd 命令相当于 cd ~,即将目录切换到用户的家目录。

3. 使用 ls 命令

ls 命令用来列出文件或目录信息。该命令的语法为:

```
ls [参数] [目录或文件]
```

ls 命令的常用参数选项如下。

- -a：显示所有文件，包括以“.”开头的隐藏文件。
- -A：显示指定目录下所有的子目录及文件，包括隐藏文件，但不显示“.”和“..”。
- -c：按文件的修改时间排序。
- -C：分成多列显示各行。
- -d：如果参数是目录，则只显示其名称而不显示其下的各个文件。往往与“-l”选项一起使用，以得到目录的详细信息。
- -l：以长格形式显示文件的详细信息。
- -i：在输出的第一列显示文件的 i 节点号。

例如：

```
[root@Server01 ~]#ls          //列出当前目录下的文件及目录
[root@Server01 ~]#ls -a       //列出包括以“.”开始的隐藏文件在内的所有文件
[root@Server01 ~]#ls -t       //依照文件最后修改时间的顺序列出文件
[root@Server01 ~]#ls -F       //列出当前目录下的文件名及其类型。以/结尾表示为目录
                                名，以*结尾表示为可执行文件，以@结尾表示为符号连接
[root@Server01 ~]#ls -l       //列出当前目录下所有文件的权限、所有者、文件大小、修改时
                                间及名称
[root@Server01 ~]#ls -lg      //同上，并显示出文件的所有者工作组名
[root@Server01 ~]#ls -R       //显示出目录下以及其所有子目录的文件名
```

2.2.2　熟练使用浏览文件类命令

1. 使用 cat 命令

cat 命令主要用于滚屏显示文件内容或是将多个文件合并成一个文件。该命令的语法为：

```
cat [参数] 文件名
```

cat 命令的常用参数选项如下。

- -b：对输出内容中的非空行标注行号。
- -n：对输出内容中的所有行标注行号。

通常使用 cat 命令查看文件内容，但是 cat 命令的输出内容不能够分页显示，要查看超过一屏的文件内容，需要使用 more 或 less 等其他命令。如果在 cat 命令中没有指定参数，则 cat 会从标准输入（键盘）中获取内容。

例如，要查看/soft/file1 文件内容的命令为：

```
[root@Server01 ~]#cat /etc/passwd
```

利用 cat 命令还可以合并多个文件。例如，要把 file1 和 file2 文件的内容合并为 file3，且 file2 文件的内容在 file1 文件的内容前面，则命令为：

```
[root@Server01 ~]#echo "This is file1!">file1        //先建立 file1 示例文件
[root@Server01 ~]#echo "This is file2!">file2        //先建立 file2 示例文件
[root@Server01 ~]#cat file2 file1>file3
[root@Server01 ~]#cat file3
This is file2!
This is file1!
//如果 file3 文件存在,则此命令的执行结果会覆盖 file3 文件中原有内容
[root@Server01 ~]#cat file2 file1>>file3
//如果 file3 文件存在,此命令的执行结果将把 file2 和 file1 文件的内容附加到 file3 文件中原有内容的后面
```

2. 使用 more 命令

在使用 cat 命令时,如果文件太长,用户只能看到文件的最后一部分。这时可以使用 more 命令一页一页地分屏显示文件的内容。大部分情况下,可以不加任何参数选项执行 more 命令查看文件内容,执行 more 命令后,进入 more 状态,按 Enter 键可以向下移动一行,按 Space 键可以向下移动一页;按 q 键可以退出 more 命令。该命令的语法为:

```
more  [参数]  文件名
```

more 命令的常用参数选项如下。

- -num: 这里的 num 是一个数字,用来指定分页显示时每页的行数。
- +num: 指定从文件的第 num 行开始显示。

例如:

```
[root@Server01 ~]#more /etc/passwd          //以分页方式查看/etc/passwd 文件的内容
[root@Server01 ~]#cat /etc/passwd |more     //以分页方式查看 passwd 文件的内容
```

more 命令经常在管道中被调用于实现各种命令输出内容的分屏显示。上面的第二个命令就是利用 Shell 的管道功能分屏显示 file1 文件的内容。

3. 使用 less 命令

less 命令是 more 命令的改进版,比 more 命令的功能强大。more 命令只能向下翻页,而 less 命令可以向下、向上翻页,甚至可以前后左右移动。执行 less 命令后,进入了 less 状态,按 Enter 键可以向下移动一行,按 Space 键可以向下移动一页,按 b 键可以向上移动一页,也可以用光标键向前、后、左、右移动,按 q 键可以退出 less 命令。

less 命令还支持在一个文本文件中进行快速查找。先按斜杠键/,再输入要查找的单词或字符。less 命令会在文本文件中进行快速查找,并把找到的第一个搜索目标高亮度显示。如果希望继续查找,就再次按斜杠键/,再按 Enter 键即可。

less 命令的用法与 more 基本相同,例如:

```
[root@Server01 ~]#less /etc/passwd          //以分页方式查看 passwd 文件的内容
```

4. 使用 head 命令

head 命令用于显示文件的开头部分，默认情况下只显示文件的前 10 行内容。该命令的语法为：

```
head  [参数]  文件名
```

head 命令的常用参数选项如下。

- -n num：显示指定文件的前 num 行。
- -c num：显示指定文件的前 num 个字符。

例如：

```
[root@Server01 ~]#head-n20/etc/passwd            //显示 passwd 文件的前 20 行
```

5. 使用 tail 命令

tail 命令用于显示文件的末尾部分，默认情况下只显示文件的末尾 10 行内容。该命令的语法为：

```
tail  [参数]  文件名
```

tail 命令的常用参数选项如下。

- -n num：显示指定文件的末尾 num 行。
- -c num：显示指定文件的末尾 num 个字符。
- +num：从第 num 行开始显示指定文件的内容。

例如：

```
[root@Server01 ~]#tail -n 20 /etc/passwd      //显示 passwd 文件的末尾 20 行
```

tail 命令最强悍的功能是可以持续刷新一个文件的内容，当想要实时查看最新日志文件时，这特别有用，此时的命令格式为“tail -f 文件名”：

```
[root@Server01 ~]#tail -f /var/log/messages
Aug 19 17:37:44 RHEL8-1 dbus-daemon[2318]: [session uid=0 pid=2318] Successfully
activated service 'org.freedesktop.Tracker1.Miner.Extract'
...
Aug 19 17:39:11 RHEL8-1 dbus-daemon[2318]: [session uid=0 pid=2318] Successfully
activated service 'org.freedesktop.Tracker1.Miner.Extract'
```

2.2.3 熟练使用目录操作类命令

1. 使用 mkdir 命令

mkdir 命令用于创建一个目录。该命令的语法为：

```
mkdir  [参数]  目录名
```

上述目录名可以为相对路径,也可以为绝对路径。

mkdir 命令的常用参数选项如下。

-p:在创建目录时,如果父目录不存在,则同时创建该目录及该目录的父目录。

例如:

```
[root@Server01 ~]#mkdir dir1            //在当前目录下创建 dir1 子目录
[root@Server01 ~]#mkdir -p dir2/subdir2
//在当前目录的 dir2 目录中创建 subdir2 子目录,如果 dir2 目录不存在,则同时创建
```

2. 使用 rmdir 命令

rmdir 命令用于删除空目录。该命令的语法为:

```
rmdir [参数] 目录名
```

上述目录名可以为相对路径,也可以为绝对路径。但所删除的目录必须为空目录。

rmdir 命令的常用参数选项如下。

-p:在删除目录时,一起删除父目录,但父目录中必须没有其他目录及文件。

例如:

```
[root@Server01 ~]#rmdir dir1            //在当前目录下删除 dir1 空子目录
[root@Server01 ~]#rmdir -p dir2/subdir2
//删除当前目录中 dir2/subdir2 子目录。删除 subdir2 目录时,如果 dir2 目录中无其他目录,
  则一起删除
```

2.2.4 熟练使用 cp 命令

1. cp 命令的使用方法

cp 命令主要用于文件或目录的复制。该命令的语法为:

```
cp [参数] 源文件  目标文件
```

cp 命令的常用参数选项如下。

- -a:尽可能将文件状态、权限等属性照原状予以复制。
- -f:如果目标文件或目录存在,先删除它们再进行复制(即覆盖),并且不提示用户。若仍提示用户,则设置了别名,可用 unalias cp 命令取消别名。
- -i:如果目标文件或目录存在,提示是否覆盖已有的文件。
- -r:递归复制目录,即包含目录下的各级子目录。

2. 使用 cp 命令的范例

cp 这个命令是非常重要的,不同身份者执行这个指令会有不同的结果产生,尤其是-a、-p 选项,对于不同身份来说,差异非常大。下面的练习中,有的身份为 root,有的身份为一般账户(在这里用 bobby 这个账户),练习时请特别注意身份的差别。请观察下面的复制练习。

【例 2-1】 用 root 身份,将家目录下的.bashrc 复制到/tmp 下,并更名为 bashrc。

```
[root@Server01 ~]#cp ~/.bashrc /tmp/bashrc
[root@Server01 ~]#cp -i ~/.bashrc /tmp/bashrc
cp: 是否覆盖'/tmp/bashrc'? n 不覆盖,y 为覆盖
#重复做两次,由于/tmp 下已经存在 bashrc 了,加上-i 选项后,
#则在覆盖前会询问使用者是否确定。可以按下 n 键或者 y 键来二次确认
```

【例 2-2】 变换目录到/tmp,并将/var/log/wtmp 复制到/tmp 且观察属性。

```
[root@Server01 ~]#cd /tmp
[root@Server01 tmp]#cp /var/log/wtmp .        //复制到当前目录,最后的"."不要忘记
[root@Server01 tmp]#ls -l /var/log/wtmp wtmp
-rw-rw-r--. 1 root utmp 7680 8月 19 17:09 /var/log/wtmp
-rw-r--r--. 1 root root 7680 8月 19 18:02 wtmp
#注意上面的特殊字体,在不加任何选项复制的情况下,文件的某些属性/权限会改变
#这是个很重要的特性,连文件建立的时间也不一样了,要注意
```

如果要将文件的所有特性都复制过来该怎么办?可以加上-a,如下所示。

```
[root@Server01 tmp]#cp -a /var/log/wtmp wtmp_2
[root@Server01 tmp]#ls -l /var/log/wtmp wtmp_2
-rw-rw-r--. 1 root utmp 7680 8月 19 17:09 /var/log/wtmp
-rw-rw-r--. 1 root utmp 7680 8月 19 17:09 wtmp_2
```

cp 的功能很多,由于经常会进行一些数据的复制,所以也会经常用到这个指令。一般来说,当复制别人的数据(当然,你必须要有 read 的权限)时,总是希望复制到的数据最后是自己的。所以,在预设的条件中,cp 的源文件与目的文件的权限是不同的,目的文件的拥有者通常会是指令操作者本身。

举例来说,例 2-2 中,由于是 root 的身份,因此复制过来的文件拥有者与群组就改变成为 root 所有。由于具有这个特性,因此在进行备份时,某些需要特别注意的特殊权限文件,例如密码文件(/etc/shadow)及一些配置文件,就不能直接以 cp 来复制,而必须加上-a 或-p 等选项。-p 选项表示除复制文件的内容外,把修改时间和访问权限也复制到新文件中。

注 意

如果要复制文件给其他使用者,必须要注意到文件的权限(包含读、写、执行以及文件拥有者等),否则,其他人还是无法针对你给的文件进行修改。

【例 2-3】 复制/etc/这个目录下的所有内容到/tmp 里面。

```
[root@Server01 tmp]#cp /etc /tmp
//cp 未指定-r 选项,略过目录"/etc"。如果是目录,则不能直接复制,要加上-r 的选项
[root@Server01 tmp]#cp -r /etc /tmp
#再次强调: -r 可以复制目录,但是,文件与目录的权限可能会被改变。
#所以,在备份时,常利用"cp -a /etc /tmp"命令保持复制前后的对象权限不发生变化
```

【例 2-4】 若~/.bashrc 比/tmp/bashrc 新,再复制过来。

```
[root@Server01 tmp]#cp -u ~/.bashrc /tmp/bashrc
```

```
#-u 的特性是在目标文件与来源文件有差异时才会复制。所以,常用于"备份"的工作当中
```

思考:你能否使用 yangyun 身份,完整地将/var/log/wtmp 文件复制到/tmp 下面,并更名为 bobby_wtmp?

参考答案:

```
[root@Server01 tmp]# su  -  yangyun
[yangyun@Server01 ~]$ cp  -a  /var/log/wtmp  /tmp/bobby_wtmp
[yangyun@Server01 ~]$ ls  -l  /var/log/wtmp  /tmp/bobby_wtmp
-rw-rw-r--. 1  yangyun yangyun 7680 8 月  19 17:09 /tmp/bobby_wtmp
-rw-rw-r--. 1  root    utmp    7680 8 月  19 17:09 /var/log/wtmp
[yangyun@Server01 ~]$ exit
[root@Server01 tmp]#
```

2.2.5 熟练使用文件操作类命令

1. 使用 mv 命令

mv 命令主要用于文件或目录的移动或改名。该命令的语法为:

```
mv  [参数]  源文件或目录    目标文件或目录
```

mv 命令的常用参数选项如下。

- -i:如果目标文件或目录存在时,提示是否覆盖目标文件或目录。
- -f:无论目标文件或目录是否存在,直接覆盖目标文件或目录,不提示。

例如:

```
//将当前目录下的/tmp/wtmp 文件移动到/usr/目录下,文件名不变
[root@Server01 tmp]# cd
[root@Server01 ~]# mv /tmp/wtmp /usr/
//将/usr/wtmp 文件移动到根目录下,移动后的文件名为 tt
[root@Server01 ~]# mv /usr/wtmp /tt
```

2. 使用 rm 命令

rm 命令主要用于文件或目录的删除。该命令的语法为:

```
rm  [参数]  文件名或目录名
```

rm 命令的常用参数选项如下。

- -i:删除文件或目录时提示用户。
- -f:删除文件或目录时不提示用户。
- -R:递归删除目录,即包含目录下的文件和各级子目录。

例如:

```
//删除当前目录下的所有文件,但不删除子目录和隐藏文件
[root@Server01 ~]#mkdir /dir1;cd /dir1        //";"分隔连续运行的命令
[root@Server01 dir1]#touch aa.txt bb.txt; mkdir subdir11;ll
[root@Server01 dir1]#rm *
// 删除当前目录下的子目录 subdir11,包含其下的所有文件和子目录,并且提示用户确认
[root@Server01 dir]#rm -iR subdir11
```

3. 使用 touch 命令

touch 命令用于建立文件或更新文件的修改日期。该命令的语法为：

```
touch [参数] 文件名或目录名
```

touch 命令的常用参数选项如下。

- -d yyyymmdd：把文件的存取或修改时间改为 yyyy 年 mm 月 dd 日。
- -a：只把文件的存取时间改为当前时间。
- -m：只把文件的修改时间改为当前时间。

例如：

```
[root@Server01 dir]#cd
[root@Server01 ~]#touch aa
//如果当前目录下存在 aa 文件,则把 aa 文件的存取和修改时间改为当前时间
//如果不存在 aa 文件,则新建 aa 文件
[root@Server01 ~]#touch -d 20220808 aa
                                    //将 aa 文件的存取和修改时间改为 2022 年 8 月 8 日
```

4. 使用 diff 命令

diff 命令用于比较两个文件内容的不同。该命令的语法为：

```
diff [参数] 源文件  目标文件
```

diff 命令的常用参数选项如下。

- -a：将所有的文件当作文本文件处理。
- -b：忽略空格造成的不同。
- -B：忽略空行造成的不同。
- -q：只报告什么地方不同,不报告具体的不同信息。
- -i：忽略大小写的变化。

例如(aa、bb、aa.txt、bb.txt 文件在 root 的家目录下,要使用 vim 提前建立)：

```
[root@Server01 ~]#diff aa.txt bb.txt        //比较 aa.txt 文件和 bb.txt 文件的不同
```

5. 使用 ln 命令

ln 命令用于建立两个文件之间的链接关系。该命令的语法为：

```
ln [参数] 源文件或目录  链接名
```

ln 命令的常用参数选项-s 用于建立符号链接(软链接),不加该参数时建立的链接为硬链接。

两个文件之间的链接关系有两种:一种称为硬链接,另一种称为符号链接。

1) 硬链接

此时两个文件名指向的是硬盘上的同一块存储空间,对两个文件中的任何一个文件的内容进行修改都会影响到另一个文件。它可以由 ln 命令不加任何参数建立。

利用 ll 命令查看家目录下 aa 文件情况:

```
[root@Server01 ~]#ll aa
-rw-r--r--  1 root root 0  1月 31  15:06 aa
[root@Server01 ~]#cat aa
this is aa
```

由上面命令的执行结果可以看出 aa 文件的链接数为 1,文件内容为“this is aa”。

使用 ln 命令建立 aa 文件的硬链接 bb:

```
[root@Server01 ~]#ln aa bb
```

上述命令产生了 bb 新文件,它和 aa 文件建立起了硬链接关系。

```
[root@Server01 ~]#ll aa bb
-rw-r--r--  2 root root 11  1月 31 15:44 aa
-rw-r--r--  2 root root 11  1月 31 15:44 bb
[root@Server01 ~]#cat bb
this is aa
```

可以看出,aa 和 bb 的大小相同,内容相同。再看详细信息的第 2 列,原来 aa 文件的链接数为 1,说明这块硬盘空间只有 aa 文件指向它,而建立起 aa 和 bb 的硬链接关系后,这块硬盘空间就有 aa 和 bb 两个文件同时指向它,所以 aa 和 bb 的链接数都变为 2。

此时,如果修改 aa 或 bb 任意一个文件的内容,另外一个文件的内容也将随之变化。如果删除其中一个文件(不管是哪一个),就是删除了该文件和硬盘空间的指向关系,该硬盘空间不会释放,另外一个文件的内容也不会发生改变,但是该文件的链接数会减少一个。

只能对文件建立硬链接,不能对目录建立硬链接。

2) 符号链接

符号链接又称为软链接,指一个文件指向另外一个文件的文件名。软链接类似于 Windows 系统中的快捷方式。软链接由 ln -s 命令建立。

首先查看一下 aa 文件的信息:

```
[root@Server01 ~]#ll aa
-rw-r--r--  1 root root 11  1月 31 15:44 aa
```

创建 aa 文件的符号链接 cc，创建完成后查看 aa 和 cc 文件的链接数的变化：

```
[root@Server01 ~]#ln -s aa cc
[root@Server01 ~]#ll aa cc
-rw-r--r--   1 root root 11  1月 31 15:44 aa
lrwxrwxrwx   1 root root  2  1月 31 16:02 cc ->aa
```

可以看出 cc 文件是指向 aa 文件的一个符号链接。而指向存储 aa 文件内容的那块硬盘空间的文件仍然只有 aa 一个文件，cc 文件只不过是指向了 aa 文件名而已，所以 aa 文件的链接数仍为 1。

在利用 cat 命令查看 cc 文件的内容时，cat 命令在寻找 cc 的内容时，发现 cc 是一个符号链接文件，就根据 cc 记录的文件名找到 aa 文件，然后将 aa 文件的内容显示出来。

此时如果删除了 cc 文件，对 aa 文件无任何影响，但如果删除了 aa 文件，那么 cc 文件就因无法找到 aa 文件而毫无用处了。

可以对文件或目录建立软链接。

6. 使用 gzip 和 gunzip 命令

gzip 命令用于对文件进行压缩，生成的压缩文件以“.gz”结尾，而 gunzip 命令是对以“.gz”结尾的文件进行解压缩。该命令的语法为：

```
gzip -v      文件名
gunzip -v    文件名
```

-v 参数选项表示显示被压缩文件的压缩比或解压时的信息。

例如(在 root 的家目录下)：

```
[root@Server01 ~]#cd
[root@Server01 ~]#gzip -v initial-setup-ks.cfg
initial-setup-ks.cfg:     53.4%--replaced with initial-setup-ks.cfg.gz
[root@Server01 ~]#gunzip -v initial-setup-ks.cfg.gz
initial-setup-ks.cfg.gz:     53.4%--replaced with initial-setup-ks.cfg
```

7. 使用 tar 命令

tar 是用于文件打包的命令行工具。tar 命令可以把一系列的文件归档到一个大文件中，也可以把档案文件解开以恢复数据。总体来说，tar 命令主要用于打包和解包。tar 命令是 Linux 系统中常用的备份工具之一。该命令的语法为：

```
tar [参数]  档案文件   文件列表
```

tar 命令的常用参数选项如下。

- -c：生成档案文件。

- -v：列出归档解档的详细过程。
- -f：指定档案文件名称。
- -r：将文件追加到档案文件末尾。
- -z：以 gzip 格式压缩或解压缩文件。
- -j：以 bzip2 格式压缩或解压缩文件。
- -d：比较档案与当前目录中的文件。
- -x：解开档案文件。

例如(提前用 touch 命令在"/"目录下建立测试文件)：

```
[root@Server01 ~]#tar -cvf yy.tar aa tt       //将当前目录下的 aa 和 tt 文件归档为
                                                 yy.tar
[root@Server01 ~]#tar -xvf yy.tar             //从 yy.tar 档案文件中恢复数据
[root@Server01 ~]#tar -czvf yy.tar.gz aa tt   //将当前目录下的 aa 和 tt 文件归档并压
                                                 缩为 yy.tar.gz
[root@Server01 ~]#tar -xzvf yy.tar.gz         //将 yy.tar.gz 文件解压缩并恢复数据
[root@Server01 ~]#tar  -czvf  etc.tar.gz  /etc   //把/etc 目录进行打包压缩
[root@Server01 ~]#mkdir  /root/etc
[root@Server01 ~]#tar  xzvf  etc.tar.gz  -C  /root/etc
                                      //将打包后的压缩包文件指定解压到/root/etc
```

8. 使用 rpm 命令

rpm 命令主要用于对 RPM 软件包进行管理。RPM 包是 Linux 的各种发行版本中应用最为广泛的软件包格式之一。学会使用 rpm 命令对 RPM 软件包进行管理至关重要。该命令的语法为：

```
rpm [参数] 软件包名
```

rpm 命令的常用参数选项如下。

- -qa：查询系统中安装的所有软件包。
- -q：查询指定的软件包在系统中是否已安装。
- -qi：查询系统中已安装软件包的描述信息。
- -ql：查询系统中已安装软件包里所包含的文件列表。
- -qf：查询系统中指定文件所属的软件包。
- -qp：查询 RPM 包文件中的信息，通常用于在未安装软件包之前了解软件包中的信息。
- -i：用于安装指定的 RPM 软件包。
- -v：显示较详细的信息。
- -h：以"#"显示进度。
- -e：删除已安装的 RPM 软件包。
- -U：升级指定的 RPM 软件包。软件包的版本必须比当前系统中安装的软件包的版本高才能正确升级。如果当前系统中并未安装指定的软件包，则直接安装。
- -F：更新软件包。

【例 2-5】 使用 rpm 命令查询软件包及文件。

```
[root@Server01 ~]#rpm -qa|more             //显示系统安装的所有软件包列表
[root@Server01 ~]#rpm -q selinux-policy //查询系统是否安装了 selinux-policy
[root@Server01 ~]#rpm -qi selinux-policy//查询系统已安装的软件包的描述信息
[root@Server01 ~]#rpm -ql selinux-policy//查询系统已安装软件包包含的文件
[root@Server01 ~]#rpm -qf /etc/passwd    //查询 passwd 文件所属的软件包
```

【例 2-6】 可以利用 RPM 安装 network-scripts 软件包(在 RHEL 8)中,网络相关服务管理已经转移到 NetworkManager 了,不再是 network 了。若想要使用网卡配置文件,则必须安装 network-scripts 包,该包默认没有安装。安装与卸载过程如下。

```
[root@Server01 ~]#mount /dev/cdrom /media             //挂载光盘
[root@Server01 ~]#cd /medai/BaseOS/Packages           //改变目录到软件包所在的目录
[root@Server01 Packages]#rpm -ivh network-scripts-10.00.6-1.el8.x86_64.rpm
                          //安装软件包,系统将以"#"显示安装进度和安装的详细信息
[root@Server01 Packages]#rpm -Uvh network-scripts-10.00.6-1.el8.x86_64.rpm
                          //升级 network-scripts 软件包
[root@Server01 Packages]#rpm -e network-scripts-10.00.6-1.el8.x86_64
                          //卸载 network-scripts 软件包
```

注 意

卸载软件包时不加扩展名.rpm,如果使用命令 rpm -e network-scripts-10.00.6-1.el8.x86_64 --nodeps,则表示不检查依赖性。另外,软件包的名称会因系统版本而稍有差异,不要机械照抄。

9. 使用 whereis 命令

whereis 命令用于寻找命令的可执行文件所在的位置。该命令的语法为:

```
whereis [参数] 命令名称
```

whereis 命令的常用参数选项如下。

- -b:只查找二进制文件。
- -m:只查找命令的联机帮助手册部分。
- -s:只查找源代码文件。

例如:

```
//查找命令 rpm 的位置
[root@Server01 ~]#whereis rpm
rpm: /bin/rpm /etc/rpm /usr/lib/rpm /usr/include/rpm /usr/share/man/man8/rpm.
8.gz
```

10. 使用 whatis 命令

whatis 命令用于获取命令简介。它从某个程序的使用手册中抽出一行简单的介绍性文件,帮助用户迅速了解这个程序的具体功能。该命令的语法为:

```
whatis  命令名称
```

例如：(若不成功，先运行 mandb 命令进行初始化，或手动更新索引数据库缓存)

```
[root@Server01 ~]#whatis ls
ls                  (1)   -list directory contents
```

11. 使用 find 命令

find 命令用于文件查找，它的功能非常强大。该命令的语法为：

```
find  [路径]  [匹配表达式]
```

find 命令的匹配表达式主要有如下几种类型。

- -name filename：查找指定名称的文件。
- -user username：查找属于指定用户的文件。
- -group grpname：查找属于指定组的文件。
- -print：显示查找结果。
- -size *n*：查找大小为 *n* 块的文件，一块为 512B。符号"+*n*"表示查找大小大于 *n* 块的文件；符号"−*n*"表示查找大小小于 *n* 块的文件；符号"*n*c"表示查找大小为 *n* 个字符的文件。
- -inum *n*：查找索引节点号为 *n* 的文件。
- -type：查找指定类型的文件。文件类型有：b(块设备文件)、c(字符设备文件)、d(目录)、p(管道文件)、l(符号链接文件)、f(普通文件)。
- -atime *n*：查找 *n* 天前被访问过的文件。+*n* 表示超过 *n* 天前被访问的文件；-*n* 表示未超过 *n* 天前被访问的文件。
- -mtime *n*：类似于 atime，但检查的是文件内容被修改的时间。
- -ctime *n*：类似于 atime，但检查的是文件索引节点被改变的时间。
- -perm mode：查找与给定权限匹配的文件，必须以八进制的形式给出访问权限。
- -newer file：查找比指定文件新的文件，即最后修改时间离现在较近。
- -exec command {} \;：对匹配指定条件的文件执行 command 命令。
- -ok command {} \;：与 exec 相同，但执行 command 命令时请求用户确认。

例如：

```
[root@Server01 ~]#find  .  -type  f  -exec  ls  -l  {}  \;
//在当前目录下查找普通文件,并以长格形式显示
[root@Server01 ~]#find  /logs  -type  f  -mtime 5  -exec  rm  {}  \;
//在/logs 目录中查找修改时间为 5 天以前的普通文件并删除。保证/logs 目录存在
[root@Server01 ~]#find  /etc  -name  "*.conf"
//在/etc/目录下查找文件名以".conf"结尾的文件
[root@Server01 ~]#find  .  -type  f  -perm 755  -exec  ls {}  \;
//在当前目录下查找权限为 755 的普通文件并显示
```

由于 find 命令在执行过程中将消耗大量资源，建议以后台方式运行。

12. 使用 grep 命令

grep 命令用于查找文件中包含有指定字符串的行。该命令的语法为：

```
grep [参数] 要查找的字符串　文件名
```

grep 命令的常用参数选项如下。

- -v：列出不匹配的行。
- -c：对匹配的行计数。
- -l：只显示包含匹配模式的文件名。
- -h：抑制包含匹配模式的文件名的显示。
- -n：每个匹配行只按照相对的行号显示。
- -i：对匹配模式不区分大小写。

在 grep 命令中，字符“^”表示行的开始，字符“$”表示行的结尾。如果要查找的字符串中带有空格，可以用单引号或双引号括起来。

例如：

```
[root@Server01 ~]#grep -2 root /etc/passwd
//在文件 passwd 中查找包含字符串“root”的行，如果找到，显示该行及该行前后各 2 行的内容
[root@Server01 ~]#grep "^root$" /etc/passwd
//在 passwd 文件中搜索只包含“root”4 个字符的行
```

grep 和 find 命令的差别在于 grep 是在文件中搜索满足条件的行，而 find 是在指定目录下根据文件的相关信息查找满足指定条件的文件。

【例 2-7】 可以利用 grep 的-v 参数，过滤掉带“#”的注释行和空白行。下面的例子是将/etc/man_db.conf 中的空白行和注释行删除，将简化后的配置文件存放到当前目录下，并更改名字为 man_db.bak。

```
[root@Server01 ~]#grep -v "^#" /etc/man_db.conf |grep -v "^$">man_db.bak
[root@Server01 ~]#cat man_db.bak
```

13. 使用 dd 命令

dd 命令用于按照指定大小和个数的数据块来复制文件或转换文件，格式为“dd [参数]”。

dd 命令是一个比较重要而且比较有特色的一个命令，它能够让用户按照指定大小和个数的数据块来复制文件的内容。当然如果愿意，还可以在复制过程中转换其中的数据。Linux 系统中有一个名为/dev/zero 的设备文件，每次在课堂上解释它时都充满哲学理论的

色彩。因为这个文件不会占用系统存储空间,但却可以提供无穷无尽的数据,因此可以使用它作为 dd 命令的输入文件来生成一个指定大小的文件。dd 命令的参数及其作用如表 2-1 所示。

表 2-1　dd 命令的参数及其作用

参数	作　用	参数	作　用
if	输入的文件名称	bs	设置每个“块”的大小
of	输出的文件名称	count	设置要复制“块”的个数

例如,可以用 dd 命令从/dev/zero 设备文件中取出 2 个大小为 560MB 的数据块,然后保存成名为 file1 的文件。在理解了这个命令后,以后就能随意创建任意大小的文件了(做配额测试时很有用):

```
[root@Server01 ~]#dd  if=/dev/zero  of=file1  count=2  bs=560M
记录了 2+0 的读入
记录了 2+0 的写出
1174405120 bytes (1.2 GB, 1.1 GiB) copied, 8.23961 s, 143 MB/s
[root@Server01 ~]#rm file1
```

dd 命令的功能也绝不仅限于复制文件这么简单。如果你想把光驱设备中的光盘制作成 ISO 格式的映像文件,在 Windows 系统中需要借助于第三方软件才能做到,但在 Linux 系统中可以直接使用 dd 命令来压制出光盘映像文件,将它变成一个可立即使用的 ISO 映像:

```
[root@Server01 ~]#dd  if=/dev/cdrom  of=RHEL-server-8.0-x86_64.iso
7311360+0  records  in
7311360+0  records  out
3743416320  bytes  (3.7  GB)  copied,  370.758  s,  10.1  MB/s
[root@Server01 ~]#rm RHEL-server-8.0-x86_64.iso
```

2.3　熟练使用系统信息类命令

系统信息类命令是对系统的各种信息进行显示和设置的命令。

1. 使用 dmesg 命令

dmesg 命令用实例名和物理名称来标识连到系统上的设备。dmesg 命令也显示系统诊断信息、操作系统版本号、物理内存大小以及其他信息,例如:

```
[root@Server01 ~]#dmesg|more
```

系统启动时,屏幕上会显示系统 CPU、内存、网卡等硬件信息。但通常显示得比较快,如果用户没有来得及看清,可以在系统启动后用 dmesg 命令查看。

2. 使用 free 命令

free 命令主要用于查看系统内存、虚拟内存的大小及占用情况，例如：

```
[root@Server01 ~]#free
          total     used       free   shared  buff/cache   available
Mem:    1865284  894144    107128   14076      864012       714160
Swap:   4194300        0  4194300
```

3. 使用 timedatectl 命令

timedatectl 命令对于 RHEL/CentOS 7 的分布式系统来说，是一个新工具，RHEL 8 仍然沿用它。timedatectl 命令作为 systemd 系统和服务管理器的一部分，代替旧的、传统的用于基于 Linux 分布式系统的 sysvinit 守护进程的 date 命令。

timedatectl 命令可以查询和更改系统时钟和设置，你可以使用此命令来设置或更改当前的日期、时间和时区，或实现与远程 NTP 服务器的自动系统时钟同步。

(1) 显示系统的当前时间、日期、时区等信息。

```
[root@Server01 ~]#timedatectl status
Local time: 一 2021-02-01 11:33:31 EST
Universal time: 一 2021-02-01 16:33:31 UTC
RTC time: 一 2021-02-01 16:33:31
Time zone: America/New_York (EST, -0500)
System clock synchronized: no
NTP service: active
RTC in local TZ: no
```

RTC(Real-Time Clock)即实时时钟，也即硬件时钟。

(2) 设置当前时区。

```
[root@Server01 ~]#timedatectl |grep Time                          //查看当前时区
[root@Server01 ~]#timedatectl list-timezones                      //查看所有可用时区
[root@Server01 ~]#timedatectl set-timezone Asia/Shanghai //修改当前时区
```

(3) 设置时间和日期。

```
[root@Server01 ~]#timedatectl set-time 10:43:30        //只设置时间
Failed to set time: NTP unit is active
```

这个错误是启动了时间同步造成的，改正错误的办法是关闭该 NTP unit。

```
[root@Server01 ~]#clear                                //清屏
[root@Server01 ~]#timedatectl set-ntp no               //关闭时间同步
[root@Server01 ~]#timedatectl set-time 10:58:30        //仅设置时间，格式为时分秒
[root@Server01 ~]#timedatectl set-time 2020-08-22      //仅设置日期，格式为年月日
[root@Server01 ~]#timedatectl                          //查看设置结果
[root@Server01 ~]#timedatectl set-time "2021-8-21 11:01:40"   //设置日期和时间
[root@Server01 ~]#timedatectl                          //查看设置结果
```

只有 root 用户才可以改变系统的日期和时间。

4. 使用 cal 命令

cal 命令用于显示指定月份或年份的日历,可以带两个参数,其中年、月份用数字表示;只有一个参数时表示年份,年份的范围为 1～9999;不带任何参数的 cal 命令显示当前月份的日历。例如:

```
[root@Server01 ~]#cal 7 2022
七月 2022
日  一  二  三  四  五  六
                     1   2
 3   4   5   6   7   8   9
10  11  12  13  14  15  16
17  18  19  20  21  22  23
24  25  26  27  28  29  30
31
```

5. 使用 clock 命令

clock 命令用于从计算机的硬件获得日期和时间。例如:

```
[root@Server01 ~]#clock
2020-08-20 05:02:16.072524-04:00
```

2.4 熟练使用进程管理类命令

进程管理类命令是对进程进行各种显示和设置的命令。

1. 使用 ps 命令

ps 命令主要用于查看系统的进程。该命令的语法为:

```
ps [参数]
```

ps 命令的常用参数选项如下。

- -a:显示当前控制终端的进程(包含其他用户的)。
- -u:显示进程的用户名和启动时间等信息。
- -w:宽行输出,不截取输出中的命令行。
- -l:按长格形式显示输出。
- -x:显示没有控制终端的进程。
- -e:显示所有的进程。
- -t *n*:显示第 *n* 个终端的进程。

例如:

```
[root@Server01 ~]#ps -au
USER   PID   %CPU  %MEM  VSZ    RSS   TTY   STAT  START  TIME  COMMAND
root   2459  0.0   0.2   1956   348   tty2  Ss+   09:00  0:00  /sbin/mingetty tty2
root   2460  0.0   0.2   2260   348   tty3  Ss+   09:00  0:00  /sbin/mingetty tty3
root   2461  0.0   0.2   3420   348   tty4  Ss+   09:00  0:00  /sbin/mingetty tty4
root   2462  0.0   0.2   3428   348   tty5  Ss+   09:00  0:00  /sbin/mingetty tty5
root   2463  0.0   0.2   2028   348   tty6  Ss+   09:00  0:00  /sbin/mingetty tty6
root   2895  0.0   0.9   6472   1180  tty1  Ss    09:09  0:00  bash
```

ps 通常和重定向、管道等命令一起使用，用于查找出所需的进程。输出内容的第一行的中文解释是：进程的所有者；进程 ID 号；运算器占用率；内存占用率；虚拟内存使用量(单位是 KB)；占用的固定内存量(单位是 KB)；所在终端进程状态；被启动的时间；实际使用 CPU 的时间；命令名称与参数等。

2. 使用 pidof 命令

pidof 命令用于查询某个指定服务进程的 PID 值，格式为“pidof [参数] [服务名称]”。

每个进程的进程号码值(PID)是唯一的，因此可以通过 PID 来区分不同的进程。例如，可以使用如下命令来查询本机上 sshd 服务程序的 PID：

```
[root@Server01 ~]#pidof  sshd
1161
```

3. 使用 kill 命令

前台进程在运行时，可以用 Ctrl+C 组合键终止它，但后台进程无法使用这种方法终止，此时可以使用 kill 命令向进程发送强制终止信号，例如：

```
[root@Server01 ~]#kill -l
1) SIGHUP       2) SIGINT      3) SIGQUIT     4) SIGILL
5) SIGTRAP      6) SIGABRT     7) SIGBUS      8) SIGFPE
9) SIGKILL      10) SIGUSR1    11) SIGSEGV    12) SIGUSR2
13) SIGPIPE     14) SIGALRM    15) SIGTERM    16) SIGCHLD
17) SIGCONT     18) SIGSTOP    19) SIGTSTP    20) SIGTTIN
21) SIGTTOU     22) SIGURG     23) SIGXCPU    24) SIGXFSZ
25) SIGVTALRM   26) SIGPROF    27) SIGWINCH   28) SIGIO
29) SIGPWR      30) SIGSYS     31) SIGRTMIN   32) SIGRTMIN+1
...
```

上述命令用于显示 kill 命令所能发送的信号种类。每个信号都有一个数值对应，例如 SIGKILL 信号的值为 9。

kill 命令的格式为：

```
kill  [参数]  进程 1  进程 2 ...
```

参数选项-s 一般跟信号的类型。

例如：

```
[root@Server01 ~]#ps
 PID  TTY    TIME      CMD
1448  pts/1  00:00:00  bash
2394  pts/1  00:00:00  ps
[root@Server01 ~]#kill -s SIGKILL 1448 或者//kill -9 1448
//上述命令用于结束 bash 进程,会关闭终端
```

4. 使用 killall 命令

killall 命令用于终止某个指定名称的服务所对应的全部进程,格式为:

```
killall [参数] [进程名称]
```

通常来讲,复杂软件的服务程序会有多个进程协同为用户提供服务,如果逐个去结束这些进程会比较麻烦,此时可以使用 killall 命令来批量结束某个服务程序带有的全部进程。下面以 httpd 服务程序为例来结束其全部进程。由于 RHEL 7 系统默认没有安装 httpd 服务程序,因此大家此时只需看操作过程和输出结果即可,等学习了相关内容之后再来实践。

```
[root@Server01 ~]#pidof  httpd
13581  13580  13579  13578  13577  13576
[root@Server01 ~]#killall  -9 httpd
[root@Server01 ~]#pidof  httpd
[root@Server01 ~]#
```

注 意

如果在系统终端中执行一个命令后想立即停止它,可以同时按 Ctrl + C 组合键(生产环境中比较常用的一个快捷键),这样将立即终止该命令的进程。或者,如果有些命令在执行时不断地在屏幕上输出信息,影响到后续命令的输入,则可以在执行命令时在末尾添加上一个 & 符号,这样命令将进入系统后台来执行。

5. 使用 nice 命令

Linux 系统有两个和进程有关的优先级。用 ps -l 命令可以看到两个域:PRI 和 NI。PRI 是进程实际的优先级,它是由操作系统动态计算的,这个优先级的计算和 NI 值有关。NI 值可以被用户更改,NI 值越高,优先级越低。一般用户只能加大 NI 值,只有超级用户才可以减小 NI 值。NI 值被改变后,会影响 PRI。优先级高的进程被优先运行,缺省时进程的 NI 值为 0。nice 命令的用法如下:

```
nice  -n  程序名        //以指定的优先级运行程序
```

其中,*n* 表示 NI 值,正值代表 NI 值增加,负值代表 NI 值减小。

例如:

```
[root@Server01 ~]#nice --2 ps -l
```

6. 使用 renice 命令

renice 命令是根据进程的进程号来改变进程的优先级的。renice 的用法如下:

```
renice n  进程号
```

其中，*n* 为修改后的 NI 值。

例如：

```
[root@Server01 ~]#ps -l
F  S  UID  PID   PPID  C  PRI  NI  ADDR   SZ     WCHAN   TTY     TIME      CMD
0  S   0   3324  3322  0  80   0    -    27115   wait    pts/0   00:00:00  bash
4  R   0   4663  3324  0  80   0    -    27032    -      pts/0   00:00:00  ps
[root@Server01 ~]#renice -6 3324
```

7. 使用 top 命令

和 ps 命令不同，top 命令可以实时监控进程的状况。top 屏幕每 5 秒自动刷新一次，也可以用“top -d 20”，使 top 屏幕每 20 秒刷新一次。top 屏幕的部分内容如下：

```
top -19:47:03 up 10:50, 3 users, load average: 0.10, 0.07, 0.02
Tasks: 90 total, 1 running, 89 sleeping, 0 stopped, 0 zombie
Cpu(s): 1.0%us, 3.1%sy, 0.0%ni, 95.8%id, 0.0%wa, 0.0%hi, 1.0%si
Mem:   126212k total,  124520k used,    1692k free,  10116k buffers
Swap:  257032k total,   25796k used,  231236k free,   34312k cached

PID   USER  PR  NI   VIRT   RES   SHR  S  %CPU  %MEM   TIME+     COMMAND
2946  root  14  -1  39812   12m  3504  S  1.3    9.8   14:25.46  X
3067  root  25  10  39744   14m  9172  S  1.0   11.8   10:58.34  rhn-applet-gui
2449  root  16  0    6156  3328  1460  S  0.3    3.6    0:20.26  hald
3086  root  15  0   23412  7576  6252  S  0.3    6.0    0:18.88  mixer_applet2
1446  root  16  0    8728  2508  2064  S  0.3    2.0    0:10.04  sshd
2455  root  16  0    2908   948   756  R  0.3    0.8    0:00.06  top
1     root  16  0    2004   560   480  S  0.0    0.4    0:02.01  init
```

top 命令前 5 行的含义如下。

第 1 行：正常运行时间行。显示系统当前时间、系统已经正常运行的时间、系统当前用户数等。

第 2 行：进程统计数。显示当前的进程总数、睡眠的进程数、正在运行的进程数、暂停的进程数、僵死的进程数。

第 3 行：CPU 统计行。包括用户进程、系统进程、修改过 NI 值的进程、空闲进程各自使用 CPU 的百分比。

第 4 行：内存统计行。包括内存总量、已用内存、空闲内存、共享内存、缓冲区的内存总量。

第 5 行：交换分区和缓冲分区统计行。包括交换分区总量、已使用的交换分区、空闲交换分区、高速缓冲区总量。

在 top 屏幕下，用 q 键可以退出，用 h 键可以显示 top 下的帮助信息。

8. 使用 jobs、fg、bg 命令

jobs 命令用于查看在后台运行的进程。例如：

```
[root@Server01 ~]#find / -name  h*          //立即通过 Ctrl +z 组合键将当前命令暂停
[1]+  已停止                find / -name h*
[root@Server01 ~]#jobs
[1]+  已停止                find / -name h*
```

bg 命令用于把进程放到后台运行。例如：

```
[root@Server01 ~]#bg %1
```

fg 命令用于把从后台运行的进程调到前台。例如：

```
[root@Server01 ~]#fg %1
```

9. 使用 at 命令

如果要在特定时间运行 Linux 命令,你可以将 at 添加到语句中。语法是 at 后面跟着你希望命令运行的日期和时间,然后命令提示符变为 at>,这样你就可以输入在上面指定的时间运行的命令。

例如：

```
[root@Server01 ~]#at 4:08 PM Sat
at>echo 'hello'
at>Ctrl+D
job 1 at Sat May 5 16:08:00 2018
```

这将会在周六下午 16:08 运行 echo 'hello'程序。

2.5 熟练使用其他常用命令

除了上面介绍的命令外,还有一些命令也经常用到。

1. 使用 clear 命令

clear 命令用于清除字符终端屏幕内容。

2. 使用 uname 命令

uname 命令用于显示系统信息。例如：

```
[root@Server01 ~]#uname -a
Linux Server 3.6.9-5.EL #1 Wed Jan 5 19:22:18 EST 2005 i686 i686 i386 GNU/Linux
```

3. 使用 man 命令

man 命令用于列出命令的帮助手册。例如：

```
[root@Server01 ~]#man ls
```

典型的 man 手册包含以下几个部分。

- NAME：命令的名字。
- SYNOPSIS：名字的概要,简单说明命令的使用方法。
- DESCRIPTION：详细描述命令的使用,如各种参数选项的作用。
- SEE ALSO：列出可能要查看的其他相关的手册页条目。
- AUTHOR、COPYRIGHT：作者和版权等信息。

4. 使用 shutdown 命令

shutdown 命令用于在指定时间关闭系统。该命令的语法为：

```
shutdown  [参数]  时间  [警告信息]
```

shutdown 命令常用的参数选项如下。

- -r：系统关闭后重新启动。
- -h：关闭系统。

时间可以是以下几种形式。

- now：表示立即。
- hh:mm：指定绝对时间，hh 表示小时，mm 表示分钟。
- +m：表示 m 分钟以后。

例如：

```
[root@Server01 ~]#shutdown -h now        //关闭系统
```

5. 使用 halt 命令

halt 命令表示立即停止系统，但该命令不自动关闭电源，需要人工关闭电源。

6. 使用 reboot 命令

reboot 命令用于重新启动系统，相当于“shutdown -r now”。

7. 使用 poweroff 命令

poweroff 命令用于立即停止系统，并关闭电源，相当于“shutdown -h now”。

8. 使用 alias 命令

alias 命令用于创建命令的别名。该命令的语法为：

```
alias  命令别名 ="命令行"
```

例如：

```
[root@Server01 ~]#alias mand="vim /etc/man_db.conf"
//定义 mand 为命令“vim /etc/man_db.conf”的别名，输入 mand 会怎样？
```

alias 命令不带任何参数时将列出系统已定义的别名。

9. 使用 unalias 命令

unalias 命令用于取消别名的定义。例如：

```
[root@Server01 ~]#unalias mand
```

10. 使用 history 命令

history 命令用于显示用户最近执行的命令。可以保留的历史命令数和环境变量 HISTSIZE 有关。只要在编号前加“!”，就可以重新运行 history 中显示出的命令行。例如：

```
[root@Server01 ~]#!128
```

表示重新运行第 128 个历史命令。

11. 使用 wget 命令

wget 命令用于在终端中下载网络文件,格式为:

```
wget [参数] 下载地址
```

表 2-2 所示为 wget 命令的参数以及作用。

表 2-2 wget 命令的参数以及作用

参数	作　用	参数	作　用
-b	后台下载模式	-c	断点续传
-P	下载到指定目录	-p	下载页面内所有资源,包括图片、视频等
-t	最大尝试次数	-r	递归下载

尝试使用 wget 命令下载 testfile.zip 文件,假如这个文件的完整路径为 http://www.smile.net/testfile.zip,执行该命令(**注意:该网站仅是示例网站,不能真正访问**):

```
[root@Server01 ~]#wget http://www.smile90.net/testfile.zip
```

接下来,使用 wget 命令递归下载 http://www.smile.net/网站内的所有页面数据以及文件,下载完后会自动保存到当前路径下一个名为 http://www.smile.net/的目录中。执行该操作的命令为 wget -r -p http://www.smile.net/。

```
[root@Server01 ~]#wget -r -p http://www.smile90.net/
```

12. 使用 who 命令

who 用于查看当前登录主机的用户终端信息,格式为

```
who [参数]
```

这三个简单的字母可以快速显示出所有正在登录本机的用户的名称以及他们正在开启的终端信息。表 2-3 所示为执行 who 命令的结果。

表 2-3 执行 who 命令的结果

登录的用户名	终端设备	登录到系统的时间
root	:0	2018-05-02 23:57 (:0)
root	pts/0	2018-05-03 17:34 (:0)

13. 使用 last 命令

last 命令用于查看所有系统的登录记录,格式为:

```
last [参数]
```

使用 last 命令可以查看本机的登录记录。但是,由于这些信息都是以日志文件的形式保存在系统中,因此黑客可以很容易地对内容进行篡改。千万不要单纯以该命令的输出信

息而判断系统有无被恶意入侵！

```
[root@Server01?~]#last
root     pts/0         :0                  Thu May  3 17:34    still   logged in
root     pts/0         :0                  Thu May  3 17:29 -  17:31    (00:01)
root     pts/1         :0                  Thu May  3 00:29    still   logged in
root     pts/0         :0                  Thu May  3 00:24 -  17:27    (17:02)
root     pts/0         :0                  Thu May  3 00:03 -  00:03    (00:00)
root     pts/0         :0                  Wed May  2 23:58 -  23:59    (00:00)
root     :0            :0                  Wed May  2 23:57    still   logged in
reboot   system boot   3.10.0-693.el7.x    Wed May  2 23:54 -  19:30    (19:36)
...           //省略部分登录信息
```

14. 使用 echo 命令

echo 命令用于在终端输出字符串或变量提取后的值，格式为“echo [字符串 | $ 变量]”。例如，把指定字符串“Linuxprobe.com”输出到终端屏幕的命令为：

```
[root@Server01  ~]#echo  long90.cn
```

该命令会在终端屏幕上显示如下信息：

```
long90.cn
```

下面，使用 $ 变量的方式提取变量 SHELL 的值，并将其输出到屏幕上：

```
[root@Server01  ~]#echo  $SHELL
/bin/bash
```

15. 使用 uptime 命令

uptime 用于查看系统的负载信息，格式为 uptime。

uptime 命令真的很棒，它可以显示当前系统时间、系统已运行时间、启用终端数量以及平均负载值等信息。平均负载值指的是系统在最近 1 分钟、5 分钟、15 分钟内的压力情况(下面加粗的信息部分)；负载值越低越好，尽量不要长期超过 1，在生产环境中不要超过 5。

```
[root@Server01  ~]#uptime
20:24:04 up  4:28,  3 users,  load average: 0.00, 0.01, 0.05
```

2.6　项目实录：使用 Linux 基本命令

实训项目　使用 Linux 基本命令

1. 观看视频

实训前请扫描二维码观看视频。

2. 项目实训目的

- 掌握 Linux 各类命令的使用方法。
- 熟悉 Linux 操作环境。

3. 项目背景

现在有一台已经安装好 Linux 操作系统的主机,并且已经配置好基本的 TCP/IP 参数,能够通过网络连接局域网中或远程的主机。一台 Linux 服务器能够提供 FTP、Telnet 和 SSH 连接。

4. 项目实训内容

练习使用 Linux 常用命令,达到熟练应用的目的。

5. 做一做

根据项目实录视频进行项目的实训,检查学习效果。

2.7 练习题

一、填空题

1. 在 Linux 系统中命令________大小写。在命令行中,可以使用________键来自动补齐命令。

2. 如果要在一个命令行上输入和执行多条命令,可以使用________来分隔命令。

3. 断开一个长命令行,可以使用________,以将一个较长的命令分成多行表达,增强命令的可读性。执行后,Shell 自动显示提示符________,表示正在输入一个长命令。

4. 要使程序以后台方式执行,只需在要执行的命令后跟上一个________符号。

二、选择题

1. (　　)命令能用来查找在文件 TESTFILE 中包含 4 个字符的行。
   A. grep '???? ' TESTFILE　　B. grep '…. ' TESTFILE
   C. grep '^????　$' TESTFILE　　D. grep '^….$　' TESTFILE

2. (　　)命令用来显示/home 及其子目录下的文件名。
   A. ls -a /home　　B. ls -R /home　　C. ls -l /home　　D. ls -d /home

3. 如果忘记了 ls 命令的用法,可以采用(　　)命令获得帮助。
   A. ? ls　　B. help ls　　C. man ls　　D. get ls

4. 查看系统当中所有进程的命令是(　　)。
   A. ps all　　B. ps aix　　C. ps auf　　D. ps aux

5. Linux 中有多个查看文件的命令,如果希望在查看文件内容过程中用光标可以上下移动来查看文件内容,则符合要求的那一个命令是(　　)。
   A. cat　　B. more　　C. less　　D. head

6. (　　)命令可以了解您在当前目录下还有多大空间。
   A. df　　B. du　/　　C. du.　　D. df　.

7. 假如需要找出 /etc/my.conf 文件属于哪个包(package),可以执行(　　)命令。
   A. rpm -q /etc/my.conf　　B. rpm -requires /etc/my.conf
   C. rpm -qf /etc/my.conf　　D. rpm -q | grep /etc/my.conf

8. 在应用程序启动时,(　　)命令设置进程的优先级。
   A. priority　　B. nice　　C. top　　D. setpri

9.（　　）命令可以把 f1.txt 复制为 f2.txt。

A. cp f1.txt | f2.txt　　B. cat f1.txt | f2.txt

C. cat f1.txt > f2.txt　　D. copy f1.txt | f2.txt

10. 使用（　　）命令可以查看 Linux 的启动信息。

A. mesg -d　　B. dmesg　　C. cat /etc/mesg　　D. cat /var/mesg

三、简答题

1. more 和 less 命令有何区别？
2. Linux 系统下对磁盘的命名原则是什么？
3. 在网上下载一个 Linux 下的应用软件，介绍其用途和基本使用方法。

第3章 安装与管理软件包

本章将通过 Linux 操作系统的运行文件，让大家理解什么是可运行的程序，以及了解什么是编译器，并学习与程序息息相关的函数库(library)的知识。读者也将了解如何将开放源代码的程序链接到函数库，通过编译成为可以运行的二进制程序(二进制程序)的一系列过程。本章还介绍了最原始的软件管理方式：使用 Tarball 安装与升级管理软件，以及了解 RPM 和 yum 工具软件。

学习要点

- 了解开放源代码的软件安装与升级。
- 掌握使用传统程序语言进行编译的方法。
- 掌握用 make 进行编译的方法和技能。
- 掌握如何使用 Tarball 管理包。
- 掌握 RPM 安装、查询、移除软件的方法。
- 学会使用 yum 安装与升级软件。

3.1 软件包相关知识概述

3.1.1 开放源代码、编译器与可执行文件

Linux 中的软件几乎都经过了 GPL 的授权，所以这些软件均可提供原始程序代码，并且用户可以自行修改该程序源代码，以符合个人的需求，这就是开放源代码的优点。不过，到底什么是开放源代码？这些程序代码到底是什么？Linux 中可以运行的相关软件文件与开放源代码之间是如何转换的？不同版本的 Linux 之间能不能使用同一个运行文件？下面将解答相关问题。

在讨论程序代码是什么之前，我们先来谈论什么是可执行文件。在 Linux 系统中，一个文件能不能被运行取决于有没有可运行的权限(具有 x 权限)，Linux 系统上的可执行文件其实是二进制文(二进制程序)，例如/usr/bin/passwd、/bin/touch 等文件。

那么 Shell script 是不是可执行文件呢？答案是否定的。Shell script 只是利用 Shell(例如 bash)这个程序的功能进行一些判断，除了 bash 提供的功能外，最终运行的仍是调用一些已经编译成的二进制程序。当然，bash 本身也是一个二进制程序。

使用 file 命令能够测试一个文件是否为 binary 文件。

```
[root@Server01 ~]        #file /bin/bash
/bin/bash: ELF 64-bit LSB shared object, x86-64, version 1 (SYSV), dynamically
linked, interpreter /lib64/ld-linux-x86-64.so.2, for GNU/Linux 3.2.0, BuildID
[sha1]=080e6de957ae21c76da4e481b90f122ac652d5dd, stripped, too many notes (256)
```

如果是二进制而且是可执行文件，就会显示执行文件类别，同时会说明是否使用动态函数库，而如果是一般的脚本，那么就会显示出 text executables 之类的字样。

既然 Linux 操作系统真正识别的是二进制程序，那么该如何制作二进制程序呢？

首先，使用 vim 来进行程序的撰写，写完的程序就是所谓的原始程序代码。其次，在完成这个源代码文件的编写之后，将这个文件编译成操作系统"看得懂"的二进制程序。

例如，在 Linux 中最标准的程序语言为 C，所以使用 C 语言进行原始程序代码的书写。写完之后，以 Linux 上标准的 C 语言编译器 GCC 进行编译，就可以制作出一个可以运行的二进制程序了。

开放源代码、编译器、可执行文件总结如下。

- 开放源代码：程序代码，写给用户看的程序语言，但机器并不认识，所以无法运行。
- 编译器：将程序代码编译成机器看得懂的语言，类似翻译者的角色。
- 可执行文件：经过编译器变成二进制程序后，机器看得懂可以直接运行的文件。

3.1.2　make 与 configure

事实上，使用类似 GCC 的编译器来进行编译的过程并不简单，因为一套软件并不会仅有一个程序，而是有大量的程序代码文件，所以除了主程序与副程序需要写出编译过程的命令外，还需要写出最终的链接程序。但是类似 WWW 服务器软件（如 Apache）或核心的源代码这种动辄数百 MB 的数据量，编译命令的量过于庞大，这时就可以使用 make 这个命令的相关功能来进行编译过程的命令简化了。

当运行 make 时，make 会在当前的目录下搜寻 Makefile（或 makefile）这个文件，而 Makefile 里记录了源代码如何编译的详细信息。make 会自动判别源代码是否已经改变，从而自动升级执行文件，所以，make 是相当好用的一个辅助工具。

make 是一个程序，会去找 Makefile，那么 Makefile 应该怎么撰写呢？通常软件开发商都会写一个检测程序来检测使用者的操作环境，以及该操作环境是否有软件开发商所需要的其他功能，该检测程序检测完毕后，就会主动创建这个 Makefile 的规则文件。通常这个检测程序的文件名为 configure 或者是 config。

为什么要检测操作环境呢？因为不同版本的核心所使用的系统调用可能不相同，而且每个软件所需要的相关的函数库也不相同。同时，软件开发商不会仅针对 Linux 开发，而是会针对整个类 UNIX 做开发，所以也必须要检测该操作系统平台有没有提供合适的编译器。一般来说，检测程序所检测的数据有以下几种类型：

- 是否有适合的编译器可以编译本软件的程序代码；
- 是否已经存在本软件所需要的函数库，或其他需要的相关软件；
- 操作系统平台是否适合本软件，包括 Linux 的核心版本；
- 内核的头定义文件（header include）是否存在（驱动程序必须要进行的检测）。

由于不同的 Linux 发行版本的函数库文件的路径、函数库的文件名定义、默认安装的编译器以及内核的版本都不相同,因此理论上,在 CentOS 7.x 上编译出二进制程序无法在 SuSE 上运行。因为调用的目标函数库位置可能不同,内核版本更不可能相同,所以能够运行概率微乎其微。当同一套软件在不同的平台上运行时,必须要重复编译。

3.1.3 Tarball 软件

Tarball 文件是将软件的所有源代码文件先以 tar 打包,然后再用压缩技术进行压缩从而得到的文件,其中最常见的就是以 gzip 进行压缩。因为利用了 tar 与 gzip 的功能,所以 tarball 文件一般的扩展名会写成.tar.gz 或者是简写为.tgz。不过,近来由于 bzip2 的压缩率较佳,所以 Tarball 也有用 bzip2 的压缩技术进行压缩的,这时文件名会写成.tar.bz2。

Tarball 是一个软件包,将其解压缩之后,里面的文件通常包括:

- 原始程序代码文件;
- 检测程序文件(可能是 configure 或 config 等文件);
- 本软件的简易说明与安装说明(Install 或 Readme)。

其中最重要的是 Install 或者 Readme 这两个文件,通常只要能够看明白这两个文件,Tarball 软件的安装就非常容易进行了。

3.1.4 安装与升级软件

软件升级的主要原因有以下几种:

- 需要新的功能,但旧版软件并没有这种功能;
- 旧版软件可能存在安全隐患;
- 旧版软件运行效率不高,或者运行的能力不能满足管理者。

在上面的需求中,尤其需要注意的是第二点,当一个软件有安全隐患时,千万不要怀疑,最好的办法就是立即升级软件,否则有可能造成严重的网络危机,升级的方法可以分为两大类:

- 直接以源代码通过编译来安装与升级;
- 直接以编译好的二进制程序来安装与升级。

上面第一点很简单,就是直接以 Tarball 进行检测、编译、安装与配置等操作进行升级。不过,这样的操作虽然让使用者在安装过程中具有很高的选择性,但是比较麻烦。如果 Linux distribution 厂商能够针对自己的操作平台先进行编译等过程,再将编译好的二进制程序发布,那么由于自己的系统与该 Linux distribution 的环境是相同的,所以厂商发布的二进制程序就可以在自己的机器上直接安装,省略了检测与编译等繁杂的过程。

这种预先编译好程序的机制存在于很多 distribution 版本中。如由 Red Hat 系统(含 Fedora/CentOS 系列)发展的 RPM 软件管理机制与 yum 线上升级模式、Debian 使用的 dpkg 软件管理机制与 APT 线上升级模式等。

Tarball 安装的基本流程如下:

① 在厂商的网站上下载 Tarball 文件;

② 将 Tarball 解压缩,生成源代码文件;

③ 以 GCC 进行源代码的编译(会产生目标文件);

④ 以 GCC 进行函数库、主程序和副程序的链接,形成主要的二进制文件;

⑤ 将④中的二进制文件以及相关的配置文件安装至主机中。

步骤③和④可以通过 make 命令的功能进行简化，所以整个步骤其实非常简单，只需要在 Linux 系统中至少有 GCC 和 make 两个软件即可。

3.1.5 RPM 与 DPKG

目前在 Linux 界最常见的软件安装方式有以下两种。

(1) DPKG。DPKG 最早是由 Debian Linux 社群开发出来的，通过 DPKG 机制，Debian 提供的软件安装非常简单，同时还能提供安装后的软件信息。衍生于 Debian 的其他 Linux 发行版本大多数也都使用 DPKG 机制来管理软件，包括 B2D、Ubuntu 等。

(2) RPM。RPM 最早是由 Red Hat 公司开发出来的。后来由于软件非常好用，很多发行版就使用这个机制来作为软件安装的管理方式，其中包括 Fedora、CentOS、SuSE 等知名的开发商。

如前所述，DPKG/RPM 机制或多或少都会存在软件依赖性的问题，那么该如何解决呢？由于每个软件文件都提供软件依赖性的检查，如果将依赖属性的数据做成列表，等到实际安装软件时，如果存在依赖属性的软件时根据列表安装软件就可以解决依赖性问题。例如，安装 A 需要先安装 B 与 C，而安装 B 则需要安装 D 与 E，那么当要安装 A 时，通过依赖属性列表，管理机制自动去取得 B、C、D、E 同时进行安装，就解决了软件依赖性的问题。

目前新的 Linux 开发商都提供这样的“线上升级”机制，通过这个机制，原版光盘只有第一次安装时用到，其他时候只要有网络，就能够获得开发商所提供的任何软件。在 DPKG 管理机制上开发出了 APT 线上升级机制，RPM 则根据开发商的不同，有 Red Hat 系统的 yum、SuSE 系统的 Yast Online Update(YOU)、Mandriva 的 urpmi 软件等。线上升级如表 3-1 所示。

表 3-1 各发行版本的线上升级

distribution 代表	软件管理机制	使用命令	线上升级机制(命令)
Red Hat/Fedora	RPM	rpm，rpmbuild	yum (yum)
Debian/Ubuntu	DPKG	dpkg	APT (apt-get)

CentOS 7 使用的软件管理机制为 RPM(rpm 命令)机制，而用来作为线上升级的方式则为 yum(yum 命令)。下面将会谈到 RPM 与 yum 机制。

3.1.6 RPM 与 SRPM

RPM 全名是 Red Hat Package Manager，简称 RPM。顾名思义，当初这个软件管理的机制是由 Red Hat 公司开发出来的。RPM 是以一种数据库记录的方式将所需要的软件安装到 Linux 系统的一套管理机制。

RPM 最大的特点是将需要安装的软件先编译通过，并且打包成 RPM 机制的包装文件，通过包装文件里默认的数据库记录，记录软件安装时所必须具备的依赖属性软件。当软件安装在 Linux 主机时，RPM 会先依照软件里的数据库记录查询 Linux 主机的依赖属性软件是否满足，如果满足则予以安装，如果不满足则不安装。

但是这也造成一些困扰。由于 RPM 文件是已经打包好的数据,里面的数据已经“编译完成”了,所以该软件文件只能安装在原来默认的硬件与操作系统版本中。也就是说,主机系统环境必须要与当初创建这个软件文件的主机环境相同才行。举例来说,rp-pppoe 这个 ADSL 拨号软件,必须要在 ppp 软件存在的环境下才能进行安装。如果主机没有 ppp 软件,除非先安装 ppp,否则 rp-pppoe 不能成功安装(当然也可以强制安装,但是通常都会出现一些问题)。

所以,通常不同的发行版本发布的 RPM 文件,并不能用在其他的 distributions 上。举例来说,Red Hat 发布的 RPM 文件,通常无法直接在 SuSE 上进行安装。更有甚者,相同发行版本的不同子版本之间也无法互通,例如 RHEL 6.x 的 RPM 文件就无法直接套用在 RHEL 7.x 上。由此可知,使用 RPM 应注意以下问题:

- 软件文件安装的环境必须与打包时的环境需求一致或相当;
- 需要满足软件的依赖属性需求;
- 反安装时需要特别小心,最底层的软件不可先移除,否则可能造成整个系统出现问题。

如果想要安装其他发行版本提供的 RPM 软件文件,需要使用 SRPM。

SRPM 即 Source RPM,也就是 RPM 文件里含有源代码。应特别注意的是,SRPM 所提供的软件内容是源代码,并没有经过编译。

通常 SRPM 的扩展名以***.src.rpm 格式命名。虽然 SRPM 提供的是源代码,但却不能使用 Tarball 直接安装。这是因为 SRPM 虽然内容是源代码,但是仍然含有该软件所需要的依赖性软件说明以及 RPM 文件所提供的数据。同时,SRPM 与 RPM 不同之处是,SRPM 也提供参数配置文件(configure 与 Makefile)。所以,如果下载的是 SRPM,那么要安装该软件时,需要完成以下两个步骤:

① 将该软件以 RPM 管理的方式编译,此时 SRPM 会被编译成 RPM 文件。

② 将编译完成的 RPM 文件安装到 Linux 系统中。

通常一个软件在发布的时候,都会同时发布该软件的 RPM 与 SRPM。RPM 文件必须在相同的 Linux 环境下才能够安装,而 SRPM 是源代码的格式,可以通过修改 SRPM 内的参数配置文件,然后重新编译产生能适合 Linux 环境的 RPM 文件,这样就可以将该软件安装到系统,而不必要求与原作者打包的 Linux 环境相同。通过表 3-2 可以看出 RPM 与 SRPM 之间的差异。

表 3-2　RPM 与 SRPM 比较

文件格式	文件名格式	直接安装与否	内含程序类型	可否修改参数并编译
RPM	xxx.rpm	可	已编译	不可
SRPM	xxx.src.rpm	不可	未编译之源代码	可

3.1.7　i386、i586、i686、noarch 和 x86_64

从 3.1.6 小节可知,RPM 与 SRPM 的格式分别为:

```
xxxxxxxxx.rpm        #RPM 的格式,已经经过编译且包装完成的 rpm 文件
xxxxx.src.rpm        #SRPM 的格式,包含未编译的源代码信息
```

通过文件名可以知道这个软件的版本、适用的平台、编译发布的次数。例如，rp-pppoe-3.1-5.i386.rpm 文件的意义为：

```
rp-pppoe  -  3.1           -  5          .i386            .rpm
软件名称     软件的版本信息    发布的次数   适合的硬件平台   扩展名
```

除了后面适合的硬件平台与扩展名外，以“－”隔开各个部分，这样可以很方便地找到该软件的名称、版本信息、打包次数与操作的硬件平台。

(1) 软件名称。每一个软件都对应一个名称，上面的范例中，rp-pppoe 即为软件名称。

(2) 版本信息。每一次升级版本就需要有一个版本的信息，借以判断版本的新旧，通常版本又分为主版本和次版本。范例中主版本为 3，在主版本的架构下更动部分源代码内容而释出一个新的版本就是次版本，范例中次版本为 1。

(3) 发布版本次数。通常就是编译的次数。那么为何需要重复地编译呢？这是由于同一个版本的软件中，可能由于存在某些 bug 或者安全上的顾虑，所以必须要进行小幅度的更新(patch)或重设一些编译参数，配置完成之后重新编译并打包成 RPM 文件。

(4) 操作硬件平台。由于 RPM 可以适用不同的操作平台，但是不同平台配置的参数存在着差异，并且可以针对比较高阶的 CPU 来进行最佳化参数的配置，这样才能够使用高阶 CPU 所带来的硬件加速功能，所以就存在 i386、i586、i686、x86_64 与 noarch 等不同的硬件平台，如表 3-3 所示。

表 3-3 不同的硬件平台

平台名称	适合平台说明
i386	几乎适用于所有的 x86 平台，无论是旧的 Pentium，还是新的 Intel Core2 与 K8 系列的 CPU 等，都可以正常地工作。i 指的是 Intel 兼容 CPU 的意思，386 指的是 CPU 的等级
i586	针对 586 等级计算机进行最佳化编译，包括 Pentium 第一代 MMX CPU、AMD 的 K5 和 K6 系列 CPU(socket 7 插脚)等
i686	在 Pentium Ⅱ以后的 Intel 系列 CPU 及 K7 以后等级的 CPU 都属于这个 686 等级。由于目前市面上几乎仅剩 Pentium Ⅱ以后等级的硬件平台，因此很多发布版都直接释出这种等级的 RPM 文件
x86_64	针对 64 位的 CPU 进行最佳化编译配置，包括 Intel 的 Core 2 以上等级的 CPU，以及 AMD 的 Athlon64 以后等级的 CPU，都属于这一类型的硬件平台
noarch	没有任何硬件等级上的限制。一般来说，这种类型的 RPM 文件里没有二进制程序存在，较常出现的是属于 Shell script 方面的软件

受惠于目前 x86 系统的支持，新的 CPU 都能够运行旧的 CPU 所支持的软件，也就是说硬件方面都可以向下兼容，因此最低等级的 i386 软件可以安装在所有的 x86 硬件平台上，不论是 32 位还是 64 位。但是反过来就不能安装。举例来说，目前硬件大多是 64 位的等级，因此可以在该硬件上安装 x86_64 或 i386 等级的 RPM 软件，但在旧型主机上，例如，Pentium Ⅲ/Pentium 4 的 32 位机器就不能够安装 x86_64 的软件。

根据以上说明,其实只要选择 i386 版本安装在 x86 硬件上就肯定没问题。但是如果强调性能,还是应该选择与硬件相匹配的 RPM 文件,因为安装的软件是针对 CPU 硬件平台进行参数最佳化的编译。

3.2 使用 RPM 软件管理程序

RPM 机制其实不难,只要使用 rpm 命令即可。

3.2.1 安装软件

1. RPM 默认安装的路径

一般来说,RPM 类型的文件在安装的时候,会先读取文件内记载的配置参数内容,然后将该数据用来比对 Linux 系统的环境,找出是否有属性依赖的软件尚未安装。例如 OpenSSH 连接软件需要通过 OpenSSL 密软件,所以需要安装 OpenSSL 之后才能安装 OpenSSH。

如果环境检查合格,RPM 文件就可以安装到 Linux 系统上。安装完毕后,该软件相关的信息会写入/var/lib/rpm/目录下的数据库文件中。这个目录内的数据很重要,因为未来有任何软件升级的需求,版本之间的比较都是来自这个数据库,查询系统已经安装的软件,也是从这个数据库查询的。此外,目前的 RPM 也提供数字签名信息,这些数字签名也是在这个目录内记录的。所以,这个目录十分重要,不可轻易删除。

那么软件内的文件到底存放在哪里呢?当然与文件系统有关。表 3-4 是一些重要目录的含义。

表 3-4 重要目录的含义

目 录	含 义
/etc	一些配置档放置的目录,例如 /etc/crontab
/usr/bin	一些可运行文件
/usr/lib	一些程序使用的动态函式库
/usr/share/doc	一些基本的软件使用手册与说明档
/usr/share/man	一些 man page 文件

2. RPM 安装

因为安装软件是 root 的工作,因此只有 root 的身份才能够操作 rpm 命令。用 rpm 安装软件很简单,假设需要安装图形界面的防火墙工具软件:firewall-config-0.8.0-4.el8.noarch.rpm 的文件(版本不同可能稍有差别,建议使用 Tab 键补全功能),命令格式如下(先挂载):

```
[root@Server01 ~]#mount /dev/cdrom /media
mount: /media: WARNING: device write-protected, mounted read-only.
[root@Server01 ~]#cd /media/AppStream/Packages/
[root@Server01 Packages]#rpm -i firewall-config-0.8.0-4.el8.noarch.rpm
警告: firewall-config-0.8.0-4.el8.noarch.rpm: 头 V3 RSA/SHA256 Signature, 密钥
ID fd431d51: NOKEY
```

不过,这样的参数其实无法显示安装的进度,所以通常会使用以下命令。

【例 3-1】 安装 firewall-config-0.8.0-4.el8.noarch.rpm

```
[root@Server01 Packages]#rpm -ivh firewall-config-0.8.0-4.el8.noarch.rpm
警告: firewall-config-0.8.0-4.el8.noarch.rpm: 头 V3 RSA/SHA256 Signature, 密钥
ID fd431d51: NOKEY
Verifying...                          ##################################[100%]
准备中...                             ##################################[100%]
正在升级/安装...
  1:firewall-config-0.8.0-4.el8##################################[100%]
[root@Server01 Packages]#cd
```

选项与参数含义如下所示。

- -i:含义为 install。
- -v:察看更细部的安装信息画面。
- -h:以安装信息列显示安装进度。

【例 3-2】 安装两个以上软件时,命令如下:

```
[root@Server01 ~]#rpm -ivh a.i386.rpm b.i386.rpm *.rpm
#后面直接接多种软件文件
```

【例 3-3】 直接用网络上的某个安装文件来安装(保证能正常连接上网络)。

```
[root@Server01 ~]#rpm -ivh http://website.name/path/pkgname.rpm
```

另外,如果在安装过程中发现问题,或者已经知道会发生的问题,但还是需要"强行"安装这个软件时,可以使用表 3-5 中的参数"强制"安装。

表 3-5 rpm 安装时常用的选项与参数说明

选 项	说 明
--nodeps	使用时机:当发生软件属性依赖问题而无法安装,但需强制安装时; 危险性:软件之所以有依赖性,是因为彼此会使用到对方的机制或功能,如果强制安装而不考虑软件的属性依赖,则可能会造成该软件无法正常使用
--replacefiles	使用时机:如果在安装的过程中出现了"某个文件已经被安装在你的系统上面"的信息,又或许出现版本不兼容时,可以使用这个参数来直接覆盖文件; 危险性:覆盖的操作是无法复原的,所以在执行覆盖操作前,必须要明确覆盖文件后不会产生其他影响,否则后果很严重
--replacepkgs	使用时机:重新安装某个已经安装过的软件。安装很多 RPM 软件文件时,可以使用 rpm -ivh **.rpm。但是如果某些软件已经安装过了,此时系统会出现"某软件已安装"的信息,导致无法继续安装,此时可使用这个选项重复安装
--force	使用时机:这个参数其实就是--replacefiles 与--replacepkgs 的综合体
--test	使用时机:想要测试一下该软件是否可以被安装到使用者的 Linux 环境中,可找出是否有属性依赖的问题。 范例:rpm -ivh pkgname.i386.rpm --test

续表

选　项	说　　明
--justdb	使用时机：由于 RPM 数据库破损或者某些缘故产生错误时，可使用这个选项来升级软件在数据库内的相关信息
--nosignature	使用时机：想要略过数字签名的检查时，可以使用这个选项
--prefix 新路径	使用时机：要将软件安装到其他非正规目录时。 范例：想要将某软件安装到/usr/local 目录下，而非正规的/bin、/etc 等目录时，可以使用"--prefix /usr/local"进行处理
--noscripts	使用时机：不想让该软件在安装过程中自动运行某些系统命令。说明：RPM 的优点除了可以将文件存放到指定位置外，还可以自动运行一些前置作业的命令，例如数据库的初始化。如果不想让 RPM 自动运行这一类型的命令，可加上此参数

因参数比较多，所以建议直接使用 ivh。如果安装的过程中发现问题，应一个一个去将问题找出来，尽量不要使用"暴力安装法"，即通过--force 去强制安装。因为可能会发生很多不可预期的问题。除非你很清楚地知道使用上面的参数后，安装的结果是你预期的。

思考：在没有网络的前提下，你想要安装一个名为 pam-devel 的软件，你手边只有原版光盘，该如何操作？

解决方案：你可以通过挂载原版光盘来进行数据的查询与安装。请将原版光盘放入光驱，或者使用安装镜像文件。下面我们尝试将光盘挂载到 /media 目录，然后进行软件下载操作。

① 挂载光盘，使用："mount /dev/cdrom /media"。

② 找出文件的实际路径："find /media -name 'pam-devel * '"。

③ 测试此软件是否具有依赖性："rpm -ivh pam-devel...-test"。

④ 直接安装："rpm -ivh pam-devel..."。

⑤ 卸载光盘："umount /dev/cdrom"。

该实例在 RHEL 8 中的运行如下所示。

```
[root@Server01 ~]#mkdir /media
[root@Server01 ~]#mount /dev/cdrom /media
mount: block device /dev/cdrom is write-protected, mounting read-only
[root@Server01 ~]#find /media -name 'pam-devel * '
/media/BaseOS/Packages/pam-devel-1.3.1-8.el8.i686.rpm
/media/BaseOS/Packages/pam-devel-1.3.1-8.el8.x86_64.rpm
[root@Server01 ~]#cd /media/BaseOS/Packages/
[root@Server01 Packages]#rpm -ivh pam-devel-1.3.1-8.el8.x86_64.rpm
警告: pam-devel-1.3.1-8.el8.x86_64.rpm: 头 V3 RSA/SHA256 Signature, 密钥 ID
fd431d51: NOKEY
Verifying...                          #################################[100%]
准备中...                             #################################[100%]
正在升级/安装...
   1: pam-devel-1.3.1-8.el8           #################################[100%]
[root@Server01 Packages]#
```

在 RHEL 8 系统中，恰好这个软件没有属性依赖的问题，因此软件可以顺利进行安装。

3.2.2　RPM 升级、更新与查询（upgrade/freshen/query）

1. RPM 升级与更新（upgrade/freshen）

使用 RPM 升级的操作相对简单，以-Uvh 或-Fvh 来升级即可，而-Uvh 与-Fvh 可用的选项与参数，与 install 命令相同。不过，-U 与-F 的意义还是有所不同的，基本的差别如表 3-6 所示。

表 3-6　-Uvh 和-Fvh 两个参数的含义

参数	说　明
-Uvh	如果软件没有安装，则系统直接安装；如果软件安装过旧版本，则系统自动升级至新版本
-Fvh	如果软件并未安装到 Linux 系统上，则软件不会被安装；如果软安装至 Linux 系统件上，则软件会被升级

由以上说明可知，如果需要大量升级系统旧版本的软件时，使用-Fvh 是比较好的选择，因为没有安装的软件不会被不小心安装进系统中。但是需要注意的是，如果使用的是-Fvh，而系统中没有这个软件，那么该软件不能直接安装在 Linux 主机上，必须重新以 ivh 进行安装。

在进行整个操作系统的旧版软件修补与升级时，一般进行以下操作：

- 先到各开发商的 errata 网站或者国内的 FTP 映像站下载最新的 RPM 文件；
- 使用-Fvh 将系统内曾安装过的软件进行修补与升级。

另外，升级也可以利用--nodeps/--force 等参数。

2. RPM 查询

对于系统中已经安装的软件，RPM 实际查询的是/var/lib/rpm/目录下的数据库文件。另外，RPM 也可以查询系统中未安装软件的 RPM 文件内的信息。RPM 查询命令如下。

1）查询 rpm 安装软件

当前目录仍是 rpm 包所在目录(/media/Packages)。在该目录下，如果用到比较复杂的 rpm 包，一定记得使用 Tab 键补全功能。正确使用 Tab 键补全功能可以快速准确地写出各种命令、软件包和参数。

（1）先列出已安装软件。

```
[root@Server01 Packages]# rpm -qa
...          //此处有省略
gpm-libs-1.20.7-5.el7.x86_64
[root@Server01 Packages]# rpm -qa |grep python3-setup
...
python3-setuptools-wheel-39.2.0-5.el8.noarch
python3-setuptools-39.2.0-5.el8.noarch        #这是查到其中一个已安装的软件
```

（2）使用“rpm -q[licdR] 已安装的软件名称”进行查询。

```
[root@Server01 Packages]# rpm -qlicdR python3-setuptools-39.2.0-5.el8.noarch
Name        : python3-setuptools
Version     : 39.2.0
Release     : 5.el8
Architecture: noarch
```

```
Install Date : 2020年08月18日 星期二 16时01分00秒
Group        : Applications/System
Size         : 460967
License      : MIT
Signature    : RSA/SHA256, 2019年06月20日 星期四 18时27分58秒, Key ID 199e2f91fd431d51
Source RPM   : python-setuptools-39.2.0-5.el8.src.rpm
Build Date   : 2019年06月20日 星期四 12时14分15秒
Build Host   : x86-vm-06.build.eng.bos.redhat.com
Relocations  : (not relocatable)
Packager     : Red Hat, Inc. <http://bugzilla.redhat.com/bugzilla>
Vendor       : Red Hat, Inc.
URL          : https://pypi.python.org/pypi/setuptools
Summary      : Easily build and distribute Python 3 packages
Description :
Setuptools is a collection of enhancements to the Python distutils that allow
you to more easily build and distribute Python packages, especially ones that
have dependencies on other packages.

This package also contains the runtime components of setuptools, necessary to
execute the software that requires pkg_resources.py.
/usr/libexec/platform-python
platform-python-setuptools =39.2.0-5.el8
rpmlib(CompressedFileNames) <=3.0.4-1
rpmlib(FileDigests) <=4.6.0-1
rpmlib(PayloadFilesHavePrefix) <=4.0-1
rpmlib(PayloadIsXz) <=5.2-1
[root@Server01 Packages]#
```

(3)使用“rpm -qf 存在于系统里的某个文件名”查询文件属于哪个已安装软件包。

```
[root@Server01 Packages]# rpm -qf /etc/yum.conf
yum-4.2.17-6.el8.noarch
```

(4)使用“rpm -qp[licdR] 未安装的某个 rpm 软件名称”查询 rpm 软件信息。

```
[root@Server01 Packages]# rpm -qplicdR samba-4.11.2-13.el8.x86_64.rpm
警告: samba-4.11.2-13.el8.x86_64.rpm: 头 V3 RSA/SHA256 Signature, 密钥 ID
fd431d51: NOKEY
Name         : samba
Epoch        : 0
Version      : 4.11.2
Release      : 13.el8
Architecture : x86_64
Install Date : (not installed)
...          //此处有省略
samba-libs =4.11.2-13.el8
systemd
systemd
systemd
```

选项与参数的含义如下。

① 查询已安装软件的信息。

-q：仅查询后面接的软件名称是否安装。

-qa：列出所有已经安装在本机 Linux 系统中的软件名称。

-qi：列出该软件的详细信息(information)，包括开发商、版本与说明等。

-ql：列出该软件所有的文件与目录所在完整文件名(list)。

-qc：列出该软件的所有配置文件(找出在/etc/下面的文件名)。

-qd：列出该软件的所有说明文件(找出与 man 有关的文件)。

-qR：列出与该软件有关的依赖软件所含的文件(Required)。

-qf：由后面接的文件名称找出该文件属于哪一个已安装的软件。

② 查询某个 RPM 文件内含有的信息。

-qp[icdlR]：-qp 后面接的所有参数与(1)中说明一致，但用途仅在于找出某个 RPM 文件内的信息，而不是已安装的软件信息。

在查询的部分，所有的参数之前都需要加上-q。查询主要分为两部分，一个是查询已安装到系统中的软件信息，这部分的信息都是由/var/lib/rpm/所提供；另一个则是查询某个 rpm 文件的内容，即在 RPM 文件内找出一些要写入数据库内的信息，这部分就要使用-qp 命令或参数(p 是 package 的意思)了。

2）查询实例

【例 3-4】 找出 Linux 是否安装了 logrotate 软件。

```
[root@Server01 Packages]#rpm -q logrotate
logrotate-3.14.0-3.el8.x86_64
[root@Server01 Packages ]#rpm -q logrotating
未安装软件包 logrotating
#系统会去找是否安装了后面接的软件名称。注意,没有必要加上版本,通过显示的结果可以判定
有没有安装 logrotate 这个软件
```

【例 3-5】 列出例 3-4 中属于该软件所提供的所有目录与文件。

```
[root@Server01 Packages]#rpm -ql logrotate
/etc/cron.daily/logrotate
/etc/logrotate.conf
...          //以下省略
#可以看出该软件到底提供了多少文件与目录,也可以追踪软件的数据。
```

【例 3-6】 列出 logrotate 软件的相关说明数据。

```
[root@Server01 Packages]#rpm -qi logrotate
Name         : logrotate
Version      : 3.14.0
Release      : 3.el8
Architecture : x86_64
Install Date: 2020 年 08 月 18 日 星期二 15 时 58 分 51 秒
Group        : Unspecified
Size         : 146514
License      : GPLv2+
```

```
Signature     : RSA/SHA256, 2018年12月14日 星期五 18时58分52秒, Key ID 199e2f91fd431d51
Source RPM    : logrotate-3.14.0-3.el8.src.rpm
Build Date    : 2018年08月12日 星期日 10时52分24秒
Build Host    : x86-vm-02.build.eng.bos.redhat.com
Relocations : (not relocatable)
Packager : Red Hat, Inc. <http://bugzilla.redhat.com/bugzilla>
Vendor        : Red Hat, Inc.
URL           : https://github.com/logrotate/logrotate
Summary       : Rotates, compresses, removes and mails system log files
Description :
The logrotate utility is designed to simplify the administration of
log files on a system which generates a lot of log files. Logrotate
allows for the automatic rotation compression, removal and mailing of
log files. Logrotate can be set to handle a log file daily, weekly,
monthly or when the log file gets to a certain size. Normally,
logrotate runs as a daily cron job.

Install the logrotate package if you need a utility to deal with the
log files on your system.

#列出该软件的 information (信息),包括软件名称、版本、开发商、SRPM 文件名称、打包次数、简单说明信息、软件打包者、安装日期等。如果想要详细地知道该软件的数据,可以用这个参数来了解
```

【例 3-7】 分别找出 logrotate 的配置文件与说明文件。

```
[root@Server01 Packages]# rpm -qc logrotate
/etc/cron.daily/logrotate
/etc/logrotate.conf
/etc/rwtab.d/logrotate
[root@Server01 Packages]# rpm -qd logrotate
/usr/share/doc/logrotate/ChangeLog.md
/usr/share/man/man5/logrotate.conf.5.gz
/usr/share/man/man8/logrotate.8.gz
```

【例 3-8】 如果要成功安装 logrotate,还需要哪些依赖文件。

```
[root@Server01 Packages]# rpm -qR logrotate
/bin/sh
/bin/sh
config(logrotate) =3.8.6-14.el7
coreutils >=5.92
libacl.so.1()(64bit)
...          //以下省略
#由此可以看出,还需要很多文件的支持。
```

【例 3-9】 在例 3-8 基础上找出/bin/sh 是由哪个软件提供的。

```
[root@Server01 Packages]# rpm -qf /bin/sh
bash-4.4.19-10.el8.x86_64
#这个功能是查询系统的某个文件属于哪一个软件。在解决依赖关系时用处很大
```

【例 3-10】 假设下载了一个 RPM 文件，想要知道该文件的依赖文件，该如何操作？

```
[root@Server01 Packages]#rpm -qpR logrotate-3.14.0-3.el8.x86_64.rpm
#加上 -qpR，找出该软件包依赖的文件
```

常见的查询就是以上这些。需要特别说明的是，在查询本机的 RPM 软件相关信息时，不需要加上版本的名称，只要加上软件名称即可，因为它会到/var/lib/rpm 数据库里查询。但是查询某个 RPM 文件就不同了，必须要列出完整文件名才可以。

为了后面练习的正常进行，回到 root 用户的主目录。

```
root@Server01 Packages]#cd
[root@Server01 ~]#
```

下面就来做几个简单的练习巩固一下。

3.2.3 RPM 实践练习

1. 请思考并完成以下操作

(1) 想知道系统中以 c 开头的软件有几个，该如何操作？

(2) WWW 服务器为 Apache，RPM 软件文件名为 httpd。如果想知道这个软件的所有配置文件放在何处，该如何操作？

(3) 承上题，如果查出来的配置文件已经被修改过，但是忘记了曾经修改过哪些地方，所以想要直接重新安装一次该软件，该如何操作？

(4) 如果误删了某个重要文件，例如/etc/crontab，却不知道它属于哪一个软件，该怎么办？

注 意

完成本练习的环境是在/root 目录下，用户是 root。

2. 参考方案

(1) 命令为

```
rpm -qa | grep ^c | wc -l
```

(2) 分两种情况。一种情况是已经安装了 httpd，直接使用“rpm -qc httpd”查询即可；另外一种情况是没有安装 httpd，这时需要将虚拟机连接到互联网上，然后安装镜像正常挂载到/media 目录下。可以先使用 yum 命令进行安装，安装成功后，再使用 rpm -qc httpd 命令查询。过程如下。

```
[root@Server01 ~]#rpm -qc httpd
未安装软件包 httpd
[root@Server01 ~]#mount /dev/cdrom /media
[root@Server01 ~]#vim /etc/yum.repos.d/dvd.repo          //本地 yum 源文件内容如下
[Media]
name=Meida
baseurl=file:///media/BaseOS
```

```
gpgcheck=0
enabled=1
[rhel8-AppStream]
name=rhel8-AppStream
baseurl=file:///media/AppStream
gpgcheck=0
enabled=1

[root@Server01 ~]#yum install httpd -y
已安装:
  httpd.x86_64 0:2.4.6-89.el7.centos.1
作为依赖被安装:
  apr.x86_64 0:1.4.8-3.el7_4.1                              apr-util.x86_64 0:1.5.2-6.el7
httpd-tools.x86_64 0:2.4.6-89.el7.centos.1           mailcap.noarch 0:2.1.41-2.el7

完毕!
[root@Server01 ~]#rpm -qc httpd
...          //此处有省略
/etc/logrotate.d/httpd
/etc/sysconfig/htcacheclean
/etc/sysconfig/httpd
```

(3) 假设该软件在网络上的网址为 http://web.site.name/path/httpd-x.x.xx.i386.rpm,则可以输入命令:

```
rpm -ivh http://web.site.name/path/httpd-x.x.xx.i386.rpm --replacepkgs
```

(4) 虽然已经没有这个文件了,不过没有关系,因为 RPM 在 /var/lib/rpm 数据库中有记录。所以执行:

```
[root@Server01 ~]#rpm -qf /etc/crontab
crontabs-1.11-16.20150630git.el8.noarch
```

就可以知道是哪个软件了,如果需要重新安装一次该软件即可。

3.2.4 RPM 反安装与重建数据库(erase/rebuilddb)

反安装就是将软件卸载。需要注意的是,反安装的过程一定要由最上一级向下删除。以 rp-pppoe 为例,这一软件主要是依据 ppp 这个软件进行安装的,所以当要卸载 ppp 的时候,必须先卸载 rp-pppoe,否则就会发生结构上的问题。

移除的选项很简单,通过-e 即可移除。不过,通常会发生软件属性依赖导致无法移除某软件的问题。以下面的例子来说明。

【例 3-11】 找出与 pam 有关的软件名称,并尝试移除 pam 软件。

```
[root@Server01 ~]#rpm -qa | grep pam
fprintd-pam-0.8.1-2.el7.x86_64
gnome-keyring-pam-3.28.2-1.el7.x86_64
pam-devel-1.1.8-22.el7.x86_64
pam-1.1.8-22.el7.x86_64
```

```
[root@Server01 ~]# rpm -e pam
error: Failed dependencies:   <==这里提到的是依赖性的问题
      libpam.so.0 is needed by (installed) coreutils-5.97-14.el5.i386
      libpam.so.0 is needed by (installed) libuser-0.54.7-2.el5.5.i386
...          //以下省略
```

【例 3-12】 仅移除例 3-11 上安装的软件 pam-devel。

```
[root@Server01 ~]# rpm -e pam-devel   <==不会出现任何信息
[root@Server01 ~]# rpm -q pam-devel
package pam-devel is not installed
```

从例 3-11 可知，pam 所提供的函数库是很多软件共同使用的，因此不能移除 pam，除非将其他依赖软件同时全部移除。当然也可以使用--nodeps 强制移除，不过，如此一来所有会用到 pam 函数库的软件，都将成为无法运行的程序。由例 3-12 可知，由于 pam-devel 是依赖于 pam 的开发工具，可以单独安装与单独移除。

由于 RPM 文件常常会进行安装、移除或升级等操作，某些操作导致 RPM 数据库(/var/lib/rpm/)内的文件受损，该如何挽救呢？可以使用--rebuilddb 这个选项重建一下数据库。命令如下。

```
[root@Server01 ~]# rpm --rebuilddb <==重建数据库
```

3.3 使用 yum 和 dnf

尽管 RPM 能够帮助用户查询软件相关的依赖关系，但问题还是要运维人员自己来解决，而有些大型软件可能与数十个程序都有依赖关系，在这种情况下安装软件会是非常痛苦的。yum 软件仓库便是为了进一步降低软件安装难度和复杂度而设计的技术。

3.3.1 yum 软件仓库

RHEL 先将发布的软件存放到 yum 服务器内，再分析这些软件的依赖属性问题，将软件内的记录信息写下来，然后将这些信息分析后记录成软件相关性的清单列表。这些列表数据与软件所在的位置可以叫作容器(repository)。当用户端有软件安装的需求时，用户端主机会主动地向网络上的 yum 服务器的容器网址下载清单列表，然后通过清单列表的数据与本机 RPM 数据库已存在的软件数据相比较，就能够一次性安装所有需要的具有依赖属性的软件了。整个流程如图 3-1 所示。

当用户端有升级、安装的需求时，yum 会向容器要求清单的更新，使清单更新到本机的/var/cache/yum 里。当用户端实施更新、安装时，就会用本机清单与本机的 RPM 数据库进行比较，这样就知道该下载什么软件了。接下来 yum 会到容器服务器下载所需要的软件，然后通过 RPM 的机制开始安装软件。这就是整个流程，但仍然离不开 RPM。

RHEL 8 提供了基于 Fedora 28 中 DNF 的包管理系统 yum v4，兼容 RHEL 7 的 yum v3。常见的 dnf 命令(完全兼容 yum)如表 3-7 所示。

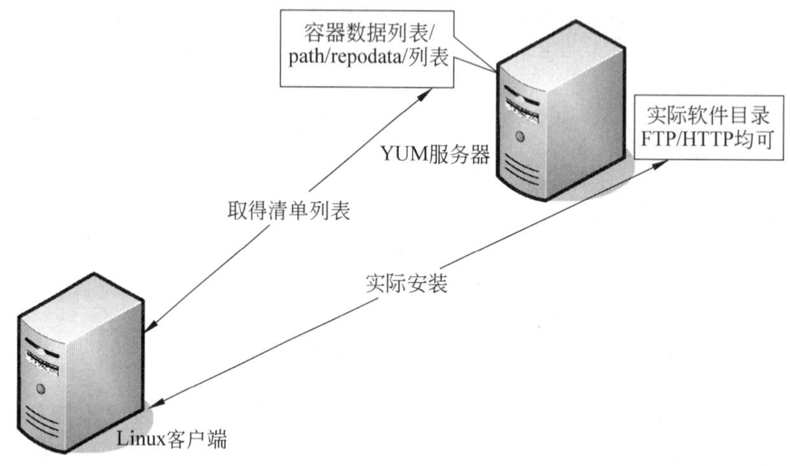

图 3-1 yum 使用的流程示意图

表 3-7 常见的 dnf 命令

命 令	作 用
dnf repolist all	列出所有仓库
dnf list all	列出仓库中所有软件包
dnf info 软件包名称	查看软件包信息
dnf install 软件包名称	安装软件包
dnf reinstall 软件包名称	重新安装软件包
dnf update 软件包名称	升级软件包
dnf remove 软件包名称	移除软件包
dnf clean all	清除所有仓库缓存
dnf check-update	检查可更新的软件包
dnf grouplist	查看系统中已经安装的软件包组
dnf groupinstall 软件包组	安装指定的软件包组
dnf groupremove 软件包组	移除指定的软件包组
dnf groupinfo 软件包组	查询指定的软件包组信息

3.3.2 BaseOS 和 AppStream

在 RHEL 8 中提出了一个新的设计理念，即 AppStream(应用程序流)，这样就可以比以往更轻松地升级用户空间软件包，同时保留核心操作系统软件包。AppStream 的工作原理是支持 Red Hat 经典 RPM 打包格式的新扩展——模块。这使用户能够安装同一个程序的多个主要版本。

RHEL 8 软件源分成了两个主要仓库：BaseOS 和 AppStream。

(1) BaseOS 仓库以传统 RPM 软件包的形式提供操作系统底层软件的核心集，是基础软件安装库。

(2) AppStream 包括额外的用户空间应用程序、运行时语言和数据库，以支持不同的工作负载和用例。AppStream 中的内容有两种格式——熟悉的 RPM 格式和称为模块的 RPM 格式扩展。

【例 3-13】 配置本地 yum 源，安装 network-scripts。

(1) 创建挂载光盘映像 ISO 的文件夹。/media 一般是系统安装时建立的，读者可以不必新建文件夹，直接使用该文件夹即可。但如果想把光盘映像 ISO 挂载到其他文件夹，则请自建。

(2) 新建配置文件/etc/yum.repos.d/dvd.repo。

```
[root@Server01 ~]#vim /etc/yum.repos.d/dvd.repo
[root@Server01 ~]#cat /etc/yum.repos.d/dvd.repo
[Media]
name=Meida
baseurl=file:///media/BaseOS
gpgcheck=0
enabled=1

[rhel8-AppStream]
name=rhel8-AppStream
baseurl=file:///media/AppStream
gpgcheck=0
enabled=1
```

各选项的含义如下。

- [base]：代表容器的名字。中括号一定要存在，里面的名称可以随意取，但是不能有两个相同的容器名称，否则 yum 会不知道该到哪里去找容器相关软件的清单文件。
- name：只是说明这个容器的意义，重要性不高。
- mirrorlist=：列出这个容器可以使用的映射站点，如果不想使用，可以注解这行。
- baseurl=：这个最重要，因为后面接的就是容器的实际网址。mirrorlist 是由 yum 程序自行去搜寻映射站点，baseurl 则是指定固定的一个容器网址。上例中使用了本地地址。如果使用网址，格式为 baseurl = http://mirror.centos.org/centos/$releasever/os/$basearch/。
- enable=1：启动容器。如果不想启动，可以使用 enable=0。
- gpgcheck=1：指定是否需要查阅 RPM 文件内的数字签名。
- gpgkey=：数字签名的公钥文件所在位置，使用默认值即可。

如果你没有购买 RHEL 的服务，请一定配置本地 yum 源，或者配置开源的 yum 源。但如果使用的是 CentOS 7 系统，则只要保证能连上互联网，就可以直接使用系统自带的 yum 源文件，而不用单独制作本地 yum 源文件。

baseurl 语句的写法，baseurl=file:/// media/BaseOS。是 3 个“/”。

(3) 挂载光盘映像 ISO(保证/media 存在)。本书中，一般**黑体**表示输入命令。

```
[root@Server01 ~]#mount /dev/cdrom /media
mount: /media: WARNING: device write-protected, mounted read-only.
[root@Server01 ~]#
```

(4) 清理缓存。

```
[root@Server01 ~]#dnf clean all
[root@Server01 ~]#dnf makecache          //建立元数据缓存
```

(5) 查看。

```
[root@Server01 ~]#dnf repolist           //查看系统中可用和不可用的所有的 DNF 软件库
[root@Server01 ~]#dnf list                          //列出所有 RPM 包
[root@Server01 ~]#dnf list installed                //列出所有安装了的 RPM 包
[root@Server01 ~]#dnf list available                //列出所有可供安装的 RPM 包
[root@Server01 ~]#dnf search network-scripts        //搜索软件库中的 RPM 包
[root@Server01 ~]#dnf provides /bin/bash            //查找某一文件的提供者
[root@Server01 ~]#dnf info network-scripts          //查看软件包详情
```

(6) 安装 network-scripts 软件(不需信息确认)。

```
[root@Server01 ~]  #dnf install network-scripts -y
```

3.3.3 修改容器产生的问题与解决方法

如果修改系统默认的配置文件,比如修改了网址却没有修改容器名称(中括号内的文字),可能会造成本机的清单与 yum 服务器的清单不同步,此时就会出现无法升级的问题。

那么该如何解决呢?很简单,只要清除本机中的旧数据,不需要手动处理,通过 yum 的 clean 项目处理即可。

```
dnf clean [packages|headers|all]
```

选项与参数如下。

- packages:将已下载的软件文件删除;
- headers:将下载的软件文件头删除;
- all:将所有容器数据都删除。

【例 3-14】 删除已下载过的所有容器的相关数据(含软件本身与清单)。

```
[root@Server01 ~]#dnf clean all
```

注 意

dnf clean all 是经常使用的一个命令。

3.3.4 利用 dnf 进行查询、安装、升级与移除

1. 查询功能

```
dnf [list|info|search|provides|whatprovides] 软件包
```

利用 dnf 可以查询原版 distribution 所提供的软件,或已知某软件的名称,想知道该软

件的功能，可以利用 dnf 提供的相关参数(下例中的命令都能实际运行，但由于版本不同，可能显示的内容不尽相同，请灵活应用)。

```
dnf [option] [查询工作项目] [相关参数]
```

(1) 其中 option 主要的选项包括以下几种。

- -y：当 dnf 需要等待使用者输入时，这个选项可以自动提供 yes 的回应。
- --installroot=/some/path：将软件安装在/some/path 而不使用默认路径。

(2) [查询工作项目][相关参数]对应的具体参数如下。

- search：搜寻某个软件名称或者是描述(description)的重要关键字。
- list：列出目前 dnf 所管理的所有的软件名称与版本，与 rpm -qa 类似。
- info：同上，不过与 rpm -qai 的运行结果类似。
- provides：在文件中搜寻软件，类似 rpm -qf 的功能。

【例 3-15】 搜寻磁盘阵列(raid)相关的软件有哪些。

```
[root@Server01 ~]#dnf search raid
...          //前面省略
mdadm.x86_64 : The mdadm program controls Linux md devices (software RAID
                  : arrays)
...          //后面省略
#在冒号 (:)左边的是软件名称，右边的则是在 RPM 内的 name 配置 (软件名)
```

【例 3-16】 找出 mdadm 软件的功能。

```
[root@Server01 ~]#dnf info mdadm
Installed Packages          <==这说明该软件已经安装了
Name    : mdadm             <==此软件的名称
Arch    : i386              <==此软件的编译架构
Version: 2.6.4              <==此软件的版本
Release: 1.el5              <==发布的版本
Size    : 1.7 M             <==此软件的文件总容量
Repo    : installed         <==容器回应说已安装的
Summary: mdadm controls Linux md devices (software RAID arrays)
Description:                <==与 rpm -qi 的作用相同
mdadm is used to create, manage, and monitor Linux MD (software RAID) devices. As
such, it provides similar functionality to the raidtools package. However, mdadm
is a single program, and it can perform almost all functions without a
configuration file, though a configuration file can be used to help with some
common tasks.
```

【例 3-17】 列出 dnf 服务器中提供的所有软件的名称。

```
[root@Server01 ~]#dnf list
Installed Packages                <==已安装软件
Deployment_Guide-en-US.noarch           5.2-9.el5.centos    installed
Deployment_Guide-zh-CN.noarch           5.2-9.el5.centos    installed
Deployment_Guide-zh-TW.noarch           5.2-9.el5.centos    installed
...          //中间省略
```

```
Available Packages          <==还可以安装的其他软件
Cluster_Administration-as-IN.noarch    5.2-1.el5.centos    base
Cluster_Administration-bn-IN.noarch    5.2-1.el5.centos    base
...        //以下省略
#上面各列含义为“ 软件名称 版本 在哪个容器内 ”
```

【例 3-18】 列出目前服务器上可供本机进行升级的软件有哪些。

```
[root@Server01 ~]#dnf list updates        <==一定要用 updates
已加载插件: fastestmirror, langpacks
Loading mirror speeds from cached hostfile
 * base: mirrors.aliyun.com
 * extras: mirrors.aliyun.com
 * updates: mirrors.aliyun.com
更新的软件包
ModemManager.x86_64         1.6.10-3.el7_6          updates
ModemManager-glib.x86_64    1.6.10-3.el7_6          updates
NetworkManager.x86_64       1:1.12.0-10.el7_6       updates
...        //以下省略
#上面列出了在哪个容器内可以提供升级的软件名称与版本号
```

【例 3-19】 列出 passwd 文件是由哪个软件安装得到的。

```
[root@Server01 ~]#dnf provides passwd
passwd-0.79-4.el7.x86_64 : An utility for setting or changing passwords using
                         : PAM
#正是上面这个软件提供了 passwd 这个命令程序
```

结合以上示例,通过习题来实际应用一下 dnf 在查询上的功能。

【例 3-20】 利用 dnf 的功能,找出以 pam 开头的软件有哪些? 而其中尚未安装的又有哪些?

一定在 root 用户的家目录下进行如下操作,养成良好习惯:每次操作都要注意执行命令的用户和当前目录!

解决方案:可以通过以下方法来查询(本例使用的系统自带的 dnf 源,前提是和互联网是畅通的)。

```
[root@Server01 ~]#dnf list pam*
已安装的软件包
pam.x86_64        1.1.8-22.el7       @anaconda
可安装的软件包
pam.i686          1.1.8-22.el7       base
pam-devel.i686    1.1.8-22.el7       base
pam-devel.x86_64  1.1.8-22.el7       base
...        //以下省略
```

如上所示,可升级的软件没有更新(updates),完全没有安装的软件有许多(base)。

2. 安装/升级功能

```
dnf [install|update] 软件
```

既然可以查询,那么安装与升级呢?很简单,利用 install 与 update 参数。

```
dnf [option] [查询工作项目] [相关参数]
```

选项与参数如下。

install:后面接要安装的软件。

update:后面接要升级的软件,如果要整个系统都升级,直接使用 update 即可。

【例 3-21】 将上面习题中找到的未安装的 pam-devel 进行安装。

```
[root@Server01 ~]#dnf install pam-devel
Updating Subscription Management repositories
Unable to read consumer identity
This system is not registered to Red Hat Subscription Management. You can use
subscription-manager to register
上次元数据过期检查: 0:27:23 前,执行于 2021 年 02 月 25 日 星期四 03 时 36 分 20 秒
依赖关系解决
==============================================================================
软件包        架构        版本            仓库            大小
==============================================================================
安装:
pam-devel  x86_64      1.3.1-8.el8  Media          209 kB

事务概要======================================================================
安装  1 软件包

总计: 209 kB
安装大小: 593 kB
确定吗?[y/N]: y
下载软件包:
运行事务检查
事务检查成功
运行事务测试
事务测试成功
运行事务
准备中                                                              1/1
安装    : pam-devel-1.3.1-8.el8.x86_64                              1/1
运行脚本:pam-devel-1.3.1-8.el8.x86_64                              1/1
验证    : pam-devel-1.3.1-8.el8.x86_64                              1/1
Installed products updated

已安装:
pam-devel-1.3.1-8.el8.x86_64
完毕!
```

3. 移除功能

```
dnf [remove] 软件
```

【例 3-22】 将例 3-21 中软件移除,看看会出现什么结果。

```
[root@Server01 ~]#dnf remove pam-devel
Updating Subscription Management repositories
Unable to read consumer identity
This system is not registered to Red Hat Subscription Management. You can use
subscription-manager to register
依赖关系解决
=============================================================
软件包        架构        版本             仓库        大小
=============================================================
移除:
pam-devel  x86_64       1.3.1-8.el8     @Media     593 kB

事务概要
=============================================================
移除  1 软件包

将会释放空间: 593 kB
确定吗?[y/N]: y
运行事务检查
事务检查成功
运行事务测试
事务测试成功
运行事务
准备中                                                          1/1
删除     : pam-devel-1.3.1-8.el8.x86_64                          1/1
运行脚本: pam-devel-1.3.1-8.el8.x86_64                           1/1
验证     : pam-devel-1.3.1-8.el8.x86_64                          1/1
Installed products updated
已移除:
  pam-devel-1.3.1-8.el8.x86_64

完毕
```

3.4 管理 Tarball

在了解了源代码的相关信息之后,接下来就是如何使用有源代码的 Tarball 来创建一个属于自己的软件了。经过 3.1 节的学习,我们知道 Tarball 的安装是可以跨平台的,因为 C 语言的程序代码在各个平台上是相通的,只是需要的编译器可能并不相同,例如 Linux 上用 GCC 而 Windows 上也有相关的 C 编译器。所以,同样的一组源代码,既可以在 CentOS Linux 上编译,还可以在 SuSE Linux 上编译,当然,还可以在大部分的 UNIX 平台上成功编译。

如果没有编译成功怎么办?很简单,通过修改小部分的程序代码(通常是很小部分的变动)就可以进行跨平台的移植了。也就是说,刚刚在 Linux 下写的程序理论上是可以在 Windows 上进行编译的,这就是源代码的好处。

3.4.1 使用源代码管理软件所需要的基础软件

要制作一个二进制程序需要很多软件。包括下面这些基础的软件。

(1) GCC 或 cc 等 C 语言编译器(compiler)。没有编译器怎么进行编译的操作?所以 C compiler 是一定要有的。Linux 上有众多的编译器,其中以 GNU 的 GCC 为首选的自由软件编译器。事实上很多在 Linux 平台上发展的软件源代码,均是以 GCC 为根据进行设计的。

(2) make 及 autoconfig 等软件。一般来说,以 Tarball 方式发布的软件中,为了简化编译的流程,通常都是配合 make 命令来依据目标文件的相关性而进行编译,而 make 需要 Makefile 这个文件的规则。由于不同的系统里具有的基础软件环境可能并不相同,所以就需要检测使用者的操作环境,以便自行创建一个 Makefile 文件。这个自行检测的小程序也必须借由 autoconfig 这个相关的软件来辅助。

(3) Kernel 提供的 Library 以及相关的 Include 文件。很多的软件在发展的时候是直接取用系统内核提供的函数库与 Include 文件的,这样才可以与操作系统兼容。尤其是驱动程序方面的模块,例如,网卡、声卡、U 盘等驱动程序在安装时,常常需要内核提供相关信息。在 Red Hat 的系统中(包含 Fedora/CentOS 等系列),内核相关的功能通常包含在 kernel-source 或 kernel-header 这些软件中,所以需要安装这些软件。

假如已经安装完成一台 Linux 主机,但是使用的是默认值安装的软件,所以没有 make、GCC 等,该如何解决这个问题呢?由于目前使用最广泛的 CentOS/Fedora 或 Red Hat 是使用 RPM(很快会介绍)来安装软件的,所以,只要拿出当初安装 Linux 时的原版光盘,然后使用 RPM 安装到 Linux 主机里可以了。使用 dnf 会更加方便地进行安装。

在 Red Hat/CentOS 中,如果已经连上了 Internet,那么就可以使用 dnf 了。通过 dnf 的软件群组安装功能,可以执行以下操作:

- 如果要安装 GCC 等软件开发工具,请使用 dnf groupinstall Development Tools;
- 如果待安装的软件需要图形界面支持,一般还需要 dnf groupinstall X Software Development;
- 如果安装的软件较旧,可能需要 dnf groupinstall Legacy Software Development。

3.4.2 Tarball 安装的基本步骤

以 Tarball 方式发布的软件需要重新编译可执行的二进制程序,而 Tarball 是以 tar 这个命令来打包与压缩文件,所以需要先将 Tarball 解压缩,然后到源代码所在的目录下创建 Makefile,再以 make 进行编译与安装的操作。

整个安装的基本操作步骤如下。

(1) 取得原始文件:将 Tarball 文件在/usr/local/src 目录下解压缩。

(2) 取得相关安装信息:进入新创建的目录,查阅 INSTALL 或 README 等相关文件内容(很重要的步骤)。

(3) 相关属性软件安装:根据 INSTALL 或 README 的内容查看并安装完成一些相

关的软件(非必要)。

(4) 创建 Makefile：以自动检测程序(configure 或 config)检测操作环境，并创建 Makefile 这个文件。

(5) 编译：使用 make 这个程序并以该目录下的 Makefile 作为参数配置档，进行 make(编译或其他)的动作。

(6) 安装：使用 make 程序和 Makefile 参数配置文件，依据 install 这个目标(target)指定安装到正确的路径。

安装时需重点注意步骤(2)，INSTALL 或 README 通常会记录这个软件的安装要求、软件的工作项目、软件的安装参数配置及技巧等，只要仔细阅读这些文件，基本就能正确安装 Tarball 的文件。

Makefile 在制作出来后，里面会有很多的目标，最常见的就是 install 与 clean。通常 make clean 代表将目标文件(object file)清除掉，make 则是将源代码进行编译。

注 意

编译完成的可执行文件与相关的配置文件还在源代码所在的目录中。因此，最后要通过运行 make install 将编译完成的所有文件都安装到正确的路径，这样才可以使用该软件。

大部分 Tarball 软件的安装命令执行方式如下。

(1) ./configure。这个步骤的结果是创建 Makefile 这个文件。通常程序开发者会写一个脚本(script)来检查 Linux 系统、相关的软件属性等。这个步骤相当重要，因为安装信息是这一步骤完成的。另外，这个步骤的相关信息需要参考该目录下的 README 或 INSTALL 相关的文件。

(2) make clean。make 会读取 makefile 中关于 clean 的工作。这个步骤不是必须，但最好运行一下，因为这个步骤可以去除目标文件。在不确定源代码里是否包含上次编译过的目标文件(*.o)存在的情况下，清除一下比较妥当。

(3) make。make 会依据 makefile 中的默认工作进行编译。编译的工作主要是使用 GCC 将源代码编译成可以被执行的目标文件，但是这些目标文件通常需要函数库链接后，才能产生一个完整的可执行文件。使用 make 的目的就是要将源代码编译成可执行文件，而这个可执行文件会放置在目前所在的目录下，尚未被安装到预定安装的目录中。

(4) make install。通常这是最后的安装步骤。make 会依据 Makefile 这个文件里关于 install 的项目，将上一个步骤所编译完成的数据安装到预定的目录中，最后完成安装。

以上步骤是逐步进行的，只要其中一个步骤无法成功完成，后续的步骤就没有办法进行。因此，要确定上一步骤是成功的才可以继续进行下一步骤。

举例来说，make 过程没有成功完成，表示原始文件无法被编译成可执行文件，而 make install 主要是将编译完成的文件放置到文件系统中，既然没有可用的执行文件，安装就无法进行。

此外，如果安装成功，并且安装在一个独立的目录中，例如/usr/local/packages 目录，那么需要手动将这个软件的 man page 写入/etc/man.config 中。

3.4.3 Tarball 软件安装的建议事项(如何删除与升级)

在默认的情况下，Linux distribution 发布安装的软件大多在/usr 中，而使用者自行安装的软件则建议放置在/usr/local 中，这是基于管理使用者所安装软件的便利性所考虑的。因此，Tarball 在/usr/local/src 里进行解压缩。

几乎每个软件都会提供线上说明的服务，即 info 与 man 的功能。在默认的情况下，man 会去搜寻/usr/local/man 中的说明文件，因此，如果将软件安装在/usr/local 下，那么安装完成之后，就可以找到该软件的说明文件了。

建议大家将安装的软件放置在/usr/local 下，源代码（Tarball）放置在/usr/local/src（src 为 source 的缩写）下。

例如，以 apache 这个软件来说明（apache 是 WWW 服务器软件）Linux distribution 默认的安装软件的路径：

- /etc/httpd；
- /usr/lib；
- /usr/bin；
- /usr/share/man。

软件一般放置在 etc、lib、bin、man 目录中，分别代表配置文件、函数库、执行文件、线上说明文件。但使用 Tarball 安装软件时，如果是放在默认的/usr/local 中，由于/usr/local 原来就默认以上四个目录，所以数据的安放目录为：

- /usr/local/etc；
- /usr/local/bin；
- /usr/local/lib；
- /usr/local/man。

但是如果每个软件都选择在这个默认的路径下安装，那么所有软件的文件都会放置在这四个目录中，如果以后想要升级或删除的时候，就会比较难以查找文件的来源。而如果在安装的时候选择的是单独的目录，例如，将 apache 安装在/usr/local/apache 中，那么文件目录就会变成以下四种：

- /usr/local/apache/etc；
- /usr/local/apache/bin；
- /usr/local/apache/lib；
- /usr/local/apache/man。

单一软件的文件都在同一个目录下，如果要删除该软件就简单多了，只要将该目录删除即可视为该软件已经被删除。例如，要删除 apache 只要执行 rm --rf /usr/local/apache 即可。当然，实际安装时候要依据该软件的 Makefile 里的 install 信息来确定安装情况。

这个方式虽然有利于软件的删除，但是在执行某些命令时，与该命令是否在 PATH 环境变量所记录的路径有关。例如，/usr/local/apache/bin 肯定不在 PATH 中，所以执行 apache 的命令就要利用绝对路径，否则就需要将/usr/local/apache/bin 加入 PATH。同样地，/usr/local/apache/man 也需要加入 man page 搜寻的路径中。

由于 Tarball 在升级与安装上具有这些特色，同时 Tarball 在反安装上具有比较高的难度，所以为了方便 Tarball 的管理，建议使用者注意以下几点：

(1) 最好将 Tarball 的原始数据解压缩到/usr/local/src 中;

(2) 安装时,最好安装到/usr/local 默认路径下;

(3) 考虑未来的反安装步骤,最好可以将每个软件单独安装在/usr/local 下。

3.4.4 实例

1. 软件安装流程

先从 http://www.ntp.org/downloads.html 目录中下载文件(ntp-4.2.8p15.tar.gz),注意要下载最新版本的文件。

假设软件安装的要求如下:

(1) 安装 GCC;

(2) 下载 ntp-4.2.8p15.tar.gz 文件,并提前复制到/root 目录下;

(3) 在/usr/local/src 下源代码解压缩;

(4) NTP 服务器需要安装到/usr/local/ntp 目录中。

2. 安装步骤

(1) 安装 GCC。

```
[root@Server01 ~]#mount /dev/cdrom /media
[root@Server01 ~]#dnf clean all
[root@Server01 ~]#dnf install gcc -y
```

(2) 下载 ntp-4.2.8p15.tar.gz 文件,并提前复制到/root 目录下。

(3) 解压缩下载 Tarball,并阅读 README/INSTALL 文件,特别看一下 28~54 行的安装简介,同时可以了解安装的流程。

```
[root@Server01 ~]#cd /usr/local/src                              #切换目录
[root@Server01 src]#tar -zxvf /root/ntp-4.2.8p15.tar.gz          #解压缩到此目录
ntp-4.2.8p15/libopts/
...
[root@Server01 src]#cd ntp-4.2.8p15/
[root@Server01 ntp-4.2.8p15] #vim INSTALL
```

(4) 检查 configure 支持参数,并实际建立 Makefile 规则文件。

```
[root@Server01 ntp-4.2.8p15]#./configure --help|more  #查询可用的参数有哪些
--prefix=PREFIX     install architecture-independent files in PREFIX
                    [/usr/local]
--enable-all-clocks    +include all suitable non-PARSE clocks:
--enable-parse-clocks-include all suitable PARSE clocks:
#上面列出的是比较重要的,或者是可能需要的参数功能

[root@Server01 ntp-4.2.8p15]#./configure --prefix=/usr/local/ntp \
#命令一行写不下,使用转义符
>--enable-all-clocks --enable-parse-clocks
```

```
#<==开始创建 Makefile
checking for a BSD-compatible install... /usr/bin/install -c
checking whether build environment is sane... yes
...
checking for gcc... gcc                                    #GCC 编译器
...
config.status: creating Makefile
config.status: creating config.h
config.status: executing depfiles commands
```

一般来说，configure 配置参数比较重要的是--prefix=/path，--prefix 后面的路径即为软件未来要安装到的目录。如果没有指定--prefix=/path，通常默认参数就是/usr/local。其他的参数意义请参考/configure --help。这个操作完成之后会产生 makefile 或 Makefile 文件。当然，检测检查的过程会显示在屏幕上。请特别留意关于 GCC 的检查，以及成功地创建 Makefile。

(5) make 命令没有安装，下面是安装 make 命令的过程。

```
[root@Server01 ntp-4.2.8p15]#dnf -y install gcc automake autoconf libtool make
警告: rpmdb: BDB2053 Freeing read locks for locker 0xef: 33313/140283926284032
...
Installed products updated

已安装:
autoconf-2.69-27.el8.noarch       automake-1.16.1-6.el8.noarch
libtool-2.4.6-25.el8.x86_64       m4-1.4.18-7.el8.x86_64
perl-Thread-Queue-3.13-1.el8.noarch

完毕!
[root@Server01 ntp-4.2.8p15]#make -v
GNU Make 4.2.1
为 x86_64-redhat-linux-gnu 编译
...
```

(6) 将数据安装在/usr/local/ntp。

```
[root@Server01 ntp-4.2.8p15]#make clean; make
[root@Server01 ntp-4.2.8p15]#make check
[root@Server01 ntp-4.2.8p15]#make install        #将数据安装在/usr/local/ntp 目录
[root@Server01 ntp-4.2.8p15]#ls -l /usr/local/ntp
总用量 0
drwxr-xr-x. 2 root root 189 2月 25 06:53 bin
drwxr-xr-x. 2 root root 6 2月 25 06:53 libexec
drwxr-xr-x. 2 root root 6 2月 25 06:53 sbin
drwxr-xr-x. 5 root root 39 2月 25 06:53 share
```

(7) 恢复到 root 家目录。

```
[root@Server01 ntp-4.2.8p15]#cd
[root@Server01 ~]#
```

3.5 项目实录：安装和管理软件包

项目实录 安装和管理软件包

1. 观看视频

实训前请扫二维码观看“项目实录 安装和管理软件包”慕课。

2. 项目实训目的

学会使用 GCC、make 编译程序。

学会使用 RPM 软件管理程序。

学会使用基于 DNF 技术(yum v4)的 yum 工具(重点)。

3. 项目实训内容

任务 1 使用传统程序语言进行编译的简单范例。

任务 2 使用 make 进行巨集编译。

任务 3 管理 Traball。

任务 4 使用 RPM 软件管理程序。

任务 5 使用 SRPM：rpmbuild。

任务 6 使用 dnf 或 yum。

4. 做一做

根据项目实录视频进行项目的实训，检查学习效果。

3.6 练习题

一、填空题

1. 源代码其实大多是纯文字档，需要通过编译器的编译后，才能够制作出 Linux 系统能够认识的可运行的________。

2. 在 Linux 系统中，最标准的 C 语言编译器为________。

3. 为了简化编译过程中的复杂的命令输入，可以借由________与________规则定义，来简化程序的升级、编译与链接等操作。

4. Tarball 软件的扩展名一般为________。

5. RPM 的全名是________，是由 Red Hat 公司开发的，流传甚广。RPM 类型的软件是经过编译后的 ________，所以可以直接安装在用户端的系统上。

6. RPM 可针对不同的硬件等级来加以编译，制作出来的文件以扩展名(i386、i586、i686、x86_64)来分辨。

7. RPM 最大的问题是软件之间的________问题。

8. RPM 软件的属性依赖问题，已经由 yum 或者是 APT 等方式加以解决。RHEL 使用的就是 yum 机制。

二、简答题

1. 如果曾经修改过 yum 配置文件内的容器配置(/etc/yum.repos.d/ * .repo)，导致下次使用 yum 进行安装时发生错误，该如何解决?

2. 假设想要安装软件 pkgname.i386.rpm，但却发生无法安装的问题，可以加入哪些参数来强制安装该软件？

3. 承上题，强制安装之后，该软件是否可以正常运行？为什么？

4. 某用户使用 OpenLinux 3.1 Server 安装在自己的 P-166 MMX 计算机上，却发现无法安装，在查询了该原版光盘的内容后，发现里面的文件名称为 ＊＊＊.i686.rpm。请问无法安装的原因是什么？

5. 使用 rpm -Fvh ＊.rpm 及 rpm -Uvh ＊.rpm 升级时，两者有何不同？

6. 假设一个厂商推出软件时，自行处理了数字签名，如果想安装该厂商的软件，需要使用数字签名，假设数字签名的文件名为 signe，该如何安装？

7. 承上题，假设该软件厂商提供了 yum 的安装网址为 http://their.server.name/path/，那么该如何处理 yum 的配置文件？

第 4 章 Shell 与 vim 编辑器

Shell 是允许用户输入命令的界面。Linux 中最常用的交互式 Shell 是 bash。本章主要介绍 Shell 的功能和 vim 编辑器的使用。

学习要点

- 了解 Shell 的强大功能和 Shell 的命令解释过程。
- 学会使用重定向和管道。
- 掌握正则表达式的使用方法。
- 学会使用 vim 编辑器。

4.1 Shell

Shell 是用户与操作系统内核之间的接口，起着协调用户与系统的一致性和在用户与系统之间进行交互的作用。

4.1.1 Shell 概述

1. Shell 的地位

Shell 在 Linux 系统中具有极其重要的地位，Linux 系统结构组成如图 4-1 所示。

2. Shell 的功能

Shell 最重要的功能是命令解释，从这种意义上来说，Shell 是一个命令解释器。Linux 系统中的所有可执行文件都可以作为 Shell 命令来执行。将可执行文件做一个分类，如表 4-1 所示。

表 4-1 可执行文件的分类

类 别	说 明
Linux 命令	存放在/bin、/sbin 目录下
内置命令	出于效率的考虑，将一些常用命令的解释程序构造在 Shell 内部
实用程序	存放在/usr/bin、/usr/sbin、/usr/local/bin 等目录下
用户程序	用户程序经过编译生成可执行文件后，也可作为 Shell 命令运行
Shell 脚本	由 Shell 语言编写的批处理文件

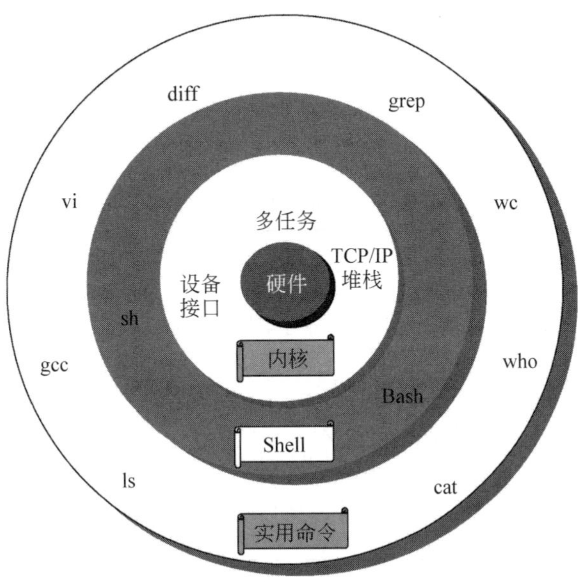

图 4-1　Linux 系统结构组成

当用户提交了一个命令后，Shell 首先判断它是否为内置命令，如果是就通过 Shell 内部的解释器将其解释为系统功能调用并转交给内核执行；若是外部命令或实用程序就试图在硬盘中查找该命令并将其调入内存，再将其解释为系统功能调用并转交给内核执行。在查找该命令时分为以下两种情况。

(1) 用户给出了命令路径，Shell 就沿着用户给出的路径查找，若找到则调入内存，若没找到则输出提示信息。

(2) 用户没有给出命令的路径，Shell 就在环境变量 PATH 所制定的路径中依次进行查找，若找到则调入内存，若没找到则输出提示信息。

图 4-2 描述了 Shell 是如何完成命令解释的。

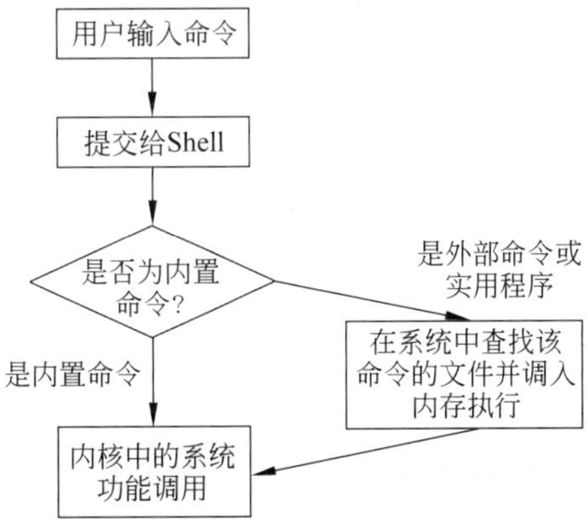

图 4-2　Shell 执行命令解释的过程

此外，Shell 还具有如下的一些功能。

(1) Shell 环境变量。

(2) 正则表达式。

(3) 输入输出重定向与管道。

3. Shell 的主要版本

表 4-2 列出了 3 种常见的 Shell 版本。

表 4-2 Shell 的不同版本

版　　本	说　　明
Bourne Again Shell (bash. bsh 的扩展)	bash 是大多数 Linux 系统的默认 Shell。bash 与 bsh 完全向后兼容,并且在 bsh 的基础上增加和增强了很多特性。bash 也包含了很多 C Shell 和 Korn Shell 中的优点。bash 有很灵活和强大的编程接口,同时又有很友好的用户界面
Korn Shell(ksh)	Korn Shell(ksh)由 Dave Korn 所写。它是 UNIX 系统上的标准 Shell。另外,在 Linux 环境下有一个专门为 Linux 系统编写的 Korn Shell 的扩展版本,即 Public Domain.Korn Shell(pdksh)
tcsh(csh 的扩展)	tcsh 是 C.Shell 的扩展。tcsh 与 csh 完全向后兼容,但它包含了更多的使用用户感觉方便的新特性,其最大的提高是在命令行编辑和历史浏览方面

4.1.2 Shell 环境变量

Shell 程序的变量和特殊字符

Shell 支持具有字符串值的变量。Shell 变量不需要专门的说明语句,通过赋值语句完成变量说明并予以赋值。在命令行或 Shell 脚本文件中使用$name 的形式引用变量 name 的值。

1. 变量的定义和引用

在 Shell 中,变量的赋值格式如下。

```
name=string
```

其中,name 是变量名,它的值就是 string,“=”是赋值符号。变量名是以字母或下划线开头的字母、数字和下划线字符序列。

通过在变量名(name)前加 $ 字符(如 $ name)引用变量的值,引用的结果就是用字符串 string 代替 $ name。此过程也称变量替换。

在定义变量时,若 string 中包含空格、制表符和换行符,则 string 必须用'string'(或者"string")的形式,即用单(双)引号将其括起来。双引号内允许变量替换,而单引号内则不可以。

下面给出一个定义和使用 Shell 变量的例子。

```
//显示字符常量
[root@Server01 ~]#echo who are you
who are you
[root@Server01 ~]#echo 'who are you'
who are you
[root@Server01 ~]#echo "who are you"
who are you
```

```
[root@Server01 ~]#
//由于要输出的字符串中没有特殊字符,所以' '和" "的效果是一样的,不用""但相当于使用了""
[root@Server01 ~]#echo Je t'aime
>
//由于要使用特殊字符('),
//'不匹配,shell 认为命令行没有结束,Enter 键后会出现系统第二提示符,
//让用户继续输入命令行,按 Ctrl+C 组合键结束
[root@Server01 ~]#
//为了解决这个问题,可以使用下面的两种方法
[root@Server01 ~]#echo "Je t'aime"
Je t'aime
[root@Server01 ~]#echo Je t\'aime
```

2. Shell 变量的作用域

与程序设计语言中的变量一样,Shell 变量有其规定的作用范围。Shell 变量分为局部变量和全局变量。

(1) 局部变量的作用范围仅仅限制在其命令行所在的 Shell 或 Shell 脚本文件中。

(2) 全局变量的作用范围则包括本 Shell 进程及其所有子进程。

(3) 可以使用 export 内置命令将局部变量设置为全局变量。

下面给出一个 Shell 变量作用域的例子。

```
//在当前 Shell 中定义变量 var1
[root@Server01 ~]#var1=Linux
//在当前 Shell 中定义变量 var2 并将其输出
[root@Server01 ~]#var2=unix
[root@Server01 ~]#export var2
//引用变量的值
[root@Server01 ~]#echo $var1
Linux
[root@Server01 ~]#echo $var2
unix
//显示当前 Shell 的 PID
[root@Server01 ~]#echo $$
2670
[root@Server01 ~]#
//调用子 Shell
[root@Server01 ~]#bash
//显示当前 Shell 的 PID
[root@Server01 ~]#echo $$
2709
//由于 var1 没有被输出,所以在子 Shell 中已无值
[root@Server01 ~]#echo $var1
//由于 var2 被输出,所以在子 Shell 中仍有值
[root@Server01 ~]#echo $var2
unix
//返回主 Shell,并显示变量的值
```

```
[root@Server01 ~]#exit
[root@Server01 ~]#echo $$
2670
[root@Server01 ~]#echo $var1
Linux
[root@Server01 ~]#echo $var2
unix
[root@Server01 ~]#
```

3. 环境变量

环境变量是指由 Shell 定义和赋初值的 Shell 变量。Shell 用环境变量来确定查找路径、注册目录、终端类型、终端名称、用户名等。所有环境变量都是全局变量，并可以由用户重新设置。表 4-3 列出了一些系统中常用的环境变量。

表 4-3 Shell 中的环境变量

环境变量名	说　明	环境变量名	说　明
EDITOR、FCEDIT	bash fc 命令的默认编辑器	PATH	bash 寻找可执行文件的搜索路径
HISTFILE	用于存储历史命令的文件	PS1	命令行的一级提示符
HISTSIZE	历史命令列表的大小	PS2	命令行的二级提示符
HOME	当前用户的用户目录	PWD	当前工作目录
OLDPWD	前一个工作目录	SECONDS	当前 Shell 开始后所流逝的秒数

不同类型的 Shell 的环境变量有不同的设置方法。在 bash 中，设置环境变量用 set 命令，命令的格式是：

```
set 环境变量=变量的值
```

例如，设置用户的主目录为/home/john，可以用以下命令：

```
[root@Server01 ~]#set HOME=/home/john
```

不加任何参数地直接使用 set 命令可以显示用户当前所有环境变量的设置，如下所示：

```
[root@Server01 ~]#set
BASH=/bin/bash
BASH_ENV=/root/.bashrc
...
PATH=/usr/local/sbin:/usr/local/bin:/usr/sbin:/usr/bin:/sbin:/bin:/usr/bin/X11
PS1='[\u@\h \W]\$'
PS2='>'
SHELL=/bin/bash
```

可以看到其中路径 PATH 的设置为：

```
PATH=/usr/local/bin:/usr/local/sbin:/usr/bin:/usr/sbin:/root/bin
```

总共有 5 个目录，bash 会在这些目录中依次搜索用户输入的命令的可执行文件。

在环境变量前面加上 $ 符号，表示引用环境变量的值，例如：

```
[root@Server01 ~]# cd $HOME
```

将把目录切换到用户的主目录。

当修改 PATH 变量时，如将一个路径/tmp 加到 PATH 变量前，应设置为：

```
[root@Server01 ~]# PATH=/tmp:$PATH
```

此时，在保存原有 PATH 路径的基础上进行了添加。Shell 在执行命令前，会先查找这个目录。

要将环境变量重新设置为系统默认值，可以使用 unset 命令。例如，下面的命令用于将当前的语言环境重新设置为默认的英文状态。

```
[root@Server01 ~]# unset LANG
```

4. 工作环境设置文件

Shell 环境依赖于多个文件的设置。用户并不需要每次登录后都对各种环境变量进行手工设置，通过环境设置文件，用户的工作环境的设置可以在登录的时候自动由系统来完成。环境设置文件有两种：一种是系统环境设置文件；另一种是个人环境设置文件。

1）系统中的用户工作环境设置文件

（1）登录环境设置文件：/etc/profile。

（2）非登录环境设置文件：/etc/bashrc。

2）用户设置的环境设置文件

（1）登录环境设置文件：$ HOME/.bash_profile。

（2）非登录环境设置文件：$ HOME/.bashrc。

注意

只有在特定的情况下才读取 profile 文件，确切地说是在用户登录的时候。当运行 Shell 脚本以后，就无须再读取 profile。

系统中的用户环境文件设置对所有用户均生效，而用户设置的环境设置文件对用户自身生效。用户可以修改自己的用户环境设置文件来覆盖在系统环境设置文件中的全局设置。例如：

① 用户可以将自定义的环境变量存放在 $ HOME/.bash_profile 中。

② 用户可以将自定义的别名存放在 $ HOME/.bashrc 中，以便在每次登录和调用子 Shell 时生效。

4.1.3　正则表达式

1. grep 命令

2.2.5 小节已介绍过 grep 命令的用法。grep 命令用来在文本文件中查找内容，它的名字源于 global regular expression print。指定给 grep 的文本模式叫作"正则表达式"。它可以是普通的字母或者数字,也可以使用特殊字符来匹配不同的文本模式。稍后将更详细地讨论正则表达式。grep 命令打印出所有符合指定规则的文本行。例如:

```
grep 'match_string' file
```

即从指定文件中找到含有字符串的行。

2. 正则表达式字符

Linux 定义了一个使用正则表达式的模式识别机制。Linux 系统库包含了对正则表达式的支持,鼓励程序中使用这个机制。

遗憾的是 Shell 的特殊字符辨认系统没有利用正则表达式,因为它们比 Shell 自己的缩写更加难用。Shell 的特殊字符和正则表达式是很相似的,为了正确利用正则表达式,用户必须了解两者之间的区别。

注 意

由于正则表达式使用了一些特殊字符,所以所有的正则表达式都必须用单引号括起来。

正则表达式字符可以包含某些特殊的模式匹配字符。句点匹配任意一个字符,相当于 Shell 的问号。紧接句号之后的星号匹配零个或多个任意字符,相当于 Shell 的星号。方括号的用法跟 Shell 的一样,只是用"^"代替了"!",表示匹配不在指定列表内的字符。

表 4-4 列出了正则表达式的模式匹配字符。

表 4-4 模式匹配字符

模式匹配字符	说 明
.	匹配单个任意字符
[list]	匹配字符串列表中的一个字符
[range]	匹配指定范围中的一个字符
[^]	匹配指定字符串中或指定范围以外的一个字符

表 4-5 列出了与正则表达式模式匹配字符配合使用的量词。

表 4-6 列出了正则表达式中可用的控制字符。

表 4-5 量词

量 词	说 明
*	匹配前一个字符零次或多次
\{n\}	匹配前一个字符 n 次
\{n,\}	匹配前一个字符至少 n 次
\{n,m\}	匹配前一个字符 n~m 次

表 4-6 控制字符

控制字符	说 明
^	只在行头匹配正则表达式
$	只在行末匹配正则表达式
\	引用特殊字符

控制字符是用来标记行头或者行尾的,支持统计字符串的出现次数。

非特殊字符代表它们自己,如果要表示特殊字符需要在前面加上反斜杠。

例如：

```
help                          //匹配包含 help 的行
\..$                          //匹配倒数第 2 个字符是句点的行
^...$                         //匹配只有 3 个字符的行
^[0-9]\{3\}[^0-9]             //匹配以 3 个数字开头跟着一个非数字字符的行
^\([A-Z][A-Z]\) * $           //匹配只包含偶数个大写字母的行
```

4.1.4　输入/输出重定向与管道

1. 重定向

所谓重定向，就是不使用系统的标准输入端口、标准输出端口或标准错误端口，而进行重新指定，所以重定向分为输入重定向、输出重定向和错误重定向。通常情况下重定向到一个文件。在 Shell 中，要实现重定向主要依靠重定向符实现，即 Shell 通过检查命令行中有无重定向符来决定是否需要实施重定向。表 4-7 列出了常用的重定向符。

表 4-7　重定向符

重定向符	说　明
<	实现输入重定向。输入重定向并不经常使用，因为大多数命令都以参数的形式在命令行上指定输入文件的文件名。尽管如此，当使用一个不接受文件名为输入多数的命令，而需要的输入又是在一个已存在的文件中时，就能用输入重定向解决问题
>或>>	实现输出重定向。输出重定向比输入重定向更常用。输出重定向使用户能把一个命令的输出重定向到一个文件中，而不是显示在屏幕上。很多情况下都可以使用这种功能。例如，如果某个命令输出很多内容时，在屏幕上不能完全显示，即可把它重定向到一个文件中，稍后再用文本编辑器来打开这个文件
2>或 2>>	实现错误重定向
&>	同时实现输出重定向和错误重定向

要注意的是，在实际执行命令之前，命令解释程序会自动打开（如果文件不存在则自动创建）且清空该文件（文件中已存在的数据将被删除）。当命令完成时，命令解释程序会正确地关闭该文件，而命令在执行时并不知道它的输出流已被重定向。

下面举几个使用重定向的例子。

（1）将 ls 命令生成的/tmp 目录的一个清单存到当前目录中的 dir 文件中。

```
[root@Server01 ~]#ls -l /tmp >dir
```

（2）将 ls 命令生成的/etc 目录的一个清单以追加的方式存到当前目录中的 dir 文件中。

```
[root@Server01 ~]#ls -l /etc >>dir
```

（3）passwd 文件的内容作为 wc 命令的输入（wc 命令用来计算数字，可以计算文件的 Byte 数、字数或列数，若不指定文件名称，或所给予的文件名为“－”，则 wc 指令会从标准输入设备读取数据）。

```
[root@Server01 ~]#wc</etc/passwd
```

(4) 将命令 myprogram 的错误信息保存在当前目录下的 err_file 文件中。

```
[root@Server01 ~]#myprogram 2>err_file
```

(5) 将命令 myprogram 的输出信息和错误信息保存在当前目录下的 output_file 文件中。

```
[root@Server01 ~]#myprogram &>output_file
```

(6) 将命令 ls 的错误信息保存在当前目录下的 err_file 文件中。

```
[root@Server01 ~]#ls -l 2>err_file
```

注 意

该命令并没有产生错误信息,但 err_file 文件中的原文件内容会被清空。

当输入重定向符时,命令解释程序会检查目标文件是否存在。如果不存在,命令解释程序将会根据给定的文件名创建一个空文件;如果文件已经存在,命令解释程序则会清除其内容并准备写入命令的输出结果。这种操作方式表明:当重定向到一个已存在的文件时需要十分小心,数据很容易在用户还没有意识到之前就丢失了。

bash 输入/输出重定向可以通过使用下面的选项设置为不覆盖已存在的文件:

```
[root@Server01 ~]#set -o noclobber
```

这个选项仅用于对当前命令解释程序输入输出进行重定向,而其他程序仍可能覆盖已存在的文件。

(7) /dev/null。空设备的一个典型用法是丢弃从 find 或 grep 等命令送来的错误信息:

```
[root@Server01 ~]#su  -  yangyun
[yangyun@Server01 ~]$grep IPv6 /etc/*  2>/dev/null
[yangyun@Server01 ~]$grep IPv6 /etc/*  //会显示包含许多错误的所有信息
[yangyun@Server01 ~]$exit
//注销
[root@Server01 ~]#
```

上面的 grep 命令的含义是从/etc 目录下的所有文件中搜索包含字符串 delegate 的所有行。由于是在普通用户的权限下执行该命令,grep 命令是无法打开某些文件的,系统会显示一大堆"未得到允许"的错误提示。通过将错误重定向到空设备,可以在屏幕上只得到有用的输出。

2. 管道

许多 Linux 命令具有过滤特性,即一条命令通过标准输入端口接收一个文件中的数据,命令执行后产生的结果数据又通过标准输出端口送给后一条命令,作为该命令的输入数据。后一条命令也是通过标准输入端口接收输入数据。

Shell提供管道命令“|”将这些命令前后衔接在一起，形成一个管道线。格式为：

```
命令1|命令2|...|命令n
```

管道线中的每一条命令都作为一个单独的进程运行，每一条命令的输出作为下一条命令的输入。由于管道线中的命令总是从左到右顺序执行的，因此管道线是单向的。

管道线的实现创建了Linux系统管道文件并进行重定向，但是管道不同于I/O重定向，输入重定向导致一个程序的标准输入来自某个文件，输出重定向是将一个程序的标准输出写到一个文件中，而管道是直接将一个程序的标准输出与另一个程序的标准输入相连接，不需要经过任何中间文件。

例如：

```
[root@Server01 ~]#who >tmpfile
```

运行命令who来找出谁已经登录进入系统。该命令的输出结果是每个用户对应一行数据，其中包含了一些有用的信息，将这些信息保存在临时文件中。

现在运行下面的命令：

```
[root@Server01 ~]#wc -l <tmpfile
```

该命令会统计临时文件的行数，最后的结果是登录进入系统中的用户的人数。

可以将以上两个命令组合起来。

```
[root@Server01 ~]#who|wc -l
```

管道符号告诉命令解释程序将左边的命令(在本例中为who)的标准输出流连接到右边命令(在本例中为wc -l)的标准输入流。现在命令who的输出不经过临时文件就可以直接送到命令wc中了。

下面再举几个使用管道的例子。

(1) 以长格式递归的方式分屏显示/etc目录下的文件和目录列表。

```
[root@Server01 ~]#ls -Rl /etc | more
```

(2) 分屏显示文本文件/etc/passwd的内容。

```
[root@Server01 ~]#cat /etc/passwd | more
```

(3) 统计文本文件/etc/passwd的行数、字数和字符数。

```
[root@Server01 ~]#cat /etc/passwd | wc
```

(4) 查看是否存在john和yangyun用户账户。

```
[root@Server01 ~]#cat /etc/passwd | grep john
[root@Server01 ~]#cat /etc/passwd | grep yangyun
yangyun:x:1000:1000:yangyun:/home/yangyun:/bin/bash
```

(5) 查看系统是否安装了 ssh 软件包。

```
[root@Server01 ~]#rpm -qa | grep ssh
```

(6) 显示文本文件中的若干行。

```
[root@Server01 ~]#tail -15 /etc/passwd | head -3
```

管道仅能操纵命令的标准输出流。如果标准错误输出,未重定向,那么任何写入其中的信息都会在终端显示屏幕上显示。管道可用来连接两个以上的命令。由于使用了一种被称为过滤器的服务程序,所以多级管道在 Linux 中是很普遍的。过滤器只是一段程序,它从自己的标准输入流读入数据,然后写到自己的标准输出流中,这样就能沿着管道过滤数据。例如:

```
[root@Server01 ~]#who|grep root| wc -l
```

who 命令的输出结果由 grep 命令来处理,而 grep 命令则过滤掉(丢弃掉)所有不包含字符串"root"的行。这个输出结果经过管道送到命令 wc,而该命令的功能是统计剩余的行数,这些行数与网络用户的人数相对应。

Linux 系统的一个最大的优势就是按照这种方式将一些简单的命令连接起来,形成更复杂的、功能更强的命令。那些标准的服务程序仅仅是一些管道应用的单元模块,在管道中它们的作用更加明显。

4.1.5 Shell 脚本

Shell 最强大的功能在于它是一个功能强大的编程语言。用户可以在文件中存放一系列的命令,这被称为 Shell 脚本或 Shell 程序,将命令、变量和流程控制有机地结合起来将会得到一个功能强大的编程工具。Shell 脚本语言非常擅长处理文本类型的数据,由于 Linux 系统中的所有配置文件都是纯文本的,所以 Shell 脚本语言在管理 Linux 系统中发挥了巨大作用。

1. 脚本的内容

Shell 脚本是以行为单位的,在执行脚本的时候会分解成一行一行依次执行。脚本中所包含的成分主要有注释、命令、Shell 变量和流程控制语句。其中:

(1) 注释。用于对脚本进行解释和说明,在注释行的前面要加上符号"#",这样在执行脚本的时候,Shell 就不会对该行进行解释。

(2) 命令。在 Shell 脚本中可以出现在交互方式下可以使用的任何命令。

(3) Shell 变量。Shell 支持具有字符串值的变量。Shell 变量不需要专门的说明语句,通过赋值语句完成变量说明并予以赋值。在命令行或 Shell 脚本文件中使用 $name 的形式引用变量 name 的值。

(4) 流程控制。主要为一些用于流程控制的内部命令。

表 4-8 列出了 Shell 中用于流程控制的内置命令。

表 4-8 Shell中用于流程控制的内置命令

命　令	说　明
text expr 或[expr]	用于测试一个表达式 expr 值真假
if expr then command-table fi	用于实现单分支结构
if expr then command-table else command-talbe fi	用于实现双分支结构
case...case	用于实现多分支结构
for...do...done	用于实现 for 型循环
while...do...done	用于实现当型循环
until...do...done	用于实现直到型循环
break	用于跳出循环结构
continue	用于重新开始下一轮循环

2. 脚本的建立与执行

用户可以使用任何文本编辑器编辑 Shell 脚本文件，如 vim、gedit 等。

Shell 对 Shell 脚本文件的调用可以采用以下 3 种方式。

(1) 将文件名作为 Shell 命令的参数。其调用格式为：

```
bash script_file
```

当要被执行的脚本文件没有可执行权限时只能使用这种调用方式。

(2) 先将脚本文件的访问权限改为可执行，以便该文件可以作为执行文件调用。具体方法是：

```
chmod +x script_file
PATH=$PATH:$PWD
script_file
```

(3) 当执行一个脚本文件时，Shell 就产生一个子 Shell(即一个子进程)去执行文件中的命令。因此，脚本文件中的变量值不能传递到当前 Shell(即父进程)。为了使脚本文件中的变量值传递到当前 Shell，必须在命令文件名前面加"."命令，即：

```
./script_file
```

"."命令的功能是在当前 Shell 中执行脚本文件中的命令，而不是产生一个子 Shell 执行命令文件中的命令。

3. 编写第一个 Shell script 程序

```
[root@server1 ~]#mkdir scripts; cd scripts
[root@server1 scripts]#vim sh01.sh
#!/bin/bash
```

```
#Program:
#This program shows "Hello World!" in your screen.
#History:
#2012/08/23 Bobby First release
PATH=/bin:/sbin:/usr/bin:/usr/sbin:/usr/local/bin:/usr/local/sbin:~/bin
export PATH
echo -e "Hello World! \a \n"
exit 0
```

在这个小题中,请将所有撰写的 script 放置到家目录的 ~/scripts 这个目录内,以利于管理。下面分析一下上面的程序。

(1) 第一行 #! /bin/bash 在宣告这个 Script 使用的 Shell 名称。因为使用的是 bash,所以必须要以 #! /bin/bash 来宣告这个文件内的语法使用 bash 的语法。那么当这个程序被运行时,就能够加载 bash 的相关环境配置文件(一般来说就是 non-login shell 的~/.bashrc),并且运行 bash 来使下面的命令能够运行。这很重要。在很多情况,如果没有设置好这一行,那么该程序很可能会无法运行,因为系统可能无法判断该程序需要使用什么 Shell 来运行。

(2) 程序内容的说明。整个 script 当中,除了第一行的"#!"是用来声明 Shell 的外,其他的#都是注释用途。所以上面的程序当中,第二行以下就是用来说明整个程序的基本数据。

一定要养成说明该 script 的内容与功能、版本信息、作者与联络方式、建立日期、历史记录等的习惯。这将有助于未来程序的改写与调试。

(3) 主要环境变量的声明。建议务必要将一些重要的环境变量设置好,PATH 与 LANG(如果使用与输出相关的信息时)是当中最重要的。如此则可让这个程序在运行时可以直接执行一些外部命令,而不必写绝对路径。

(4) 主要程序部分。在这个例子当中,就是 echo 那一行。

(5) 运行成果告诉(定义回传值)。一个命令的运行成功与否,可以使用"$?"这个变量来查看,也可以利用 exit 这个命令来让程序中断,并且回传一个数值给系统。在这个例子当中,使用 exit 0,这代表离开 script 并且回传一个 0 给系统,所以当运行完这个 script 后,若接着执行"echo $?"则可得到 0 的值。聪明的读者应该也知道了,利用这个 exit *n*(*n* 是数字)的功能,还可以自定义错误信息,让这个程序变得更加智能。

该程序的运行结果如下。

```
[root@server1 scripts]#sh sh01.sh
Hello World!
```

应该还会听到"咚"的一声,为什么呢？这是 echo 加上 -e 选项的原因。

另外,你也可以利用"chmod a+x sh01.sh; ./sh01.sh"来运行这个 script。

4.2　vim 编辑器

vi 是 visual interface 的简称，vim 在 vi 的基础上改进和增加了很多特性，它是纯粹的自由软件。它可以执行输出、删除、查找、替换、块操作等众多文本操作，而且用户可以根据自己的需要对其进行定制，这是其他编辑程序所不具备的。vim 不是一个排版程序，它不像 Word 或 WPS 那样可以对字体、格式、段落等其他属性进行编排，它只是一个文本编辑程序。vim 是全屏幕文本编辑器，它没有菜单，只有命令。

1. 启动与退出 vim

在系统提示符后输入 vim 和想要编辑（或建立）的文件名，便可进入 vim，如：

```
[root@Server01 ~]#vim myfile
```

如果只输入 vim，而不带文件名，也可以进入 vim，如图 4-3 所示。

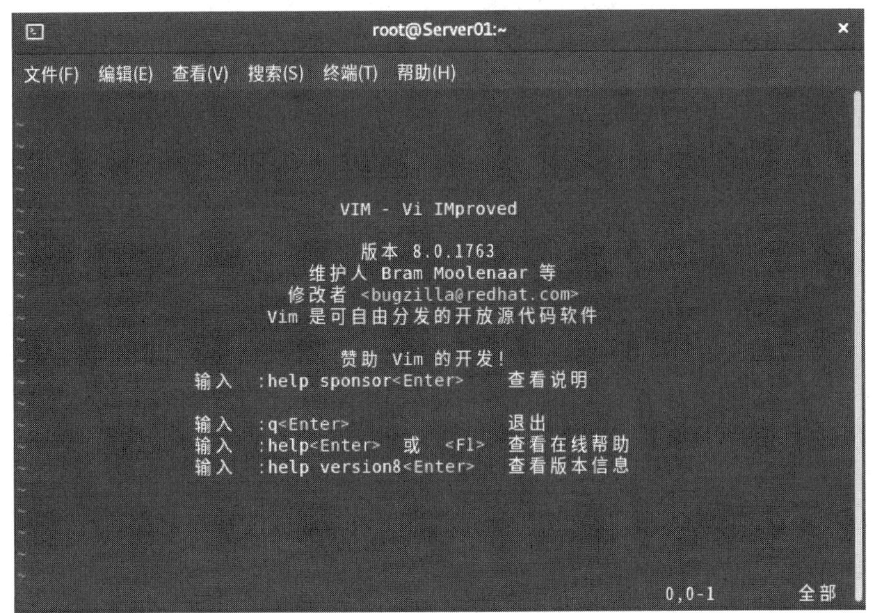

图 4-3　vim 编辑环境

在命令模式（初次进入 vim 不做任何操作就是命令模式）下输入:q、:q!、:wq 或:x（注意:），就会退出 vim。其中，:wq 和:x 是存盘退出，而:q 是直接退出。如果文件已有新的变化，vim 会提示你保存文件，而:q 命令也会失效。这时可以用:w 命令保存文件后再用:q 退出，或用:wq 或:x 命令退出。如果不想保存改变后的文件，就应该用:q!命令。这个命令不保存文件而直接退出 vim，例如：

```
:w                     //保存
:w      filename       //另存为 filename
```

```
:wq!                    //保存退出
:wq!   filename         //以 filename 为文件名保存后退出
:q!                     //不保存退出
:x                      //保存并退出,功能和:wq!相同
```

2. 熟练掌握 vim 的工作模式

vim 有 3 种基本工作模式：命令模式、输入模式和末行模式。用 vim 打开一个文件后，便处于命令模式。利用文本插入命令，如 i、a、o 等可以进入输入模式，按 Esc 键可以从输入模式退回命令模式。在命令模式中按"："键可以进入末行模式，当执行完命令或按 Esc 键可以回到命令模式。vim 的 3 种基本工作模式的转换如图 4-4 所示。

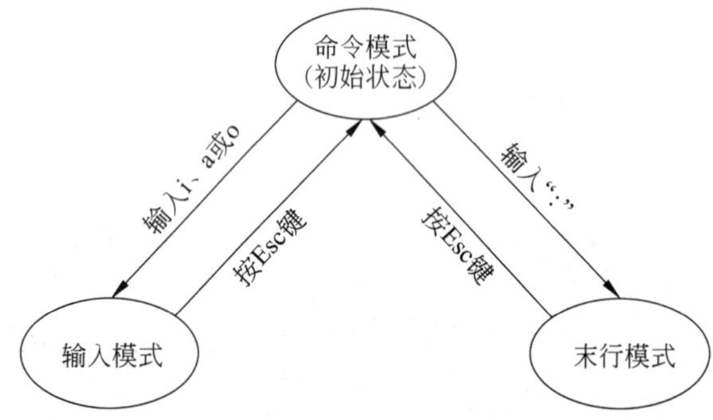

图 4-4 vim 的 3 种基本工作模式的转换

(1) 命令模式。进入 vim 之后，首先进入的就是命令模式。进入命令模式后，vim 等待命令输入而不是文本输入。也就是说，这时输入的字母都将作为命令来解释。

进入命令模式后光标停在屏幕第一行首位，用"_"表示，其余各行的行首均有一个"～"符号，表示该行为空行。最后一行是状态行，显示出当前正在编辑的文件名及其状态。如果是[New File]，则表示该文件是一个新建的文件。

如果在终端输入"vim [文件名]"命令，且该文件已在系统中存在，则在屏幕上显示出该文件的内容，并且光标停在第一行的首位，在状态行显示出该文件的文件名、行数和字符数。

(2) 输入模式。在命令模式下按下相应的键可以进入输入模式：输入插入命令 i、附加命令 a、打开命令 o、修改命令 c、取代命令 r 或替换命令 s，都可以进入输入模式。在输入模式下，用户输入的任何字符都被 vim 当作文件内容保存起来，并将其显示在屏幕上。在文本输入过程中(输入模式下)，若想回到命令模式下，按 Esc 键即可。

(3) 末行模式。在命令模式下，用户按":"键即可进入末行模式。此时 vim 会在显示窗口的最后一行(通常也是屏幕的最后一行)显示一个":"作为末行模式的提示符，等待用户输入命令。多数文件管理命令是在此模式下执行的。末行命令执行完后，vim 自动回到命令模式。

若在末行模式下输入命令的过程中改变了主意，可在用退格键将输入的命令全部删除之后，再按一下退格键，即可使 vim 回到命令模式。

3. 使用 vim

(1) 在命令模式下的命令说明。在命令模式下，光标移动、查找与替换、复制粘贴的说明分别如表 4-9～表 4-11 所示。

表 4-9　命令模式下的光标移动的说明

命令选项	说　　明
h 或向左箭头键(←)	光标向左移动一个字符
j 或向下箭头键(↓)	光标向下移动一个字符
k 或向上箭头键(↑)	光标向上移动一个字符
l 或向右箭头键(→)	光标向右移动一个字符
Ctrl + f	屏幕向下移动一页，相当于 PgDn 键(常用)
Ctrl + b	屏幕向上移动一页，相当于 PgUp 键(常用)
Ctrl + d	屏幕向下移动半页
Ctrl + u	屏幕向上移动半页
+	光标移动到非空格符的下一列
−	光标移动到非空格符的上一列
n<space>	*n* 表示数字，例如 20。按下数字后再按空格键，光标会向右移动这一行的 *n* 个字符。例如，输入 20<space>，则光标会向后面移动 20 个字符距离
0 或功能键 Home	这是数字 0：移动到这一行的最前面字符处(常用)
$ 或功能键 End	光标移动到这一行的最后面字符处(常用)
H	光标移动到这个屏幕的最上方那一行的第一个字符
M	光标移动到这个屏幕的中央那一行的第一个字符
L	光标移动到这个屏幕的最下方那一行的第一个字符
G	光标移动到这个文件的最后一行(常用)
*n*G	*n* 为数字。光标移动到这个文件的第 *n* 行。例如，输入 20G，则会移动到这个文件的第 20 行(可配合“:set nu”)
gg	光标移动到这个文件的第一行，相当于 1GB(常用)
n<Enter>	*n* 为数字。光标向下移动 *n* 行(常用)

如果将右手放在键盘上，则会发现 h、j、k、l 是排列在一起的，因此可以使用这 4 个按钮来移动光标。如果想要进行多次移动，例如向下移动 30 行，可以按 30+0+j 或 30+0+↓组合键，其中的 30 表示移动的次数。

表 4-10　命令模式下的查找与替换的说明

命令选项	说　　明
/word	光标向下寻找一个名称为 word 的字符串。例如，要在文件内查找 myweb 这个字符串，就输入/myweb 即可(常用)
? word	光标向上寻找一个名称为 word 的字符串

续表

命令选项	说　明
n	这个 n 键代表重复前一个查找的动作。举例来说,如果刚刚执行/myweb 去向下查找 myweb 这个字符串,则按下 n 键后,会向下继续查找下一个名称为 myweb 的字符串。如果是执行"? myweb",那么按下 n 键,会向上继续查找名称为 myweb 的字符串
N	这个 N 键与 n 键作用刚好相反,为反向进行前一个查找动作。例如,执行/myweb 后,按下 N 键则表示向上查找 myweb。提示:使用/word 配合 n 键及 N 键是非常有帮助的,可以重复地找到一些要查找的关键词
:n1,n2 s/word1/word2/g	n1 与 n2 为数字。在第 n1～n2 行寻找 word1 这个字符串,并将该字符串取代为 word2。举例来说,在 100～200 行查找 myweb 并取代为 MYWEB,则输入":100,200 s/myweb/MYWEB/g"(常用)
:1,$ s/word1/word2/g	从第一行到最后一行寻找 word1 字符串,并将该字符串取代为 word2(常用)
:1,$ s/word1/word2/gc	从第一行到最后一行寻找 word1 字符串,并将该字符串取代为 word2,且在取代前显示提示字符给用户确认是否需要取代(常用)

表 4-11　命令模式下删除、复制与粘贴的说明

命令选项	说　明
x, X	在一行字当中,x 为向后删除一个字符(相当于 Del 键),X 为向前删除一个字符(相当于退格键 Backspace)(常用)
*n*x	*n* 为数字,命令表示连续向后删除 *n* 个字符。举例来说,要连续删除 10 个字符,输入 10x
dd	删除光标所在的那一整列(常用)
*n*dd	*n* 为数字,命令表示删除光标所在的向下 *n* 行。例如,20dd 是删除 20 行(常用)
d1G	删除光标所在处到第一行的所有数据
dG	删除光标所在处到最后一行的所有数据
d$	删除光标所在处到该行的最后一个字符
d0	这是数字 0,该命令删除光标所在行的前一字符到该行的首个字符之间的所有字符
yy	复制光标所在的那一行(常用)
*n*yy	*n* 为数字。复制光标处向下 *n* 行。例如 20yy 是复制 20 行(常用)
y1G	复制光标所在行到第一行的所有数据
yG	复制光标所在行到最后一行的所有数据
y0	复制光标所在的前一个字符到该行行首的所有数据
y$	复制光标所在的那个字符到该行行尾的所有数据
p, P	p 键为将已复制的数据粘贴在光标下一行,P 键则为粘贴在光标上一行。举例来说,目前光标在第 20 行,且已经复制了 10 行数据,则按下 p 键后,那 10 行数据会粘贴在原来的 20 行之后,即由 21 行开始粘贴。但如果是按下 P 键,则将会在光标之前粘贴,即原本的第 20 行会变成第 30 行(常用)
J	将光标所在行与下一行的数据结合成同一行

续表

命令选项	说　　明
c	重复删除多个数据，例如，要向下删除 10 行，输入 10cj
u	复原前一个动作（常用）
Ctrl+r	重做上一个动作（常用）
.	这是小数点表示重复前一个动作。如果要进行重复删除、重复粘贴等动作，按下小数点键就可以（常用）

说明：u 键与 Ctrl+r 组合键是很常用的指令，可以为编辑操作提供很多方便。

这些命令看似复杂，其实使用时非常简单。例如，在命令模式下使用 5yy 复制后，再使用以下命令进行粘贴。

```
p                    //在光标之后粘贴
Shift+p              //在光标之前粘贴
```

当进行查找和替换时，若不在命令模式下，可按 Esc 键进入命令模式，输入“/”或“?”进行查找。例如，在一个文件中查找 swap 单词，首先按 Esc 键，进入命令模式，然后输入：

```
/swap
```

或

```
?swap
```

若把光标所在行中的所有单词 the，替换成 THE，则需输入：

```
:s /the/THE/g
```

仅把第 1～10 行中的 the 替换成 THE：

```
:1,10 s /the/THE/g
```

这些编辑指令非常有弹性，基本上可以说是由指令与范围所构成的。

(2) 进入输入模式的命令说明。命令模式切换到输入模式的可用按键的相关说明如表 4-12 所示。

表 4-12　进入输入模式的说明

命令	说　　明
i	从光标所在位置前开始插入文本
I	该命令是将光标移到当前行的行首，然后插入文本
a	用于在光标当前所在位置之后追加新文本
A	将光标移到所在行的行尾，从那里开始插入新文本

续表

命令	说　　明
o	在光标所在行的下面新开一行,并将光标置于该行行首,等待输入
O	在光标所在行的上面插入一行,并将光标置于该行行首,等待输入
Esc	退出命令模式或回到命令模式中(常用)

提示

上面这些按键中在 vim 界面的左下角处会出现 INSERT 或 REPLACE 的字样分别表示插入或替换。需要注意的是,想要在文件里面输入字符,一定要在左下角处看到 INSERT 或 REPLACE 后才能输入。

(3) 末行模式的按键说明。如果是输入模式,先按 Esc 键进入末行模式。在命令模式下按":"进入末行模式。

保存文件、退出编辑等的命令如表 4-13 所示。

表 4-13　命令模式的按键说明

命　令	说　　明
:w	将编辑的数据写入硬盘文件中(常用)
:w!	若文件属性为只读,强制写入该档案。不过到底能不能写入,还与你对该文件拥有的权限有关
:q	退出 vim(常用)
:q!	若曾修改过文件又不想保存,则使用"!"命令强制退出而不保存文件。注意,惊叹号(!)在 vim 当中常常具有强制的意思
:wq	储存后离开,若为":wq!",则为强制保存后离开(常用)
ZZ	若文件没有更改,则不保存并离开;若文件已经被更改过,则保存后再离开
:w [filename]	将编辑的数据保存成另一个文件(类似另存为新文件)
:r [filename]	在编辑的数据中,读入另一个文件的数据,即将 filename 这个文件内容加到光标所在行的后面
:n1,n2 w [filename]	将 n1~n2 的内容储存成 filename 这个文件
:! command	暂时退出 vim 到命令列模式下执行 command 的显示结果。例如,":! ls /home"即可在 vim 当中查看/home 底下以 ls 输出的文件信息
:set nu	显示行号。设定之后,会在每一行的前缀显示该行的行号
:set nonu	与":set nu"相反,为取消行号

4. 完成案例练习

1) 练习要求(Server01 上实现)

(1) 在/tmp 目录下建立一个名为 mytest 的目录,进入 mytest 目录当中。

(2) 将/etc/man_db.conf 复制到上述目录下面,使用 vim 打开目录下的 man_db.conf

文件。

(3) 在 vim 中设定行号，移动到第 58 行，向右移动 15 个字符，请问你看到的该行前面 15 个字母组合是什么？

(4) 移动到第一行，并且向下查找 gzip 字符串，请问它在第几行？

(5) 将 50～100 行的 man 字符串改为大写 MAN 字符串，并且逐个询问是否需要修改，如何操作？如果在筛选过程中一直按 y 键，结果会在最后一行出现改变了多少个 man 的说明，请回答一共替换了多少个 man。

(6) 修改完之后，突然想全部复原，有哪些方法？

(7) 需要复制 65～73 这 9 行的内容，并且粘贴到最后一行之后。

(8) 删除 23～28 行的开头为＃符号的批注数据，该如何操作？

(9) 将这个文件另存为一个 man.test.config 的文件。

(10) 到第 27 行，并且删除 8 个字符，结果出现的第一个单词是什么？在第一行新增一行，该行内容输入"I am a student..."，然后存盘并离开。

2) 参考步骤

(1) 输入"mkdir　/tmp/mytest; cd　/tmp/mytest"。

(2) 输入"cp　/etc/man_db.conf　.; vim man_db.conf"。

(3) 输入":set nu"，然后会在画面中看到左侧出现数字即行号。先按 5+8+G 组合键，再按 1+5+→组合键，会看到"＃on privileges."。

(4) 先输入 1G 或 gg，然后直接输入/gzip，可到第 93 行。

(5) 直接用":50,100 s/man/MAN/gc"命令即可。若一直按 y 键，最终会出现"在 15 行内置换 26 个字符串"的说明。

(6) 简单的方法可以一直按 u 键恢复到原始状态；使用":q!"命令强制不保存文件而直接退出编辑状态，再重新载入该文件也可以。

(7) 输入 65G，然后再输入 9yy 之后，最后一行会出现"复制 9 行"之类的说明字样。按 G 键到最后一行，再按 p 键，则会在最后一行之后粘贴 9 行内容。

(8) 输入 23G→6dd，就能删除 6 行，此时会发现光标所在 23 行变成 MANPATH_MAP 开头了，批注的＃符号那几行都被删除了。

(9) 执行":w man.test.config"命令，会发现最后一行出现"man.test.config[New].."的字样。

(10) 输入 27G 之后，再输入 8x，即可删除 8 个字符，出现 MAP 的字样；输入 1G，光标会移到第一行，然后按大写的 O 键，便新增一行且位于输入模式；开始输入"I am a student..."后，按 Esc 键，回到一般模式等待后续工作，最后输入":wq"。

如果你能顺利完成以上操作，那么对 vim 的使用应该没有太大的问题了。请一定熟练应用，多练习几遍。

4.3 项目实录

项目实录一：Shell 编程

1. 观看视频

实训前请扫描二维码观看视频。

实训项目 实现 Shell 编程

2. 项目实训目的

- 掌握 Shell 环境变量、管道、输入输出重定向的使用方法。
- 熟悉 Shell 程序设计。

3. 项目背景

(1) 如果想要计算 1+2+3+…+100 的值,利用循环,该怎样编写程序?

如果想要让用户自行输入一个数字,让程序由 1+2+…开始,直到输入的数字为止,该如何编写呢?

(2) 创建一个脚本,名为/root/batchusers,此脚本能实现为系统创建本地用户,并且这些用户的用户名来自一个包含用户名列表的文件。同时满足下列要求:

① 此脚本要求提供一个参数,此参数就是包含用户名列表的文件。

② 如果没有提供参数,此脚本给出的提示信息为“Usage: /root/batchusers”,然后退出并返回相应的值。

③ 如果提供一个不存在的文件名,此脚本给出的提示信息为“input file not found”,然后退出并返回相应的值。

④ 创建的用户登录 Shell 为/bin/false。

⑤ 此脚本需要为用户设置默认密码 123456。

4. 项目实训内容

练习 Shell 程序设计方法及 Shell 环境变量、管道、输入输出重定向的使用方法。

5. 做一做

根据项目实录视频进行项目的实训,检查学习效果。

项目实录二：vim 编辑器

1. 观看视频

实训前请扫描二维码观看视频。

实训项目 使用 vim 编辑器

2. 项目实训目的

- 掌握 vim 编辑器的启动与退出。
- 掌握 vim 编辑器的 3 种模式及使用方法。
- 熟悉 C/C++ 编译器 gcc 的使用。

3. 项目背景

在 Linux 操作系统中设计一个 C 语言程序，当程序运行时显示的运行结果如图 4-5 所示。

```
[root@RHEL4 test]# ls
test  test.c
[root@RHEL4 test]# ./test
1+1=2
2+1=3   2+2=4
3+1=4   3+2=5   3+3=6
4+1=5   4+2=6   4+3=7   4+4=8
5+1=6   5+2=7   5+3=8   5+4=9   5+5=10
6+1=7   6+2=8   6+3=9   6+4=10  6+5=11  6+6=12
[root@RHEL4 test]# _
```

图 4-5　程序运行结果

4. 项目实训内容

练习 vi 编辑器的启动与退出；练习 vi 编辑器的使用方法；练习 C/C++ 编译器 gcc 的使用。

5. 做一做

根据项目实录视频进行项目的实训，检查学习效果。

4.4　练习题

一、填空题

1. 由于核心在内存中是受保护的区块，因此必须通过________将输入的命令与内核沟通，以便让内核可以控制硬件正确无误地工作。

2. 系统合法的 Shell 均写在________文件中。

3. 用户默认登录取得的 Shell 记录于________的最后一个字段。

4. bash 的功能主要有________、________、________、________、________、________等。

5. Shell 变量有其规定的作用范围，可以分为________与________。

6. ________可以观察目前 bash 环境下的所有变量。

7. 通配符主要有________、________、________等。

8. 正则表示法就是处理字符串的方法，是以________为单位来进行字符串的处理的。

9. 正则表示法通过一些特殊符号的辅助，可以让使用者轻易地________、________、________某个或某些特定的字符串。

10. 正则表示法与通配符是完全不一样的。________代表的是 bash 操作接口的一个功能，但________则是一种字符串处理的表示方式。

二、简述题

1. vim 的 3 种运行模式是什么？如何切换？

2. 什么是重定向？什么是管道？什么是命令替换？

3. Shell 变量有哪两种？分别如何定义？

4. 如何设置用户自己的工作环境？

5. 关于正则表达式的练习，首先要设置好环境，输入以下命令：

```
cd
cd  /etc
ls  -a  >~/data
cd
```

这样，/etc 目录下的所有文件的列表就会保存在你的主目录下的 data 文件中。写出可以在 data 文件中查找满足条件的所有行的正则表达式。

(1) 以 P 开头。

(2) 以 y 结尾。

(3) 以 m 开头以 d 结尾。

(4) 以 e、g 或 l 开头。

(5) 包含 o，它后面跟着 u。

(6) 包含 o，隔一个字母之后是 u。

(7) 以小写字母开头。

(8) 包含一个数字。

(9) 以 s 开头，包含一个 n。

(10) 只含有 4 个字母。

(11) 只含有 4 个字母，但不包含 f。

第5章 用户和组管理

Linux是多用户多任务的网络操作系统。作为网络管理员，掌握用户和组的创建与管理至关重要。本章将主要介绍利用命令行和图形工具对用户和组进行创建与管理等内容。

学习要点

- 了解用户和组配置文件。
- 熟练掌握Linux下用户的创建与维护管理。
- 熟练掌握Linux下组的创建与维护管理。
- 熟悉用户账户管理器的使用方法。

5.1 理解用户账户和组

Linux操作系统是多用户、多任务的操作系统，它允许多个用户同时登录到系统，使用系统资源。用户账户是用户的身份标识，用户通过用户账户可以登录到系统，并且访问已经被授权的资源。系统依据账户来区分属于每个用户的文件、进程、任务，并给每个用户提供特定的工作环境（例如，用户的工作目录、Shell版本，以及图形化的环境配置等），使每个用户都能各自独立、不受干扰地工作。

Linux系统下的用户账户分为两种：普通用户账户和超级用户账户root。普通用户在系统中只能进行普通工作，只能访问他们拥有的或者有权限执行的文件。超级用户账户也叫管理员账户，它的任务是对普通用户和整个系统进行管理。超级用户账户对系统具有绝对的控制权，能够对系统进行一切操作，如操作不当很容易对系统造成损坏。

因此即使系统只有一个用户使用，也应该在超级用户账户之外再建立一个普通用户账户，在用户进行普通工作时以普通用户账户登录系统。

在Linux系统中为了方便管理员的管理和用户工作的方便，产生了组的概念。组是具有相同特性的用户的逻辑集合，使用组有利于系统管理员按照用户的特性组织和管理用户，提高工作效率。有了组，在做资源授权时可以把权限赋予某个组，组中的成员即可自动获得这种权限。一个用户账户可以同时是多个组的成员，其中某个组是该用户的主组（私有组），其他组为该用户的附属组（标准组）。表5-1列出了与用户和组相关的一些基本概念。

管理Linux服务器的用户和组

表 5-1　用户和组的基本概念

概　　念	描　　述
用户名	用来标识用户的名称，可以是字母、数字组成的字符串，区分大小写
密码	用于验证用户身份的特殊验证码
用户标识(UID)	用来表示用户的数字标识符
用户主目录	用户的私人目录，也是用户登录系统后默认所在的目录
登录 Shell	用户登录后默认使用的 Shell 程序，默认为/bin/bash
组	具有相同属性的用户属于同一个组
组标识(GID)	用来表示组的数字标识符

root 用户的 UID 为 0；系统用户的 UID 为 1～999；普通用户的 UID 可以在创建时由管理员指定，如果不指定，用户的 UID 默认从 1000 开始顺序编号。在 Linux 系统中，创建用户账户的同时也会创建一个与用户同名的组，该组是用户的主组。普通组的 GID 默认也是从 1000 开始编号。

5.2　理解用户账户文件和组文件

用户账户信息和组信息分别存储在用户账户文件和组文件中。

5.2.1　理解用户账户文件

1. /etc/passwd 文件

准备工作：新建用户 bobby、user1、user2，将 user1 和 user2 加入 bobby 群组。

```
[root@Server01 ~]#useradd bobby
[root@Server01 ~]#useradd user1
[root@Server01 ~]#useradd user2
[root@Server01 ~]#usermod -G bobby user1
[root@Server01 ~]#usermod -G bobby user2
```

在 Linux 系统中，所创建的用户账户及其相关信息(密码除外)均放在/etc/passwd 配置文件中。用 vim 编辑器(或者使用 **cat /etc/passwd**)打开 passwd 文件，内容格式如下：

```
root:x:0:0:root:/root:/bin/bash
bin:x:1:1:bin:/bin:/sbin/nologin
daemon:x:2:2:daemon:/sbin:/sbin/nologin
user1:x:1002:1002::/home/user1:/bin/bash
```

文件中的每一行代表一个用户账户的资料，可以看到第一个用户是 root。然后是一些标准账户，此类账户的 Shell 为/sbin/nologin，代表无本地登录权限。最后一行是由系统管理员创建的普通账户 user1。

passwd 文件的每一行用"："分隔为 7 个域，每一行各域的内容如下：

```
用户名:加密口令:UID:GID:用户的描述信息:主目录:命令解释器(登录 Shell)
```

passwd 文件中各字段的含义如表 5-2 所示，其中少数字段的内容是可以为空的，但仍需使用"："进行占位来表示该字段。

表 5-2　passwd 文件字段说明

字　段	说　明
用户名	用户账户名称，用户登录时所使用的用户名
加密口令	用户口令，出于安全性考虑，现在已经不使用该字段保存口令，而用字母"x"来填充该字段，真正的密码保存在 shadow 文件中
UID	用户号，唯一表示某用户的数字标识
GID	用户所属的私有组号，该数字对应 group 文件中的 GID
用户描述信息	可选的关于用户全名、用户电话等描述性信息
主目录	用户的宿主目录，用户成功登录后的默认目录
命令解释器	用户所使用的 Shell，默认为"/bin/bash"

2. /etc/shadow 文件

由于所有用户对/etc/passwd 文件均有读取权限，为了增强系统的安全性，用户经过加密之后的口令都存放在/etc/shadow 文件中。/etc/shadow 文件只对 root 用户可读，因此大幅提高了系统的安全性。shadow 文件的内容形式如下(**cat /etc/shadow**)：

```
root: $6$PQxz7W3s$Ra7Akw53/n7rntDgjPNWdCG66/5RZgjhoelzT2F00ouf2iDM.AVvRIYoez10hGG7-
    kBHEaah.oH5U1t6OQj2Rf.:17654:0:99999:7:::
bin: * :16925:0:99999:7:::
daemon: * :16925:0:99999:7:::
bobby:!!:17656:0:99999:7:::
user1:!!:17656:0:99999:7:::
```

shadow 文件保存投影加密之后的口令以及与口令相关的一系列信息，每个用户的信息在 shadow 文件中占用一行，并且用"："分隔为 9 个域，各域的含义如表 5-3 所示。

表 5-3　shadow 文件字段说明

字段	说　明
1	用户登录名
2	加密后的用户口令，* 表示非登录用户，!! 表示没设置密码
3	从 1970 年 1 月 1 日起，到用户最近一次口令被修改的天数
4	从 1970 年 1 月 1 日起，到用户可以更改密码的天数，即最短口令存活期
5	从 1970 年 1 月 1 日起，到用户必须更改密码的天数，即最长口令存活期
6	口令过期前几天提醒用户更改口令
7	口令过期后几天账户被禁用
8	口令被禁用的具体日期(相对日期，从 1970 年 1 月 1 日至禁用时的天数)
9	保留域，用于功能扩展

3. /etc/login.defs 文件

建立用户账户时会根据/etc/login.defs 文件的配置设置用户账户的某些选项。该配置文件的有效设置内容及中文注释如下所示(使用 cat /etc/login.defs)。

```
MAIL_DIR         /var/spool/mail   //用户邮箱目录

MAIL_FILE        .mail
PASS_MAX_DAYS    99999             //账户密码最长有效天数
PASS_MIN_DAYS    0                 //账户密码最短有效天数
PASS_MIN_LEN     5                 //账户密码的最小长度
PASS_WARN_AGE    7                 //账户密码过期前提前警告的天数
UID_MIN              1000          //用 useradd 命令创建账户时自动产生的最小 UID 值
UID_MAX             60000          //用 useradd 命令创建账户时自动产生的最大 UID 值
GID_MIN              1000          //用 groupadd 命令创建组时自动产生的最小 GID 值
GID_MAX             60000          //用 groupadd 命令创建组时自动产生的最大 GID 值
USERDEL_CMD      /usr/sbin/userdel_local   //如果定义,将在删除用户时执行,以删除相
                                     应用户的计划作业和打印作业等
CREATE_HOME      yes               //创建用户账户时是否为用户创建主目录
```

5.2.2 理解组文件

组账户的信息存放在/etc/group 文件中,而关于组管理的信息(组口令、组管理员等)则存放在/etc/gshadow 文件中。

1. /etc/group 文件

group 文件位于/etc 目录,用于存放用户的组账户信息,对于该文件的内容,任何用户都可以读取。每个组账户在 group 文件中占用一行,并且用“:”分隔为 4 个域。每一行各域的内容如下(使用 cat /etc/group):

```
组名称:组口令(一般为空,用 x 占位):GID:组成员列表
```

group 文件的内容形式如下:

```
root:x:0:
bin:x:1:
daemon:x:2:
bobby:x:1001:user1,user2
user1:x:1002:
```

可以看出,root 的 GID 为 0,没有其他组成员。group 文件的组成员列表中如果有多个用户账户属于同一个组,则各成员之间以“,”分隔。在/etc/group 文件中,用户的主组并不把该用户作为成员列出,只有用户的附属组才会把该用户作为成员列出。例如,用户 bobby 的主组是 bobby,但/etc/group 文件中组 bobby 的成员列表中并没有用户 bobby,只有用户 user1 和 user2。

2. /etc/gshadow 文件

/etc/gshadow 文件用于存放组的加密口令、组管理员等信息,该文件只有 root 用户可

以读取。每个组账户在 gshadow 文件中占用一行,并以“:”分隔为 4 个域。每一行中各域的内容如下:

```
组名称:加密后的组口令(没有就!):组的管理员:组成员列表
```

gshadow 文件的内容形式如下(使用 cat /etc/gshadow):

```
root:::
bin:::
daemon:::
bobby:!::user1,user2
user1:!::
```

5.3 管理用户账户

用户账户管理包括新建用户、设置用户账户口令和用户账户维护等内容。

5.3.1 新建用户

在系统中,新建用户可以使用 useradd 或者 adduser 命令。useradd 命令的格式是:

```
useradd [选项] <username>
```

useradd 命令有很多选项,如表 5-4 所示。

表 5-4 useradd 命令选项

选 项	说 明
-c comment	用户的注释性信息
-d home_dir	指定用户的主目录
-e expire_date	禁用账户的日期,格式为 YYYY-MM-DD
-f inactive_days	设置账户过期多少天后用户账户被禁用。如果为 0,账户过期后将立即被禁用;如果为-1,账户过期后,将不被禁用
-g initial_group	用户所属主组的组名称或者 GID
-G group-list	用户所属的附属组列表,多个组之间用逗号分隔
-m	若用户主目录不存在,则创建它
-M	不要创建用户主目录
-n	不要为用户创建用户私人组
-p passwd	加密的口令
-r	创建 UID 小于 500 的不带主目录的系统账户
-s shell	指定用户的登录 Shell,默认为/bin/bash
-u UID	指定用户的 UID,它必须是唯一的,且大于 499

【例 5-1】 新建用户 user3,UID 为 1010,指定其所属的私有组为 group1(group1 组的标识符为 1010),用户的主目录为/home/user3,用户的 Shell 为/bin/bash,用户的密码为

12345678,账户永不过期。

```
[root@Server01 ~]#groupadd -g 1010 group1   //新建组 group1,其 GID 为 1010
[root@Server01 ~]#useradd -u 1010 -g 1010 -d /home/user3 -s /bin/bash -p 12345678
-f -1 user3
[root@Server01 ~]#tail -1 /etc/passwd
user3:x:1010:1010::/home/user3:/bin/bash
[root@Server01 ~]#grep user3 /etc/shadow    //grep 用于查找符合条件的字符串
user3:12345678:18495:0:99999:7:::          //这种方式下生成的密码是明文,即 12345678
```

如果新建用户已经存在,那么在执行 useradd 命令时,系统会提示该用户已经存在:

```
[root@Server01 ~]#useradd user3
useradd: 用户"user3"已存在
```

5.3.2 设置用户账户口令

1. passwd 命令

指定和修改用户账户口令的命令是 passwd。超级用户可以为自己和其他用户设置口令,而普通用户只能为自己设置口令。passwd 命令的格式为:

```
passwd [选项] [username]
```

passwd 命令的常用选项如表 5-5 所示。

表 5-5 passwd 命令的常用选项

选项	说 明
-l	锁定(停用)用户账户
-u	口令解锁
-d	将用户口令设置为空,这与未设置口令的账户不同。未设置口令的账户无法登录系统,而口令为空的账户可以
-f	强迫用户下次登录时必须修改口令
-n	指定口令的最短存活期
-x	指定口令的最长存活期
-w	口令要到期前提前警告的天数
-i	口令过期后多少天停用账户
-s	显示账户口令的简短状态信息

【例 5-2】 假设当前用户为 root,则下面的两个命令分别为 root 用户修改自己的口令和 root 用户修改 user1 用户的口令。

```
[root@Server01 ~]#passwd           //root 用户修改自己的口令,直接输入 passwd 命令
[root@Server01 ~]#passwd user1     //root 用户修改 user1 用户的口令
```

需要注意的是,普通用户修改口令时,passwd 命令会首先询问原来的口令,只有通过验

证才可以修改；而 root 用户为用户指定口令时，不需要知道原来的口令。为了系统安全，用户应选择包含字母、数字和特殊符号组合的复杂口令，且口令长度应至少为 8 个字符。

如果密码复杂度不够，系统会提示“无效的密码：密码未通过字典检查 － 它基于字典单词”。这时有两种处理方法：一种方法是再次输入刚才输入的简单密码，系统也会接受；另一种方法是更改为符合要求的密码，应包含大小写字母、数字、特殊符号等，且为 8 位或以上的字符组合，比如，P@ssw02d。

2. chage 命令

要修改账户和密码的有效期，可以用 chage 命令实现。chage 命令的常用选项如表 5-6 所示。

表 5-6　chage 命令选项

选 项	说　　明	选 项	说　　明
-l	列出账户口令属性的各个数值	-I	口令过期后多少天停用账户
-m	指定口令最短存活期	-E	用户账户到期作废的日期
-M	指定口令最长存活期	-d	设置口令上一次修改的日期
-W	口令要到期前提前警告的天数		

【例 5-3】 设置 user1 用户的最短口令存活期为 6 天，最长口令存活期为 60 天，口令到期前 5 天提醒用户修改口令。设置完成后查看各属性值。

```
[root@Server01 ~]#chage -m 6 -M 60 -W 5 user1
[root@Server01 ~]#chage -l user1
最近一次密码修改时间                    : 5月 04, 2018
密码过期时间                            : 7月 03, 2018
密码失效时间                            : 从不
账户过期时间                            : 从不
两次改变密码之间相距的最小天数          : 6
两次改变密码之间相距的最大天数          : 60
在密码过期之前警告的天数                : 5
```

5.3.3　维护用户账户

1. 修改用户账户

usermod 命令用于修改用户的属性，格式为“usermod [选项] 用户名”。

前文曾反复强调，Linux 系统中的一切都是文件，因此在系统中创建用户也就是修改配置文件的过程。用户的信息保存在/etc/passwd 文件中，可以直接用文本编辑器来修改其中的用户参数项目，也可以用 usermod 命令修改已经创建的用户信息，诸如用户的 UID、基本/扩展用户组、默认终端等。usermod 命令的参数以及作用如表 5-7 所示。

表 5-7　usermod 命令中的参数及作用

参数	作　　用
-c	填写用户账户的备注信息
-d -m	参数-m 与参数-d 连用，可重新指定用户的家目录并自动把旧的数据转移过去

续表

参数	作　用
-e	账户的到期时间,格式为 YYYY-MM-DD
-g	变更所属用户组
-G	变更扩展用户组
-L	锁定用户,禁止其登录系统
-U	解锁用户,允许其登录系统
-s	变更默认终端
-u	修改用户的 UID

大家不要被这么多参数难倒。先来看一下账户用户 user1 的默认信息：

```
[root@Server01 ~]#id  user1
uid=1002(user1) gid=1002(user1) 组=1002(user1),1001(bobby)
```

将用户 user1 加入 root 用户组中,这样扩展组列表中会出现 root 用户组的字样,而基本组不会受到影响：

```
[root@Server01 ~]#usermod  -G  root  user1
[root@Server01 ~]#id  user1
uid=1002(user1) gid=1002(user1) 组=1002(user1),0(root)
```

再来试试用-u 参数修改 user1 用户的 UID 值。除此之外,还可以用-g 参数修改用户的基本组 ID,用-G 参数修改用户的扩展组 ID。

```
[root@Server01 ~]#usermod  -u  8888  user1
[root@Server01 ~]#id  user1
uid=8888(user1) gid=1002(user1) 组=1002(user1),0(root)
```

修改用户 user1 的主目录为/var/user1,把启动 Shell 修改为/bin/tcsh,完成后恢复到初始状态。可以用如下操作：

```
[root@Server01 ~]#usermod -d /var/user1 -s /bin/tcsh user1
[root@Server01 ~]#tail -3 /etc/passwd
user1:x:8888:1002::/var/user1:/bin/tcsh
user2:x:1003:1003::/home/user2:/bin/bash
user3:x:1010:1010::/home/user3:/bin/bash
[root@Server01 ~]#usermod -d /var/user1 -s /bin/bash user1
```

2. 禁用和恢复用户账户

有时需要临时禁用一个账户而不删除它。禁用用户账户可以用 passwd 或 usermod 命令实现,也可以直接修改/etc/passwd 或/etc/shadow 文件。

例如,暂时禁用和恢复 user3 账户,可以使用以下 3 种方法来实现。

1）使用 passwd 命令（被锁定用户的密码必须是使用 passwd 命令生成的）

使用 passwd 命令禁用 user1 账户，利用 grep 命令查看，可以看到被锁定的账户密码栏前面会加上“!!”。

```
[root@Server01 ~]#passwd user1                    //修改 user1 密码
更改用户 user1 的密码。
新的密码：
重新输入新的密码：
passwd：所有的身份验证令牌已经成功更新。
[root@Server01 ~]#grep user1 /etc/shadow   //查看用户 user1 的口令文件
user1:  $6  $OgsexIrQ01J5Gjkh  $MIIyxgtA1nutGfbwXid6tVD8HlDBkjagaOqu7bEjQee/
QAhpLPKq5v8OMTI0xRkY3KMhzDJvvndOkaj2R3nn//:18495:6:60:5:::
[root@Server01 ~]#passwd -l user1              //锁定用户 user1
锁定用户 user1 的密码。
passwd：操作成功
[root@Server01 ~]#grep user1 /etc/shadow   //查看锁定用户的口令文件，注意下行的“!!”
user1:!! $6 $OgsexIrQ01J5Gjkh $MIIyxgtA1nutGfbwXid6tVD8HlDBkjagaOqu7bEjQee/
QAhpLPKq5v8OMTI0xRkY3KMhzDJvvndOkaj2R3nn//:18495:6:60:5:::
[root@Server01 ~]#passwd -u user1              //解除 user1 账户锁定，重新启用 user1 账户
```

2）使用 usermod 命令

使用 usermod 命令禁用 user1 账户，利用 grep 命令查看，可以看到被锁定的账户密码栏前面会加上“!”。

```
[root@Server01 ~]#grep user1 /etc/shadow      //user1 账户锁定前的口令显示
user1:  $6  $OgsexIrQ01J5Gjkh  $MIIyxgtA1nutGfbwXid6tVD8HlDBkjagaOqu7bEjQee/
QAhpLPKq5v8OMTI0xRkY3KMhzDJvvndOkaj2R3nn//:18495:6:60:5:::
[root@Server01 ~]#usermod -L user1                //禁用 user1 账户
[root@Server01 ~]#grep user1 /etc/shadow      //user1 账户锁定后的口令显示
user1:!  $6  $OgsexIrQ01J5Gjkh  $MIIyxgtA1nutGfbwXid6tVD8HlDBkjagaOqu7bEjQee/
QAhpLPKq5v8OMTI0xRkY3KMhzDJvvndOkaj2R3nn//:18495:6:60:5:::
[root@Server01 ~]#usermod -U user1                //解除 user1 账户的锁定
```

3）直接修改用户账户配置文件

可将/etc/passwd 文件或/etc/shadow 文件中关于 user1 账户的 passwd 域的第一个字符前面加上一个“*”，达到禁用账户的目的，在需要恢复的时候只要删除字符“*”即可。

如果只是禁止用户账户登录系统，可以将其启动 Shell 设置为/bin/false 或者/dev/null。

3. 删除用户账户

要删除一个账户，可以直接删除/etc/passwd 和/etc/shadow 文件中要删除的用户所对应的行，或者用 userdel 命令删除。userdel 命令的格式为：

```
userdel [-r] 用户名
```

如果不加-r 选项，userdel 命令会在系统中所有与账户有关的文件（如/etc/passwd，/etc/shadow，/etc/group）中将用户的信息全部删除。

如果加-r 选项,则在删除用户账户的同时,还将用户主目录以及其下的所有文件和目录全部删除掉。另外,如果用户使用 E-mail,同时也将/var/spool/mail 目录下的用户文件删掉。

5.4 管理组

管理组包括新建组、维护组账户和为组添加用户等内容。

5.4.1 维护组账户

创建组和删除组的命令与创建、维护账户的命令相似。创建组可以使用命令 groupadd 或者 addgroup。

例如,创建一个新的组,组的名称为 testgroup,可用如下命令:

```
[root@Server01 ~]#groupadd testgroup
```

要删除一个组可以用 groupdel 命令,例如,删除刚创建的 testgroup 组,可用如下命令:

```
[root@Server01 ~]#groupdel testgroup
```

需要注意的是,如果要删除的组是某个用户的主组,则该组不能被删除。

修改组的命令是 groupmod,其命令格式为:

```
groupmod [选项] 组名
```

常见的命令选项如表 5-8 所示。

表 5-8 groupmod 命令选项

选 项	说 明
-g gid	把组的 GID 改成 gid
-n group-name	把组的名称改为 group-name
-o	强制接受更改的组的 GID 为重复的号码

5.4.2 为组添加用户

在 Red Hat Linux 中使用不带任何参数的 useradd 命令创建用户时,会同时创建一个和用户账户同名的组,称为主组。当一个组中必须包含多个用户时则需要使用附属组。在附属组中增加、删除用户都用 gpasswd 命令。gpasswd 命令的格式为:

```
gpasswd [选项] [用户] [组]
```

只有 root 用户和组管理员才能够使用这个命令,命令选项如表 5-9 所示。

表 5-9　gpasswd 命令选项

选项	说　　明
-a	把用户加入组
-d	把用户从组中删除
-r	取消组的密码
-A	给组指派管理员

例如，要把 user1 用户加入 testgroup 组，并指派 user1 为管理员，可以执行下列命令：

```
[root@Server01 ~]#groupadd testgroup
[root@Server01 ~]#gpasswd -a user1 testgroup
[root@Server01 ~]#gpasswd -A user1 testgroup
```

5.5　使用 su 命令

各位读者在实验环境中很少遇到安全问题，并且为了避免权限因素导致配置服务失败，从而建议使用 root 管理员身份来学习本书，但是在生产环境中还是要对安全多一份敬畏之心，不要用 root 管理员身份去做所有事情。因为一旦执行了错误的命令，可能会直接导致系统崩溃。尽管 Linux 系统为了安全性考虑，使得许多系统命令和服务只能被 root 管理员使用，但是这也让普通用户受到了更多的权限束缚，从而导致无法顺利完成特定的工作任务。

su 命令可以解决切换用户身份的需求，使得当前用户在不退出登录的情况下，顺畅地切换到其他用户，比如从 root 管理员切换至普通用户：

```
[root@Server01 ~]#id
uid=0(root) gid=0(root) 组=0(root) 环境=unconfined_u:unconfined_r:
unconfined_t:s0-s0:c0.c1023
[root@Server01 ~]#useradd -G testgroup test
[root@Server01 ~]#su - test
[test@Server01 ~]$id
uid=8889(test) gid=8889(test) 组=8889(test),1011(testgroup) 环境=unconfined_u:
unconfined_r:unconfined_t:s0-s0:c0.c1023
```

细心的读者一定会发现，上面的 su 命令与用户名之间有一个减号(—)，这意味着完全切换到新的用户，即把环境变量信息也变更为新用户的相应信息，而不是保留原始的信息。强烈建议在切换用户身份时添加这个减号(—)。

另外，当从 root 管理员切换到普通用户时是不需要密码验证的，而从普通用户切换成 root 管理员就需要进行密码验证了，这也是一个必要的安全检查：

```
[test@Server01?~]$su -root
密码:
[root@Server01 ~]#su - test
[test@Server01 ~]$pwd            //test 用户的家目录是/home/test
/home/test
```

```
[test@Server01 ~]$exit
注销
[root@Server01 ~]#pwd            //root 用户的家目录是/root
/root
```

5.6 使用常用的账户管理命令

账户管理命令可以在非图形化操作中对账户进行有效管理。

1. vipw

vipw 命令用于直接对用户账户文件/etc/passwd 进行编辑，使用的默认编辑器是 vi。在对/etc/passwd 文件进行编辑时将自动锁定该文件，编辑结束后对该文件进行解锁，保证了文件的一致性。vipw 命令在功能上等同于"vi /etc/passwd"命令，但是比直接使用 vi 命令更安全。命令格式如下：

```
[root@Server01 ~]#vipw
```

2. vigr

vigr 命令用于直接对组文件/etc/group 进行编辑。在用 vigr 命令对/etc/group 文件进行编辑时将自动锁定该文件，编辑结束后对该文件进行解锁，保证了文件的一致性。vigr 命令在功能上等同于"vi /etc/group"命令，但是比直接使用 vi 命令更安全。命令格式如下：

```
[root@Server01 ~]#vigr
```

3. pwck

pwck 命令用于验证用户账户文件认证信息的完整性。该命令检测/etc/passwd 文件和/etc/shadow 文件每行中字段的格式和值是否正确。命令格式如下：

```
[root@Server01 ~]#pwck
```

4. grpck

grpck 命令用于验证组文件认证信息的完整性。该命令检测/etc/group 文件和/etc/gshadow 文件每行中字段的格式和值是否正确。命令格式如下：

```
[root@Server01 ~]#grpck
```

5. id

id 命令用于显示一个用户的 UID 和 GID 以及用户所属的组列表。在命令行输入 id 后，直接按 Enter 键将显示当前用户的 ID 信息。命令格式如下：

```
id [选项] 用户名
```

例如，显示 user1 用户的 UID、GID 信息的实例如下所示：

```
[root@Server01 ~]#id user1
uid=8888(user1) gid=1002(user1) 组=1002(user1),0(root),1011(testgroup)
```

6. whoami

whoami 命令用于显示当前用户的名称。whoami 与"id -un"作用相同。

```
[user1@Server ~]$whoami
User1
[user1@Server01 ~]$exit
logout
```

7. newgrp

newgrp 命令用于转换用户的当前组到指定的主组，对于没有设置组口令的组账户，只有组的成员才可以使用 newgrp 命令改变主组身份到该组。如果组设置了口令，其他组的用户只要拥有组口令也可以将主组身份改变到该组。应用实例如下：

```
[root@Server01 ~]#id                        //显示当前用户的 gid
uid=0(root) gid=0(root) groups=0(root),1(bin),2(daemon),3(sys),4(adm),
6(disk),10(wheel)
[root@Server01 ~]#newgrp group1             //改变用户的主组
[root@Server01 ~]#id
uid=0(root) gid=500(group1) groups=0(root),1(bin),2(daemon),3(sys),4(adm),
6(disk),10(wheel)
[root@Server01 ~]#newgrp                    //newgrp 命令不指定组时转换为用户的私有组
[root@Server01 ~]#id
uid=0(root) gid=0(root) groups=0(root),1(bin),2(daemon),3(sys),4(adm),
6(disk), 10(wheel)
```

使用 groups 命令可以列出指定用户的组。例如：

```
[root@Server01 ~]#whoami
root
[root@Server01 ~]#groups
root group1
```

5.7　企业实战与应用——账户管理实例

1. 情境

假设需要的账户数据如表 5-10 所示，你该如何操作？

表 5-10　账户数据

账户名称	账户全名	支持次要群组	是否可登录主机	口　令
myuser1	1st user	mygroup1	可以	password
myuser2	2nd user	mygroup1	可以	password
myuser3	3rd user	无额外支持	不可以	password

2. 解决方案

```
#先处理账户相关属性的数据
[root@Server01 ~]#groupadd mygroup1
[root@Server01 ~]#useradd -G mygroup1 -c "1st user" myuser1
[root@Server01 ~]#useradd -G mygroup1 -c "2nd user" myuser2
[root@Server01 ~]#useradd -c "3rd user" -s /sbin/nologin myuser3

#再处理账户的口令相关属性的数据
[root@Server01 ~]#echo "password" | passwd --stdin myuser1
[root@Server01 ~]#echo "password" | passwd --stdin myuser2
[root@Server01 ~]#echo "password" | passwd --stdin myuser3
```

注 意

myuser1 与 myuser2 都支持次要群组,但该群组不见得存在,因此需要先手动创建。另外,myuser3 是"不可登录系统"的账户,因此需要使用 /sbin/nologin 来设置,这样该账户就成为非登录账户了。

5.8 项目实录:管理用户和组

1. 观看视频

实训前请扫描二维码观看视频。

2. 项目实训目的

- 熟悉 Linux 用户的访问权限。
- 掌握在 Linux 系统中增加、修改、删除用户或用户组的方法。
- 掌握用户账户管理及安全管理。

实训项目 管理用户和组

3. 项目背景

某公司有 60 个员工,分别在 5 个部门工作,每个人的工作内容不同。需要在服务器上为每个人创建不同的账户,把相同部门的用户放在一个组中,每个用户都有自己的工作目录。并且需要根据工作性质对每个部门和每个用户在服务器上的可用空间进行限制。

4. 项目实训内容

练习设置用户的访问权限,练习账户的创建、修改、删除。

5. 做一做

根据项目实录视频进行项目的实训,检查学习效果。

5.9 练习题

一、填空题

1. Linux 操作系统是________的操作系统,它允许多个用户同时登录到系统,使用系统资源。

2. Linux 系统下的用户账户分为两种:________和________。

3. root用户的UID为________，普通用户的UID可以在创建时由管理员指定，如果不指定，用户的UID默认从________开始顺序编号。

4. 在Linux系统中，创建用户账户的同时也会创建一个与用户同名的组，该组是用户的________。普通组的GID默认也从________开始编号。

5. 一个用户账户可以同时是多个组的成员，其中某个组是该用户的________（私有组），其他组为该用户的________（标准组）。

6. 在Linux系统中，所创建的用户账户及其相关信息（密码除外）均放在________配置文件中。

7. 由于所有用户对/etc/passwd文件均有________权限，为了增强系统的安全性，用户经过加密之后的口令都存放在________文件中。

8. 组账户的信息存放在________文件中，而关于组管理的信息（组口令、组管理员等）则存放在________文件中。

二、选择题

1. 存放用户密码信息的目录是（　　）。

A. /etc　　B. /var

C. /dev　　D. /boot

2. 创建用户ID是200、组ID是1000、用户主目录为/home/user01的正确命令为（　　）。

A. useradd -u:200 -g:1000 -h:/home/user01 user01

B. useradd -u=200 -g=1000 -d=/home/user01 user01

C. useradd -u 200 -g 1000 -d /home/user01 user01

D. useradd -u 200 -g 1000 -h /home/user01 user01

3. 用户登录系统后，首先进入的目录是（　　）。

A. /home　　B. /root的主目录

C. /usr　　D. 用户自己的家目录

4. 在使用了shadow口令的系统中，/etc/passwd和/etc/shadow两个文件的正确权限是（　　）。

A. -rw-r----- ，-r--------　　B. -rw-r--r-- ，-r--r--r—

C. -rw-r--r-- ，-r--------　　D. -rw-r--rw- ，-r-----r—

5. 可以删除一个用户并同时删除用户的主目录的参数为（　　）。

A. rmuser -r　　B. deluser -r

C. userdel -r　　D. usermgr -r

6. 系统管理员应该采用的安全措施是（　　）。

A. 把root密码告诉每一位用户

B. 设置Telnet服务来提供远程系统维护

C. 经常检测账户数量、内存信息和磁盘信息

D. 当员工辞职后,立即删除该用户账户

7. 在/etc/group 中有一行为 students::600:z3,14,w5,表示在 student 组里的用户数量是(　　)。

A. 3　　B. 4　　C. 5　　D. 不知道

8. 下列用来检测用户 lisa 信息的命令是(　　)。

A. finger lisa　　B. grep lisa /etc/passwd

C. find lisa /etc/passwd　　D. who lisa

第 6 章 文件系统和磁盘管理

作为 Linux 系统的网络管理员，学习 Linux 文件系统和磁盘管理是至关重要的。本章主要介绍 Linux 文件系统和磁盘管理的相关内容。

学习要点

- Linux 文件系统结构和文件权限管理。
- Linux 下的磁盘和文件系统管理工具。
- Linux 下的软 RAID 和 LVM 逻辑卷管理器。
- 磁盘限额。

6.1 了解文件系统

文件系统（file system）是磁盘上有特定格式的一片区域，操作系统利用文件系统保存和管理文件。

6.1.1 认识文件系统

Linux 的文件系统

用户在硬件存储设备中执行的文件建立、写入、读取、修改、转存与控制等操作都是依靠文件系统来完成的。文件系统的作用是合理规划硬盘，以保证用户正常的使用需求。Linux 系统支持数十种文件系统，而最常见的文件系统如下所示。

（1）Ext4：Ext3 的改进版本，作为 RHEL 6 系统中的默认文件管理系统，它支持的存储容量高达 1EB(1EB＝1073741824GB)，且能够有无限多的子目录。另外，Ext4 文件系统能够批量分配块（block），从而极大地提高了读写效率。

（2）XFS：是一种高性能的日志文件系统，而且是 RHEL 8 中默认的文件管理系统，它的优势在发生意外宕机后尤其明显，即可以快速地恢复可能被破坏的文件，而且强大的日志功能只用花费极低的计算和存储性能。并且它可支持的最大存储容量为 18EB，这几乎满足了所有需求。

RHEL 8 系统中一个比较大的变化就是使用了 XFS 作为文件系统，XFS 文件系统可支持高达 18EB 的存储容量。

日常在硬盘需要保存的数据实在太多了，因此 Linux 系统中有一个名为超级块（super block）的“硬盘地图”。Linux 并不是把文件内容直接写入这个超级块里面，而是在里面记录着整个文件系统的信息。因为如果把所有的文件内容都写入这里面,它的体积将变得非常大,而且文件内容的查询与写入速度也会变得很慢。Linux 只是把每个文件的权限与属性记录在索引节点(inode)中,而且每个文件占用一个独立的索引节点表格,该表格的大小默认为 128 字节,里面记录着以下信息。

① 该文件的访问权限(read、write、execute)。

② 该文件的所有者与所属组(owner、group)。

③ 该文件的大小(size)。

④ 该文件的创建或内容修改时间(ctime)。

⑤ 该文件的最后一次访问时间(atime)。

⑥ 该文件的修改时间(mtime)。

⑦ 文件的特殊权限(SUID、SGID、SBIT)。

⑧ 该文件的真实数据地址(point)。

而文件的实际内容则保存在块中(大小可以是 1KB、2KB 或 4KB),一个索引节点的默认大小仅为 128B(Ext3),记录一个块则消耗 4B。当文件的索引节点被写满后,Linux 系统会自动分配出一个块,专门用于像索引节点那样记录其他块的信息,这样把各个块的内容串到一起,就能够让用户读到完整的文件内容了。对于存储文件内容的块,有下面两种常见情况(以 4KB 的块大小为例进行说明)。

情况 1:文件很小(1KB),但依然会占用一个块,因此会浪费 3KB。

情况 2:文件很大(5KB),那么会占用两个块(5KB 减法 4KB 后剩下的 1KB 也要占用一个块)。

计算机系统在发展过程中产生了众多的文件系统,为了使用户在读取或写入文件时不用关心底层的硬盘结构,Linux 内核中的软件层为用户程序提供了一个 VFS(virtual file system,虚拟文件系统)接口,这样用户实际上在操作文件时就是对这个虚拟文件系统进行统一操作了。如图 6-1 所示为虚拟文件系统的架构示意图。从中可见,实际文件系统在虚拟文件系统下隐藏了自己的特性和细节,这样用户在日常使用时会觉得"文件系统都是一样的",也就可以随意使用各种命令在任何文件系统中进行各种操作了(如使用 cp 命令来复制文件)。

6.1.2 理解 Linux 文件系统目录结构

在 Linux 系统中,目录、字符设备、块设备、套接字、打印机等都被抽象成了文件:Linux 系统中一切都是文件。既然平时打交道的都是文件,那么又应该如何找到它们呢?在 Windows 操作系统中,想要找到一个文件,要依次进入该文件所在的磁盘分区(假设这里是 D 盘),然后在进入该分区下的具体目录,最终找到这个文件。但是在 Linux 系统中并不存在 C/D/E/F 等盘符,Linux 系统中的一切文件都是从"根(/)"目录开始的,并按照文件系统层次化标准(FHS)采用树形结构来存放文件,以及定义了常见目录的用途。另外,Linux 系统中的文件和目录名称是严格区分大小写的。例如,root、rOOt、Root、rooT 均代表不同的目录,并且文件名称中不得包含斜杠(/)。Linux 系统中的文件存储结构如图 6-2 所示。

在 Linux 系统中,最常见的目录以及所对应的存放内容如表 6-1 所示。

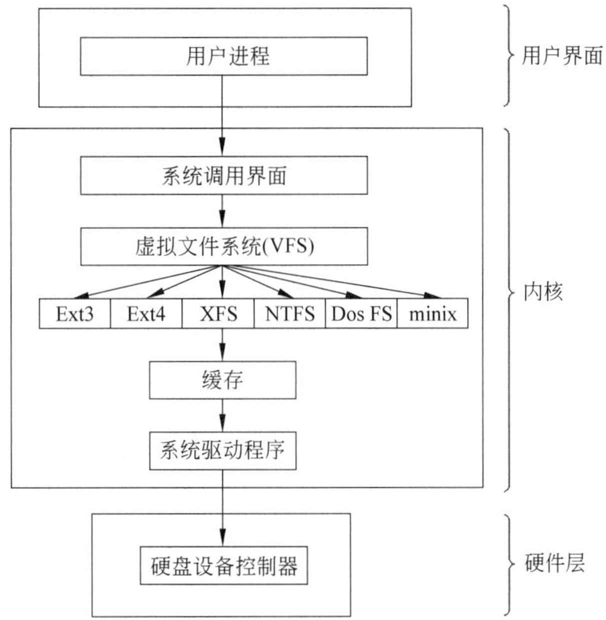

图 6-1 虚拟文件系统的架构示意图

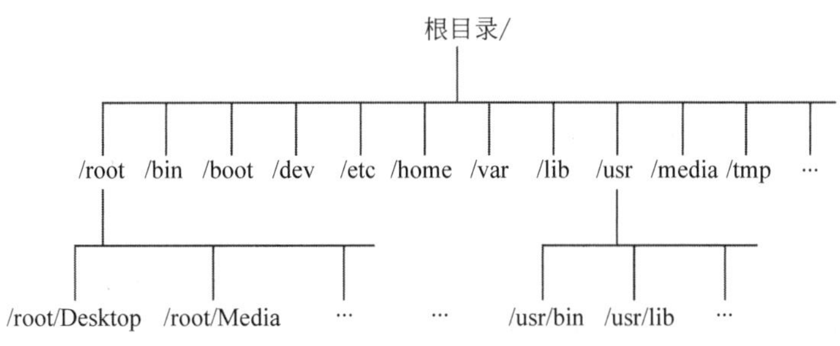

图 6-2 Linux 系统中的文件存储结构

表 6-1 Linux 系统中常见的目录名称以及相应内容

目录名称	应放置文件的内容
/	Linux 文件的最上层根目录
/boot	开机所需文件——内核、开机菜单以及所需配置文件等
/dev	以文件形式存放任何设备与接口
/etc	配置文件
/home	用户家目录
/bin	binary 的缩写，存放用户的可运行程序，如 ls、cp 等，也包含其他 Shell，如 bash 和 cs 等
/lib	开机时用到的函数库，以及/bin 与/sbin 下面的命令要调用的函数
/sbin	开机过程中需要的命令
/media	用于挂载设备文件的目录
/opt	放置第三方的软件

续表

目录名称	应放置文件的内容
/root	系统管理员的家目录
/srv	一些网络服务的数据文件目录
/tmp	任何人均可使用的“共享”临时目录
/proc	虚拟文件系统,例如系统内核、进程、外部设备及网络状态等
/usr/local	用户自行安装的软件
/usr/sbin	Linux 系统开机时不会使用到的软件/命令/脚本
/usr/share	帮助与说明文件,也可放置共享文件
/var	主要存放经常变化的文件,如日志
/lost+found	当文件系统发生错误时,将一些丢失的文件片段存放在这里

6.1.3 理解绝对路径与相对路径

了解绝对路径与相对路径的概念。

- 绝对路径:由根目录(/)开始写起的文件名或目录名称,如/home/dmtsai/basher。
- 相对路径:相对于目前路径的文件名写法,如./home/dmtsai 或../../home/dmtsai/等。

开头不是“/”的就属于相对路径的写法。

相对路径是以你当前所在路径的相对位置来表示的。举例来说,你目前在/home 这个目录下,如果想要进入/var/log 这个目录时,可以怎么写呢?有两种方法。

- cd /var/log:绝对路径。
- cd ../var/log:相对路径。

因为目前在/home 下,所以要回到上一层(../)之后,才能进入/var/log 目录。要特别注意两个特殊的目录。

- .:代表当前的目录,也可以使用./表示。
- ..:代表上一层目录,也可以用../表示。

这个.和..目录的概念是很重要的,你常常看到的 cd ..或./command 之类的指令表达方式,就是代表上一层与目前所在目录的工作状态。

6.1.4 Linux 文件权限管理

1. 文件和文件权限概述

文件是操作系统用来存储信息的基本结构,是一组信息的集合。文件通过文件名来唯一标识。Linux 中的文件名称最长允许 255 个字符,这些字符可用 A~Z、0~9、.、_、-等符号表示。与其他操作系统相比,Linux 最大的不同点是没有“扩展名”的概念,也就是说文件的名称和该文件的种类并没有直接的关联,例如,sample.txt 可能是一个运行文件,而 sample.exe

也有可能是文本文件,甚至可以不使用扩展名。另一个特性是 Linux 文件名区分大小写。例如,sample.txt、Sample.txt、SAMPLE.txt、samplE.txt 在 Linux 系统中代表不同的文件,但在 DOS 和 Windows 平台却是指同一个文件。在 Linux 系统中,如果文件名以"."开始,表示该文件为隐藏文件,需要使用 ls -a 命令才能显示。

在 Linux 中的每一个文件或目录都包含有访问权限,这些访问权限决定了谁能访问和如何访问这些文件和目录。

通过设定权限可以用以下 3 种访问方式限制访问权限:只允许用户自己访问;允许一个预先指定的用户组中的用户访问;允许系统中的任何用户访问。同时,用户能够控制一个给定的文件或目录的访问程度。一个文件或目录可能有读写及执行权限。当创建一个文件时,系统会自动赋予文件所有者读和写的权限,这样可以允许文件所有者查看文件内容和修改文件。文件所有者可以将这些权限改变为任何他想指定的权限。一个文件也许只有读权限,禁止任何修改。文件也可能只有执行权限,允许它像一个程序一样执行。

3 种不同的用户类型能够访问一个目录或者文件:所有者、用户组或其他用户。所有者是创建文件的用户,文件的所有者能够授予所在用户组的其他成员及系统中除所属组之外的其他用户的文件访问权限。

每一个用户针对系统中的所有文件都有它自身的读、写和执行权限。第一套权限控制访问自己的文件权限,即所有者权限。第二套权限控制用户组访问其中一个用户的文件的权限。第三套权限控制其他所有用户访问一个用户的文件的权限。这 3 套权限赋予用户不同类型(即所有者、用户组和其他用户)的读、写及执行权限,就构成了一个有 9 种类型的权限组。

可以用 ls -l 或者 ll 命令显示文件的详细信息,其中包括权限,如下所示:

```
[root@Server01 ~]#ll
total 84
drwxr-xr-x  2  root  root  4096   Aug  9  15:03  Desktop
-rw-r--r--  1  root  root  1421   Aug  9  14:15  anaconda-ks.cfg
-rw-r--r--  1  root  root  830    Aug  9  14:09  firstboot.1186639760.25
-rw-r--r--  1  root  root  45592  Aug  9  14:15  install.log
-rw-r--r--  1  root  root  6107   Aug  9  14:15  install.log.syslog
drwxr-xr-x  2  root  root  4096   Sep  1  13:54  webmin
```

在上面的显示结果中从第二行开始,每一行的第一个字符一般用来区分文件的类型,一般取值为 d、-、l、b、c、s、p。具体含义如下。

- d:表示是一个目录,在 ext 文件系统中目录也是一种特殊的文件。
- -:表示该文件是一个普通的文件。
- l:表示该文件是一个符号链接文件,实际上它指向另一个文件。
- b、c:分别表示该文件为区块设备或其他的外围设备,是特殊类型的文件。
- s、p:分别表示这些文件关系到系统的数据结构和管道,通常很少见到。

下面详细介绍权限的种类和设置权限的方法。

2. 一般权限

在上面的显示结果中,每一行的第 2~10 个字符表示文件的访问权限。这 9 个字符每

3 个为一组,左边 3 个字符表示所有者权限,中间 3 个字符表示与所有者同一组的用户的权限,右边 3 个字符是其他用户的权限。代表的意义如下。

① 字符 2、3、4 表示该文件所有者的权限,有时也简称为 u(user)的权限。

② 字符 5、6、7 表示该文件所有者所属组的组成员的权限。例如,此文件拥有者属于 user 组群,该组群中有 6 个成员,表示这 6 个成员都有此处指定的权限,简称为 g(group)的权限。

③ 字符 8、9、10 表示该文件所有者所属组群以外的权限,简称为 o(other)的权限。

这 9 个字符根据权限种类的不同,也分为 3 种类型。

① r(read,读取):对文件而言,具有读取文件内容的权限;对目录而言,具有浏览目录的权限。

② w(write,写入):对文件而言,具有新增、修改文件内容的权限;对目录而言,具有删除、移动目录内文件的权限。

③ x(execute,执行):对文件而言,具有执行文件的权限;对目录而言,具有进入目录的权限。

另外,-表示不具有该项权限。

下面举例说明。

- brwxr--r--:该文件是块设备文件,文件所有者具有读、写与执行的权限,其他用户则具有读取的权限。
- -rw-rw-r-x:该文件是普通文件,文件所有者与同组用户对文件具有读写的权限,而其他用户仅具有读取和执行的权限。
- drwx--x--x:该文件是目录文件,目录所有者具有读写与进入目录的权限,其他用户能进入该目录,却无法读取任何数据。
- lrwxrwxrwx:该文件是符号链接文件,文件所有者、同组用户和其他用户对该文件都具有读、写和执行权限。

每个用户都拥有自己的主目录,通常在/home 目录下,这些主目录的默认权限为 rwx------。执行 mkdir 命令所创建的目录,其默认权限为 rwxr-xr-x,用户可以根据需要修改目录的权限。

此外,默认的权限可用 umask 命令修改,用法非常简单,只需执行 umask 777 命令,便代表屏蔽所有的权限,因而之后建立的文件或目录,其权限都变成 000,以此类推。通常 root 账户搭配 umask 命令的数值为 022、027 和 077,普通用户则是采用 002,这样所产生的默认权限依次为 755、750、700、775。有关权限的数字表示法,后面将会详细说明。

用户登录系统时,用户环境就会自动执行 rmask 命令来决定文件、目录的默认权限。

3. 特殊权限

文件与目录设置还有特殊权限。由于特殊权限会拥有一些“特权”,因而用户若无特殊需求,不应该启用这些权限,避免安全方面出现严重漏洞,造成黑客入侵,甚至摧毁系统。

(1) s 或 S(SUID,Set UID)。可执行的文件搭配这个权限,便能得到特权,任意存取该文件的所有者能使用的全部系统资源。请注意具备 SUID 权限的文件,黑客经常利用这种权限,以 SUID 配上 root 账户拥有者,无声无息地在系统中开扇后门,供日后进出使用。

(2) s 或 S(SGID,Set GID)。设置在文件上面,其效果与 SUID 相同,只不过将文件所有者换成用户组，该文件就可以任意存取整个用户组所能使用的系统资源。

(3) T 或 T(sticky)。/tmp 和 /var/tmp 目录供所有用户暂时存取文件，即每位用户皆拥有完整的权限进入该目录，去浏览、删除和移动文件。

因为 SUID、SGID、sticky 占用 x 的位置来表示，所以在表示上会有大小写之分。假如同时开启执行权限和 SUID、SGID、sticky，则权限表示字符是小写的：

```
-rwsr-sr-t 1 root root 4096 6月 23 08: 17 conf
```

如果关闭执行权限，则权限表示字符是大写的：

```
-rwSr-Sr-T 1 root root 4096 6月 23 08: 17 conf
```

4. 文件权限修改

在文件建立时系统会自动设置权限，如果这些默认权限无法满足需要，可以使用 chmod 命令来修改权限。通常在权限修改时可以用两种方式来表示权限类型：数字表示法和文字表示法。

chmod 命令的格式是：

```
chmod 选项 文件
```

(1) 以数字表示法修改权限。数字表示法是指将读取(r)、写入(w)和执行(x)分别以 4、2、1 来表示，没有授予的部分就表示为 0，然后再把所授予的权限相加而成。表 6-2 是几个示范的例子。

表 6-2　以数字表示法修改权限的例子

原始权限	转换为数字	数字表示法
rwxrwxr-x	(421) (421) (401)	775
rwxr-xr-x	(421) (401) (401)	755
rw-rw-r--	(420) (420) (400)	664
rw-r--r--	(420) (400) (400)	644

例如，为文件/yy/file 设置权限：赋予拥有者和组群成员读取和写入的权限，而其他人只有读取权限。则应该将权限设为 rw-rw-r--，而该权限的数字表示法为 664，因此可以输入下面的命令来设置权限：

```
[root@Server01 ~]#mkdir /yy
[root@Server01 ~]#cd /yy
[root@Server01 yy]#touch file
[root@Server01 yy]#ll
总用量 0
-rw-r--r--. 1 root root 0 10月  3 21:43 file
```

(2) 以文字表示法修改访问权限。使用权限的文字表示法时，系统用 4 种字母来表示不同的用户。

- u：user，表示所有者。
- g：group，表示属组。
- o：others，表示其他用户。
- a：all，表示以上 3 种用户。

操作权限使用下面 3 种字符的组合表示法。

- r：read，读取。
- w：write，写入。
- x：execute，执行。

操作符号包括以下 3 种。

- +：添加某种权限。
- -：减去某种权限。
- =：赋予给定权限并取消原来的权限。

以文字表示法修改文件权限时，上例中的权限设置命令应该为：

```
[root@Server01 yy]# chmod u=rw,g=rw,o=r /yy/file
```

修改目录权限和修改文件权限相同，都是使用 chmod 命令，但不同的是，要使用通配符“*”来表示目录中的所有文件。

例如，要同时将/yy 目录中的所有文件权限设置为所有人都可读取及写入，应该使用下面的命令：

```
[root@Server01 yy]# chmod a=rw /yy/*
//或者
[root@Server01 yy]# chmod 666 /yy/*
```

如果目录中包含其他子目录，则必须使用-R(Recursive)参数来同时设置所有文件及子目录的权限。

利用 chmod 命令也可以修改文件的特殊权限。

例如，要设置/yy/file 文件的 SUID 权限的方法为：

```
[root@Server01 yy]# chmod u+s /yy/file
[root@Server01 yy]# ll
总用量 0
-rwSrw-rw-. 1 root root 0 10月 3 21:43 file
```

特殊权限也可以采用数字表示法。SUID、SGID 和 Sticky 权限分别为 4、2 和 1。使用 chmod 命令设置文件权限时，可以在普通权限的数字前面加上一位数字来表示特殊权限。例如：

```
[root@Server01 yy]# chmod 6664 /yy/file
[root@Server01 yy]# ll /yy
总用量 0
-rwSrwSr--. 1 root root 0 10月 3 21:43 file
```

5. 文件所有者与属组修改

要修改文件的所有者,可以使用 chown 命令。chown 命令格式如下所示:

```
chown  选项  用户和属组  文件列表
```

用户和属组可以是名称也可以是 UID 或 GID。多个文件之间用空格分隔。

例如,要把/yy/file 文件的所有者修改为 test 用户,命令如下:

```
[root@Server01 yy]#chown test /yy/file
[root@Server01 yy]#ll
总计 22
-rw-rwSr--  1 test root 22 11-27 11:42 file
```

chown 命令可以同时修改文件的所有者和属组,用":"分隔。

例如,将/yy/file 文件的所有者和属组都改为 test 的命令如下所示:

```
[root@Server01 yy]#chown test:test /yy/file
```

如果只修改文件的属组可以使用下列命令:

```
[root@Server01  yy]#chown:test /yy/file
```

修改文件的属组也可以使用 chgrp 命令。命令范例如下所示:

```
[root@Server01 yy]#chgrp test /yy/file
```

6.2 管理磁盘

掌握硬盘和分区的基础知识是完成本次学习任务的基础。

6.2.1 MBR 硬盘与 GPT 硬盘

硬盘按分区表的格式可以分为 MBR 硬盘与 GPT 硬盘两种硬盘格式。

(1) MBR 硬盘:使用的是旧的传统硬盘分区表格式,其硬盘分区表存储在 MBR(master boot record,主引导区记录,见图 6-3 左半部)内。MBR 位于硬盘最前端,计算机启动时,使用传统 BIOS(基本输入输出系统,是固化在计算机主板上一个 ROM 芯片上的程序)的计算机,其 BIOS 会先读取 MBR,并将控制权交给 MBR 内的程序代码,然后由此程序代码来继续后续的启动工作。MBR 硬盘所支持的硬盘最大容量为2.2TB (1TB=1024GB)。

(2) GPT 硬盘:一种新的硬盘分区表格式,其硬盘分区表存储在 GPT(GUID partition table,见图 6-3 右半部)内,位于硬盘的前端,而且它有主分区表与备份分区表,可提供容错功能。使用新式 UEFI BIOS 的计算机,其 BIOS 会先读取 GPT,并将控制权交给 GPT 内的程序代码,然后由此程序代码来继续后续的启动工作。GPT 硬盘所支持的硬盘最大容量可以超过 2.2TB。

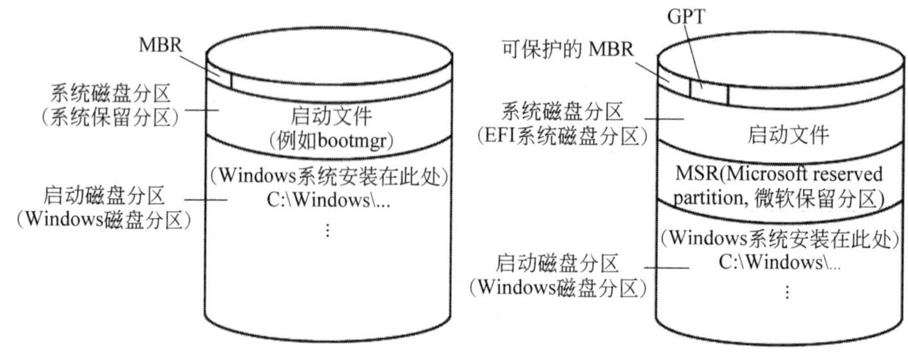

图 6-3　MBR 硬盘与 GPT 硬盘

6.2.2　物理设备的命名规则

Linux 系统中的一切都是文件,硬件设备也不例外。既然是文件,就必须有文件名称。系统内核中的 udev 设备管理器会自动把硬件名称规范起来,目的是让用户通过设备文件的名字可以猜出设备大致的属性以及分区信息等。这对于陌生的设备来说特别方便。另外,udev 设备管理器的服务会一直以守护进程的形式运行并侦听内核发出的信号来管理/dev 目录下的设备文件。Linux 系统中常见的硬件设备的文件名称如表 6-3 所示。

表 6-3　常见的硬件设备及其文件名称

硬件设备	文件名称
IDE 设备	/dev/hd[a-d]
SCSI/SATA/U 盘	/dev/sd[a-p]
非易失性存储器标准(non-volatile memory express,NVMe)硬盘	/dev/nvme0n[1-m],比如,/dev/nvme0n1 是第一个 NVMe 硬盘
软驱	/dev/fd[0-1]
打印机	/dev/lp[0-15]
光驱	/dev/cdrom
鼠标	/dev/mouse
磁带机	/dev/st0 或/dev/ht0

由于现在的 IDE(integrated drive electronics,电子集成驱动器)设备已经很少见了,所以一般的硬盘设备都会是以“/dev/sd”开头的。而一台主机上可以有多块硬盘,因此系统采用 a~p 来代表 16 块不同的硬盘(默认从 a 开始分配),而且硬盘的分区编号也有如下规定。

- 主分区或扩展分区的编号从 1 开始,到 4 结束。
- 逻辑分区从编号 5 开始。

注 意

/dev 目录中的 sda 设备之所以是 a，并不是由插槽决定的，而是由系统内核的识别顺序来决定的。读者以后在使用 iSCSI 网络存储设备时就会发现，本来主板上第二个插槽是空着的，但系统却能识别到/dev/sdb 这个设备。sda3 表示编号为 3 的分区，而不能判断 sda 设备上已经存在了 3 个分区。

那么/dev/sda5 这个设备文件名称包含哪些信息呢？答案如图 6-4 所示。

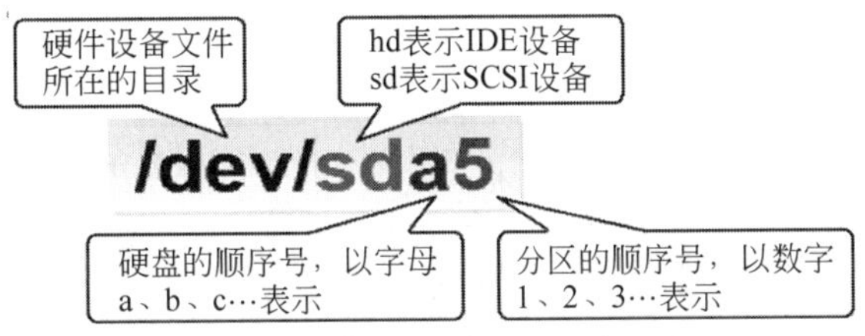

图 6-4　设备文件名称

首先，/dev/目录中保存的应当是硬件设备文件；其次，sd 表示是存储设备，a 表示系统中同类接口中第一个被识别到的设备；最后，5 表示这个设备是一个逻辑分区。总之，“/dev/sda5”表示的就是“这是系统中第一块被识别到的硬件设备中分区编号为 5 的逻辑分区的设备文件”。

注 意

对于非易失性存储器标准(Non-Volatile Memory Express，NVMe)硬盘，这是一种固态硬盘。在虚拟机中，/dev/nvme0n1 就是第一个 NVMe 硬盘，而/dev/nvme0n1p1 表示第一个 NVMe 硬盘的第 1 个主分区，/dev/nvme0n1p5 表示第一个 NVMe 硬盘的第 1 个逻辑分区，以此类推。

6.2.3　硬盘分区

在数据能够被存储到硬盘之前，该硬盘必须被分割成一个或数个硬盘分区。在硬盘内有一个被称为硬盘分区表的区域，用来存储硬盘分区的相关数据，例如每一个硬盘分区的起始地址、结束地址、是否为活动的硬盘分区等信息。

硬盘设备是由大量的扇区组成的，每个扇区的容量为 512 字节，其中第一个扇区最重要。第一个扇区里面保存着主引导记录与分区表信息。就第一个扇区来讲，主引导记录需要占用 446 个字节，分区表为 64 个字节，结束符占用 2 个字节；其中分区表中每记录一个分区信息就需要 16 个字节，这样一来最多只有 4 个分区信息可以写到第一个扇区中，这 4 个分区就是 4 个主分区。第一个扇区中的数据信息如图 6-5 所示。

第一个扇区最多只能创建出 4 个分区，于是为了解决分区个数不够的问题，可以将第一个扇区的分区表中的 16 个字节(原本要写入主分区信息)的空间(称为扩展分区)拿出来指向另外一个分区。也就是说，扩展分区其实并不是一个真正的分区，而更像是一个占用 16 个字节分区表空间的指针——一个指向另外一个分区的指针。这样用户一般会选择使用 3 个主分区加 1 个扩展分区的方法，然后在扩展分区中创建出数个逻辑分区，从而来满足多分区(大于 4 个)的需求。主分区、扩展分区、逻辑分区可以像图 6-6 那样来规划。

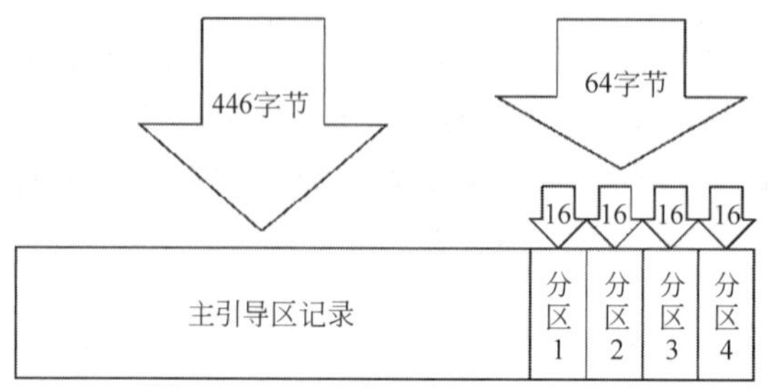

图 6-5 第一个扇区中的数据信息

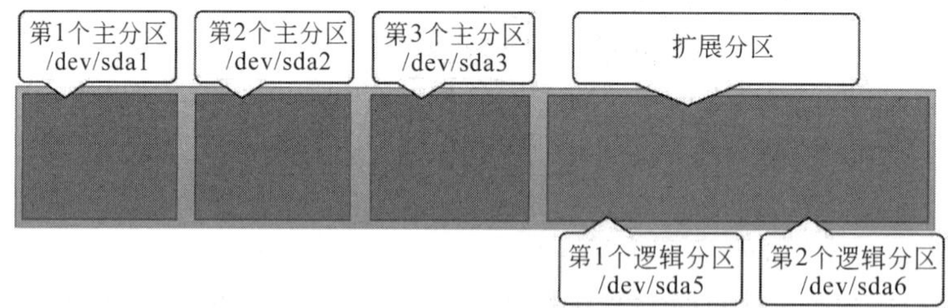

图 6-6 硬盘分区的规划

所谓扩展分区，严格地讲它不是一个实际意义的分区，它仅仅是一个指向下一个分区的指针，这种指针结构将形成一个单向链表。

思考：/dev/sdb4 和/dev/sdb8 是什么意思？/dev/nvme0n1p7 是什么意思？

参考答案：/dev/sdb4 是第 2 个 SCSI 硬盘的扩展分区，/dev/sdb8 是第 2 个 SCSI 硬盘的扩展分区的第 4 个逻辑分区。/dev/nvme0n1p7 是第 1 个 NVMe 硬盘的扩展分区的第 3 个逻辑分区。

6.2.4 为虚拟机添加需要的硬盘

一般情况下，虚拟机默认安装在小型计算机系统接口（small computer system interface，SCSI）硬盘上。但是如果宿主机将固态硬盘作为系统引导盘，则在安装 RHEL 8 时默认会将系统安装在非易失性存储器标准硬盘上，而不是 SCSI 硬盘上。所以，在使用硬盘工具进行硬盘管理时要特别注意。

硬盘和磁盘是一样的吗？当然不是。硬盘是计算机最主要的存储设备。硬盘（hard disk drive，HDD）由一个或者多个铝制或者玻璃制的碟片组成。这些碟片外覆盖有铁磁性材料。

磁盘是计算机的外部存储器中类似磁带的装置。为了防止磁盘表面划伤导致数据丢失，磁盘的圆形的磁性盘片通常会封装在一个方形的密封盒子里。磁盘分为软磁盘和硬磁盘，一般情况下硬磁盘就是指硬盘。

Server01 初始系统默认被安装到了 NVMe 硬盘上。为了完成后续的实训任务，需要再额外添加 4 块 SCSI 硬盘和 2 块 NVMe 硬盘（注意，NVM 硬盘只有在关闭计算机的情况下才能添加)，每块硬盘容量都为 20GB。

提示

(1) 如果启动硬盘是 NVMe 硬盘，而后添加了 SCSI 硬盘，则一定要调整 BIOS 的启动顺序，否则系统将无法正常启动。

(2) 添加硬盘的步骤是：在虚拟机主界面中选中 Server01，单击“编辑虚拟机设置”命令，再单击“添加”→“下一步”按钮，选择磁盘类型后，按向导提示完成硬盘的添加。

添加硬盘的过程如图 6-7 和图 6-8 所示，添加完成后的虚拟机如图 6-9 所示。

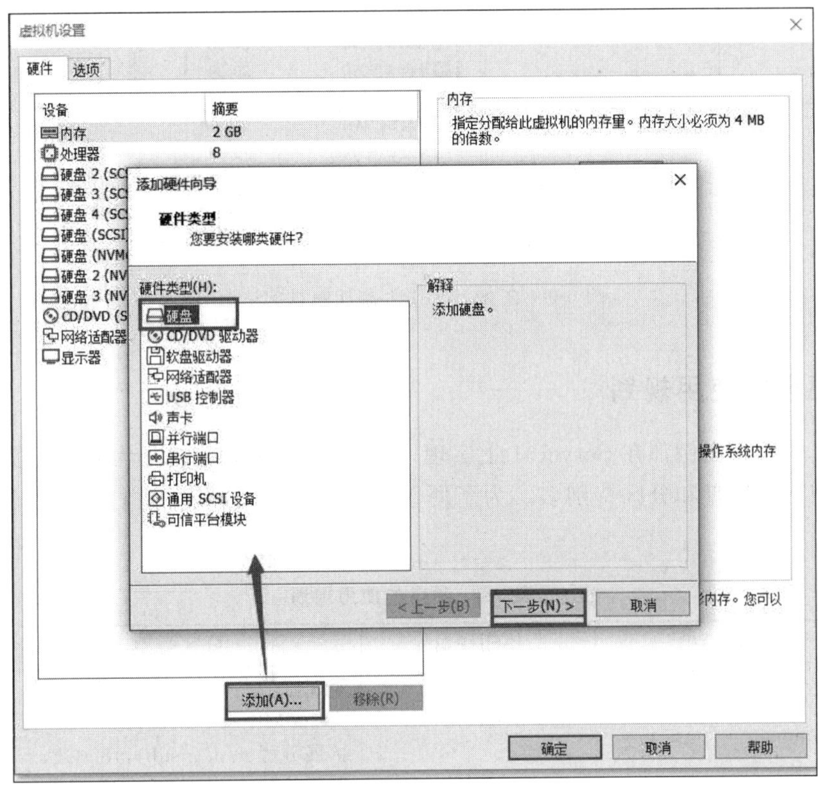

图 6-7　添加硬盘

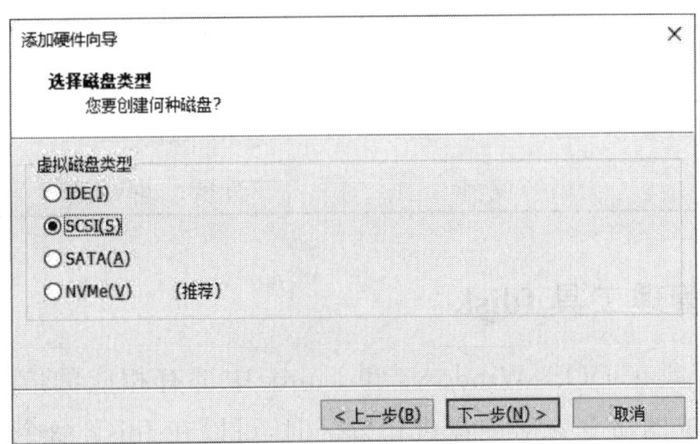

图 6-8　选择磁盘类型

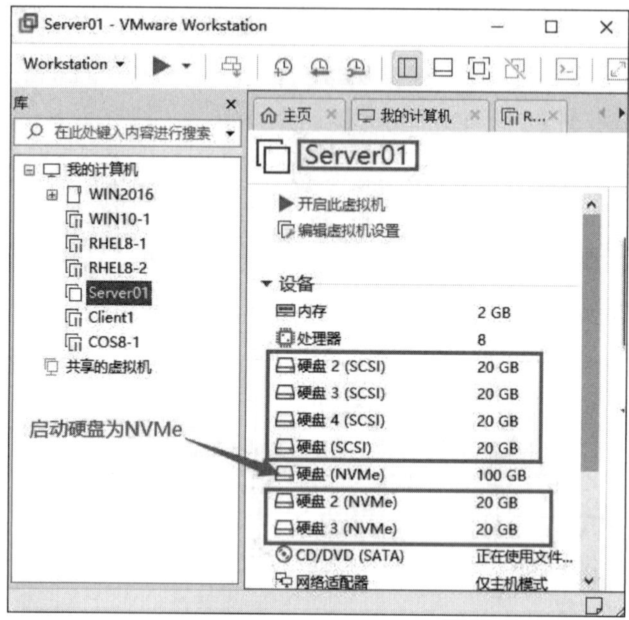

图 6-9 在 Server01 上添加硬盘的情况

6.2.5 硬盘的使用规划

本项目的所有实例都在 Server01 上实现,所添加的所有硬盘也是为后续的实例服务。

本章用到的硬盘和分区特别多。为了便于学习,对硬盘的使用进行规划设计,如表 6-4 所示。

表 6-4 硬盘的使用规划

任务(或命令)	使用硬盘	分区类型、分区、容量
fdisk、mkfs、mount	/dev/nvme0n1 /dev/sdb	主分区:/dev/sdb[1～3],3 个分区各为 500MB; 扩展分区:/dev/sdb4,18.5GB; 逻辑分区:/dev/sdb5,500MB
软 RAID(分别使用硬盘和硬盘分区)	/dev/sd[c～d] /dev/nvme0n[2～3]	主分区:/dev/sdc1、/dev/sdd1、/dev/nvme0n2p1、/dev/nvme0n3p1,各 500MB
软 RAID 企业案例	/dev/sda	扩展分区:/dev/sda1,10240MB; 逻辑分区:/dev/sda[5～9],5 个分区各为 1024MB
lvm	/dev/sdc	主分区:/dev/sdc[1～4]

6.2.6 使用硬盘管理工具 fdisk

fdisk 硬盘分区工具在 DOS、Windows 和 Linux 中都有相应的应用程序。在 Linux 系统中,fdisk 是基于菜单的命令。对硬盘进行分区时,可以在 fdisk 命令后面直接加上要分区的硬盘作为参数。例如,查看 RHEL8-1 计算机上的硬盘及分区情况的操作如下所示(省略了部分内容)：

```
[root@Server01 ~]#fdisk -l

设备              启动      起点       末尾       扇区      大小  ID  类型
/dev/nvme0n1p1     *        2048     587775     585728    286M  83  Linux
...
/dev/nvme0n1p4          31836160   83886079   52049920   24.8G   5   扩展
...
Disk  /dev/nvme0n2: 20 GiB,21474836480 字节,41943040 个扇区
Disk  /dev/nvme0n3: 20 GiB,21474836480 字节,41943040 个扇区

Disk  /dev/sda: 20 GiB,21474836480 字节,41943040 个扇区
Disk  /dev/sdb: 20 GiB,21474836480 字节,41943040 个扇区
Disk  /dev/sdc: 20 GiB,21474836480 字节,41943040 个扇区
Disk  /dev/sdd: 20 GiB,21474836480 字节,41943040 个扇区
```

从上面的输出结果可以看出，3 块 NVMe 硬盘为/dev/nvme0n1、/dev/nvme0n2、/dev/nvme0n3，4 块 SCSI 硬盘为/dev/sda、/dev/sdb、/dev/sdc、/dev/sdd。

再如，对新增加的第 2 块 SCSI 硬盘进行分区的操作如下所示：

```
[root@Server01 ~]#fdisk /dev/sdb
命令(输入 m 获取帮助)：
```

在命令提示后面输入相应的命令来选择需要的操作，例如输入 m 命令是列出所有可用命令。表 6-5 所示是 fdisk 命令选项。

表 6-5　fdisk 命令选项

命令	功　能	命令	功　能
a	调整硬盘启动分区	q	不保存更改，退出 fdisk 命令
d	删除硬盘分区	t	更改分区类型
l	列出所有支持的分区类型	u	切换所显示的分区大小的单位
m	列出所有命令	w	把修改写入硬盘分区表，然后退出
n	创建新分区	x	列出高级选项
p	列出硬盘分区表		

下面以在/dev/sdb 硬盘上创建大小为 500MB、分区类型为“Linux”的/dev/sdb[1～3]主分区及逻辑分区为例，讲解 fdisk 命令的用法。

1. 创建主分区

(1) 利用如下所示命令，打开 fdisk 操作菜单。

```
[root@Server01 ~]#fdisk /dev/sdb
```

(2) 输入 p，查看当前分区表。从命令执行结果可以看到，/dev/sdb 硬盘并无任何分区。

```
命令(输入 m 获取帮助): p
isk /dev/sdb: 20 GiB,21474836480 字节,41943040 个扇区
单元: 扇区 / 1 * 512 =512 字节
扇区大小(逻辑/物理): 512 字节 / 512 字节
I/O 大小(最小/最佳): 512 字节 / 512 字节
硬盘标签类型: dos
硬盘标识符: 0x9449709f
```

(3) 输入 n,创建一个新分区。输入 p,选择创建主分区(创建扩展分区输入 e,创建逻辑分区输入 l)。输入数字 1,创建第一个主分区(主分区和扩展分区可选数字为 1～4,逻辑分区的数字标识从 5 开始);输入此分区的起始、结束扇区,以确定当前分区的大小。也可以使用+sizeM 或者+sizeK 的方式指定分区大小。操作如下。

```
命令(输入 m 获取帮助): n                                    //利用 n 命令创建新分区
分区类型
  p   主分区 (0 个主分区,0 个扩展分区,4 空闲)
  e   扩展分区 (逻辑分区容器)
选择 (默认 p): p                                            //输入字符 p,以创建主硬盘分区
分区号 (1-4, 默认 1): 1
第一个扇区 (2048-41943039, 默认 2048):
上个扇区,+sectors 或 +size{K,M,G,T,P} (2048-41943039, 默认 41943039): +500M
创建了一个新分区 1,类型为"Linux",大小为 500 MiB。
```

(4) 输入 l 可以查看已知的分区类型及其 ID,其中列出 Linux 的 ID 为 83。输入 t,指定/dev/sdb1 的分区类型为 Linux。操作如下。

```
命令(输入 m 获取帮助): t
已选择分区 1
Hex 代码(输入 L 列出所有代码): 83
已将分区"Linux"的类型更改为"Linux"。
```

如果不知道分区类型的 ID 是多少,可以在"命令"提示符后面输入 L 查找。建立分区的默认类型就是"Linux",可以不用修改。

(5) 分区结束后,输入 w,把分区信息写入硬盘分区表并退出。

(6) 用同样的方法建立硬盘主分区/dev/sdb2、/dev/sdb3。

2. 创建逻辑分区

扩展分区是一个概念,实际在硬盘中是看不到的,也无法直接使用扩展分区。除了主分区外,剩余的硬盘空间就是扩展分区了。下面创建 1 个 500MB 的逻辑分区。

```
命令(输入 m 获取帮助): n
分区类型
  p   主分区 (3 个主分区,0 个扩展分区,1 空闲)
  e   扩展分区 (逻辑分区容器)
选择 (默认 e): e                    //创建扩展分区,连续按两次 Enter 键,余下空间全部为扩展分区
```

```
已选择分区 4

第一个扇区 (3074048-41943039, 默认 3074048):
上个扇区,+sectors 或 +size{K,M,G,T,P} (3074048-41943039, 默认 41943039):

创建了一个新分区 4,类型为"Extended",大小为 18.5 GiB。

命令(输入 m 获取帮助): n
所有主分区都在使用中。
添加逻辑分区 5
第一个扇区 (3076096-41943039, 默认 3076096):
上个扇区,+sectors 或 +size{K,M,G,T,P} (3076096-41943039, 默认 41943039): +500M

创建了一个新分区 5,类型为"Linux",大小为 500 MiB。

命令(输入 m 获取帮助): p
  设备        启动      起点        末尾        扇区    大小   ID   类型
/dev/sdb1               2048     1026047     1024000    500M   83   Linux
/dev/sdb2            1026048     2050047     1024000    500M   83   Linux
/dev/sdb3            2050048     3074047     1024000    500M   83   Linux
/dev/sdb4            3074048    41943039    38868992   18.5G    5   扩展
/dev/sdb5            3076096     4100095     1024000    500M   83   Linux
命令(输入 m 获取帮助): w
```

3. 使用 mkfs 命令建立文件系统

硬盘分区后,下一步的工作就是建立文件系统。类似于 Windows 下的格式化硬盘。在硬盘分区上建立文件系统会冲掉分区上的数据,而且不可恢复,因此在建立文件系统之前要确认分区上的数据不再使用。建立文件系统的命令是 mkfs,格式如下:

```
mkfs  [参数]  文件系统
```

mkfs 命令常用的参数选项如下。

- -t: 指定要创建的文件系统类型。
- -c: 建立文件系统前首先检查坏块。
- -l file: 从文件 file 中读硬盘坏块列表,file 文件一般是由硬盘坏块检查程序产生的。
- -V: 输出建立文件系统详细信息。

例如,在/dev/sdb1 上建立 xfs 类型的文件系统,建立时检查硬盘坏块并显示详细信息。如下所示:

```
[root@Server01 ~]#mkfs.xfs /dev/sdb1
```

完成了存储设备的分区和格式化操作,接下来就要挂载并使用存储设备了。与之相关的步骤也非常简单:首先创建一个用于挂载设备的挂载点目录;然后使用 mount 命令将存储设备与挂载点进行关联;最后使用 df -h 命令来查看挂载状态和硬盘使用量信息。

```
[root@Server01  ~]#mkdir  /newFS
[root@Server01  ~]#mount  /dev/sdb1  /newFS/
[root@Server01  ~]#df  -h
```

```
文件系统            容量   已用   可用   已用%  挂载点
...
/dev/nvme0n1p3  7.5G  4.0G  3.6G   53%    /usr
...
/dev/sdb1       495M   29M  466M    6%    /newFS
```

4. 使用 fsck 命令检查文件系统

fsck 命令主要用于检查文件系统的正确性,并对 Linux 硬盘进行修复。fsck 命令的格式如下:

```
fsck  [参数选项]  文件系统
```

fsck 命令常用的参数选项如下。

- -t:给定文件系统类型,若在/etc/fstab 中已有定义或内核本身已支持,不需添加此项。
- -s:一个一个地执行 fsck 命令进行检查。
- -A:对/etc/fstab 中所有列出来的分区进行检查。
- -C:显示完整的检查进度。
- -d:列出 fsck 的 debug 结果。
- -P:在同时有-A 选项时,多个 fsck 的检查一起执行。
- -a:如果检查中发现错误,则自动修复。
- -r:如果检查有错误,询问是否修复。

例如,检查分区/dev/sdb1 上是否有错误,如果有错误则自动修复(必须先把硬盘卸载才能检查分区)。

```
[root@Server01 ~]#umount /dev/sdb1
[root@Server01 ~]#fsck -a /dev/sdb1
fsck,来自 util-linux 2.32.1
/usr/sbin/fsck.xfs: XFS file system.
```

5. 删除分区

如果要删除硬盘分区,在 fdisk 菜单下输入 d,并选择相应的硬盘分区即可。删除后输入 w,保存退出。以/删除/dev/sdb3 分区为例,操作如下。

```
命令(输入 m 获取帮助):                  d
分区号 (1-5, 默认 5):                   3
分区 3 已删除。
命令(输入 m 获取帮助):                  w
```

6.2.7 使用其他硬盘管理工具

1. dd 命令

【例 6-1】 使用 dd 命令建立和使用交换文件。

当系统的交换分区不能满足系统的要求而硬盘上又没有可用空间时,可以使用交换文件提供虚拟内存。

(1) 下述命令的结果是在硬盘的根目录下建立了一个块大小为 1024 字节，块数为 10240 的名为 swap 的交换文件。该文件的大小为 1024 字节×10240＝10MB。

```
[root@Server01 ~]#dd if=/dev/zero of=/swap bs=1024 count=10240
```

(2) 建立/swap 交换文件后，使用 mkswap 命令说明该文件用于交换空间。

```
[root@Server01 ~]#mkswap /swap
```

(3) 利用 swapon 命令可以激活交换空间，也可利用 swapoff 命令卸载被激活的交换空间。

```
[root@Server01 ~]#swapon  /swap
[root@Server01 ~]#swapoff  /swap
```

2. df 命令

df 命令用来查看文件系统的硬盘空间占用情况。可以利用该命令来获取硬盘被占用了多少空间，以及目前还有多少空间等信息，还可以利用该命令获得文件系统的挂载位置。

df 命令的语法如下：

```
df  [参数选项]
```

df 命令的常见参数选项如下。

- -a：显示所有文件系统硬盘使用情况，包括 0 块的文件系统，如/proc 文件系统。
- -k：以 k 字节为单位显示。
- -i：显示 i 节点信息。
- -t：显示各指定类型的文件系统的硬盘空间使用情况。
- -x：列出不是某一指定类型文件系统的硬盘空间使用情况(与 t 选项相反)。
- -T：显示文件系统类型。

例如，列出各文件系统的占用情况：

```
[root@Server01 ~]#df
文件系统          1K-块        已用     可用        已用%    挂载点
...
tmpfs            921916      18036   903880      2%       /run
/dev/nvme0n1p8   9754624   1299860   8454764     14%      /
```

列出各文件系统的 i 节点的使用情况：

```
[root@Server01 ~]#df -ia
文件系统     i 节点  已用     可用   已用%  挂载点
rootfs          -     -        -      -   /
sysfs           0     0        0      -   /sys
proc            0     0        0      -   /proc
devtmpfs   229616   411   229205     1%   /dev
...
```

列出文件系统类型：

```
[root@Server01 ~]#df -T
文件系统     类型           1K-块    已用      可用   已用%   挂载点
/dev/sda2   ext4        10190100   98264   9551164   2%       /
devtmpfs    devtmpfs      918464       0    918464   0%      /dev
...
```

3. du 命令

du 命令用于显示硬盘空间的使用情况。该命令逐级显示指定目录的每一级子目录占用文件系统数据块的情况。du 命令的语法如下：

```
du [参数选项] [文件或目录名称]
```

du 命令的参数选项如下。

- -s：对每个 name 参数只给出占用的数据块总数。
- -a：递归显示指定目录中各文件及子目录中各文件占用的数据块数。
- -b：以字节为单位列出硬盘空间使用情况(AS 4.0 中默认以 KB 为单位)。
- -k：以 1024 字节为单位列出硬盘空间使用情况。
- -c：在统计后加上一个总计(系统默认设置)。
- -l：计算所有文件大小，对硬链接文件重复计算。
- -x：跳过在不同文件系统上的目录，不予统计。

例如，以字节为单位列出所有文件和目录的硬盘空间占用情况的命令如下所示：

```
[root@Server01 ~]#du -ab
```

4. mount 与 umount 命令

(1) mount 命令。在硬盘上创建好文件系统之后，还需要把新创建的文件系统挂载到系统上才能使用。这个过程称为挂载。文件系统所挂载到的目录被称为挂载点(mount point)。Linux 系统中提供了/mnt 和/media 两个专门的挂载点。一般而言，挂载点应该是一个空目录，否则目录中原来的文件将被系统隐藏。通常将光盘和软盘挂载到/media/cdrom(或者/mnt/cdrom)和/media/floppy(或者/mnt/ floppy)中，其对应的设备文件名分别为/dev/cdrom 和/dev/fd0。

文件系统可以在系统引导过程中自动挂载，也可以手动挂载，手动挂载文件系统的挂载命令是 mount。该命令的语法格式如下：

```
mount  选项  设备  挂载点
```

mount 命令的主要选项如下。

- -t：指定要挂载的文件系统的类型。
- -r：如果不想修改要挂载的文件系统，可以使用该选项以只读方式挂载。

- -w：以可写的方式挂载文件系统。
- -a：挂载/etc/fstab 文件中记录的设备。

挂载光盘可以使用下列命令(/media 目录必须存在)：

```
[root@Server01 ~]#mount -t iso9660 /dev/cdrom /media
```

(2) umount 命令。文件系统可以被挂载也可以被卸载。卸载文件系统的命令是 umount。umount 命令的格式为：

```
umount 设备 | 挂载点
```

例如，卸载光盘的命令为：

```
[root@Server01 ~]#umount /media
[root@Server01 ~]#umount /dev/cdrom
```

光盘在没有卸载之前，无法从驱动器中弹出。正在使用的文件系统不能卸载。

5. 文件系统的自动挂载

如果要实现每次开机自动挂载文件系统，可以通过编辑/etc/fstab 文件来实现。在/etc/fstab 中列出了引导系统时需要挂载的文件系统以及文件系统的类型和挂载参数。系统在引导过程中会读取/etc/fstab 文件，并根据该文件的配置参数挂载相应的文件系统。以下是一个 fstab 文件的内容：

```
[root@Server01 ~]#cat /etc/fstab
UUID=c7f78d0f-6446-4d1a-97a7-30c1342f30c9 /     xfs defaults 0 0
UUID=59c49c45-ba4d-43c7-a2c0-0f6fad081771 /boot xfs defaults 0 0
UUID=0a759e3a-bb79-4b28-9db3-7c413e64ad6c /home xfs defaults 0 0
...
```

可以看到系统默认分区是使用 UUID 挂载的。那么什么是 UUID？为什么使用 UUID 挂载呢？

UUID 是通用 universally unique identifier(唯一识别码)的缩写。它为系统中的存储设备提供唯一的标识字符串，不管这个设备是什么类型的。如果你在系统启动时使用盘符挂载，可能因找不到设备而加载失败，而使用 UUID 挂载时，则不会有这样的问题。

自动分配的设备名称并非总是一致的，它们依赖于启动时内核加载模块的顺序。如果你在插入了 USB 盘时启动了系统，而下次启动时又把它拔掉了，就有可能导致设备名分配不一致。所以，使用 UUID 对于挂载各种设备非常有好处，它支持各种各样的卡，使用 UUID 总可以使同一块卡挂载在同一个目录下。

使用 blkid 命令可以在 Linux 中查看设备的 UUID。

/etc/fstab 文件的每一行代表一个文件系统，每一行又包含 6 列，这 6 列的内容如下所示：

```
fs_spec  fs_file  fs_vfstype  fs_mntops  fs_freq   fs_passno
```

具体含义如下。

- fs_spec：将要挂载的设备文件。
- fs_file：文件系统的挂载点。
- fs_vfstype：文件系统类型。
- fs_mntops：挂载选项，传递给 mount 命令时决定如何挂载，各选项之间用逗号隔开。
- fs_freq：由 dump 程序决定文件系统是否需要备份，0 表示不备份，1 表示备份。
- fs_passno：由 fsck 程序决定引导时是否检查硬盘及检查次序，取值可以为 0、1、2。

例如，如果要实现每次开机自动将文件系统类型为 xfs 的分区/dev/sdb1 挂载到/sdb1 目录下，需要在/etc/fstab 文件中添加下面一行。重新启动计算机后，/dev/sdb1 就能自动挂载了(提前创建/sdb1 目录)。

```
/dev/sdb1    /sdb1   xfs    defaults  0  0
```

思考：如何使用 UUID 挂载/dev/sdb1?

```
[root@Server01 ~]#blkid /dev/sdb1
/dev/sdb1: UUID="541a3c6c-e870-4641-ac76-a6725d874deb" TYPE="xfs" PARTUUID=
"9449709f-01"
```

为了不影响后续的实训，测试完文件系统自动挂载后，请将/etc/fstab 文件恢复到初始状态。另外谨记，在操作 fstab 文件之前，请一定做好该文件的备份工作。

6.3 在 Linux 中配置软 RAID

RAID(redundant array of inexpensive disks，独立硬盘冗余阵列)用于将多个廉价的小型硬盘驱动器合并成一个硬盘阵列，以提高存储性能和容错功能。RAID 可分为软 RAID 和硬 RAID，其中，软 RAID 是通过软件实现多块硬盘冗余的，而硬 RAID 一般通过 RAID 卡来实现 RAID。前者配置简单，管理也比较灵活，对于中小企业来说不失为一种最佳的选择。硬 RAID 在性能方面具有一定优势，但往往花费比较多。

6.3.1 常用的 RAID

RAID 作为高性能的存储系统，已经得到了越来越广泛的应用。RAID 的级别从 RAID 概念的提出到现在，已经发展了 6 个级别，其级别分别是 0、1、2、3、4、5。但是最常用的是 0、1、3、5 这 4 个级别。

RAID0：将多个硬盘合并成一个大的硬盘，不具有冗余，并行I/O，速度最快。RAID0也称为带区集。它是将多个硬盘并列起来，成为一个大硬盘。在存放数据时，RAID0将数据按硬盘的个数来进行分段，然后同时将这些数据写进这些盘中，如图6-10所示。

在所有的级别中，RAID0的速度是最快的。但是RAID0没有冗余功能，如果一个硬盘（物理）损坏，则所有的数据都无法使用。

RAID1：把硬盘阵列中的硬盘分成相同的两组，互为映像。当任一硬盘介质出现故障时，可以利用其映像上的数据恢复，从而提高系统的容错能力。对数据的操作仍采用分块后并行传输方式。所以RAID1不仅提高了读写速度，也加强了系统的可靠性。其缺点是硬盘的利用率低，只有50%。如图6-11所示。

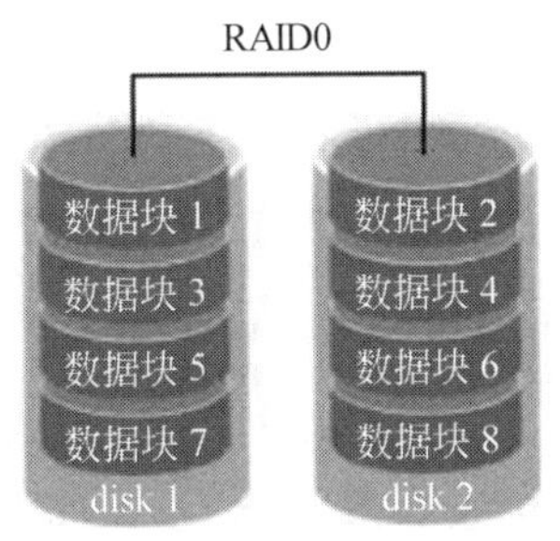

图6-10　RAID0技术示意图

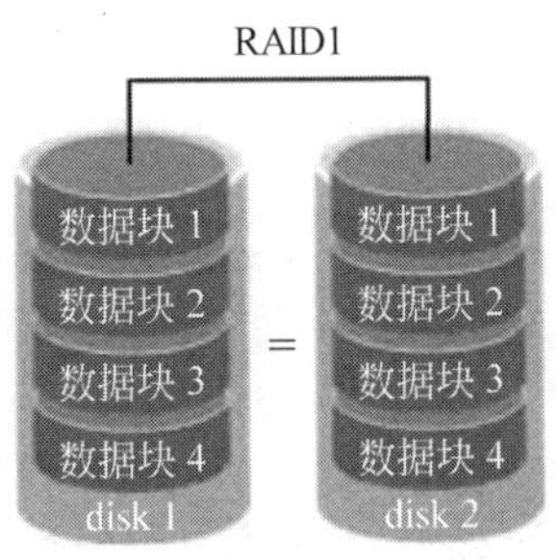

图6-11　RAID1技术示意图

RAID3：RAID3存放数据的原理和RAID0、RAID1不同。RAID3是以一个硬盘来存放数据的奇偶校验位，数据则分段存储于其余硬盘中。它像RAID0一样以并行的方式来存放数据，但速度没有RAID0快。如果数据盘（物理）损坏，只要将坏的硬盘换掉，RAID控制系统会根据校验盘的数据校验位在新盘中重建坏盘上的数据。不过，如果校验盘（物理）损坏，则全部数据都无法使用。利用单独的校验盘来保护数据虽然没有映像的安全性高，但是硬盘利用率得到了很大的提高，为$n-1$。其中n为使用RAID3的硬盘总数量。

RAID5：向阵列中的硬盘写数据，奇偶校验数据存放在阵列中的各个盘上，允许单个硬盘出错。RAID5也是以数据的校验位来保证数据的安全，但它不是以单独硬盘来存放数据的校验位，而是将数据段的校验位交互存放于各个硬盘上。这样任何一个硬盘损坏，都可以根据其他硬盘上的校验位来重建损坏的数据。硬盘的利用率为$n-1$，如图6-12所示。

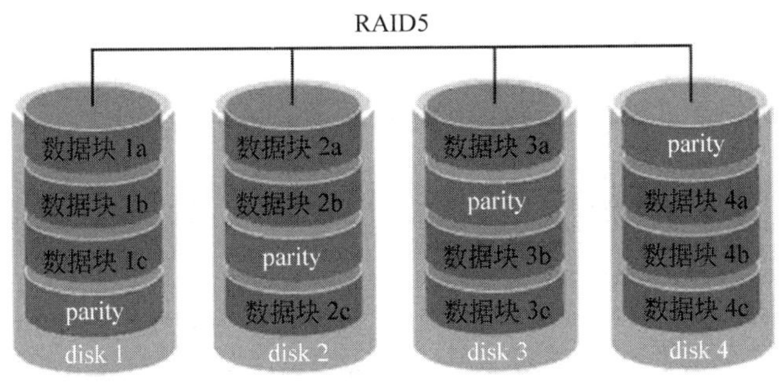

图6-12　RAID5技术示意图

6.3.2 实现 RAID 的典型案例

Red Hat Enterprise Linux 提供了对软 RAID 技术的支持。在 Linux 系统中建立软 RAID 可以使用 mdadm 工具建立和管理 RAID 设备。

1. 实现软 RAID 的环境

下面以 4 块硬盘/dev/sdc、/dev/sdd、/dev/nvme0n2、/dev/nvme0n3 为例来讲解 RAID5 的创建方法。此处利用 VMware 虚拟机，事先安装 4 块硬盘。

2. 创建 4 个硬盘分区

使用 fdisk 命令重新创建 4 个硬盘分区/dev/sdc1、/dev/sdd1、/dev/nvme0n2p1、/dev/nvme0n3p1，容量大小一致，都为 500MB，并设置分区类型 id 为 fd(Linux Raid Autodetect)。

(1) 以创建/dev/nvme0n2p1 硬盘分区为例(先删除原来的分区，若是新硬盘则直接分区)。

```
[root@Server01 ~]#fdisk /dev/nvme0n2
更改将停留在内存中，直到你决定将更改写入硬盘。
使用写入命令前请三思。

设备不包含可识别的分区表。
创建了一个硬盘标识符为 0x6440bb1c 的新 DOS 硬盘标签。

命令(输入 m 获取帮助): n                                    //创建分区
分区类型
  p  主分区 (0 个主分区,0 个扩展分区,4 空闲)
  e  扩展分区 (逻辑分区容器)
选择 (默认 p): p                                            //创建主分区 1
分区号 (1-4, 默认 1): 1                                      //创建主分区 1
第一个扇区 (2048-41943039, 默认 2048):
上个扇区,+sectors 或 +size{K,M,G,T,P} (2048-41943039, 默认 41943039): +500M
                                                            //分区容量为 500MB

创建了一个新分区 1,类型为"Linux",大小为 500 MiB。

命令(输入 m 获取帮助): t                                    //设置文件系统
已选择分区 1
Hex 代码(输入 L 列出所有代码): fd                           //设置文件系统为 fd
已将分区"Linux"的类型更改为"Linux raid autodetect"。

命令(输入 m 获取帮助): w                                    //存盘退出
```

(2) 用同样方法创建其他 3 个硬盘分区，最后的分区结果如下所示(已去掉无用信息)。

```
[root@Server01 ~]#fdisk -l
设备               起点    末尾     扇区     大小  ID       类型
/dev/nvme0n2p1     2048   1026047  1024000  500M  fd  Linux raid 自动检测
/dev/nvme0n3p1     2048   1026047  1024000  500M  fd  Linux raid 自动检测
/dev/sdc1          2048   1026047  1024000  500M  fd  Linux raid 自动检测
/dev/sdd1          2048   1026047  1024000  500M  fd  Linux raid 自动检测
```

3. 使用 mdadm 命令创建 RAID5

RAID 设备名称为/dev/mdX，其中 X 为设备编号，该编号从 0 开始。

```
[root@Server01～]#mdadm --create /dev/md0 --level=5 --raid-devices=3 --spare
-devices=1 /dev/sd[c-d]1 /dev/nvme0n2p1 /dev/nvme0n3p1
mdadm: Defaulting to version 1.2 metadata
mdadm: array /dev/md0 started.
```

上述命令中指定 RAID 设备名为/dev/md0，级别为 5，使用 3 个设备建立 RAID，空余一个留作备用。上面的语法中，最后面是装置文件名，这些装置文件名可以是整个硬盘，如/dev/sdc，也可以是硬盘上的分区，如/dev/sdc1 之类。不过，这些装置文件名的总数必须要等于--raid-devices 与--spare-devices 的个数总和。此例中，/dev/sd[c-d]1 是一种简写，表示/dev/sdc1、/dev/sdd1（不使用简写时，各硬盘或分区间用空格隔开），其中/dev/nvme0n3p1 为备用。

4. 为新建立的/dev/md0 建立类型为 xfs 的文件系统

```
[root@Server01 ～]mkfs.xfs /dev/md0
```

5. 查看建立的 RAID5 的具体情况（应注意哪个是备用）

```
[root@Server01 ～]mdadm --detail /dev/md0
/dev/md0:
           Version: 1.2
     Creation Time: Mon May 28 05:45:21 2018
        Raid Level: raid5
     ...
      Active Devices:  3
      Working Devices: 4
      Failed Devices:  0
      Spare Devices:   1
...
Number   Major   Minor   RaidDevice   State
   0         8     33        0        active sync   /dev/sdc1
   1         8     49        1        active sync   /dev/sdd1
   4       259     12        2        active sync   /dev/nvme0n2p1

   3       259     13        -        spare         /dev/nvme0n3p1
```

6. 将 RAID 设备挂载

（1）将 RAID 设备/dev/md0 挂载到指定的目录/media/md0 中，并显示该设备中的内容。

```
[root@Server01 ~]#umount /media
[root@Server01 ~]#mkdir /media/md0
[root@Server01 ~]#mount /dev/md0 /media/md0 ; ls /media/md0
[root@Server01 ~]#cd /media/md0
```

(2) 写入一个 50MB 的文件 50_file 供数据恢复时测试用。

```
[root@Server01 md0]#dd if=/dev/zero of=50_file count=1 bs=50M; ll
记录了 1+0 的读入
记录了 1+0 的写出
52428800 bytes (52 MB, 50 MiB) copied, 0.356753 s, 147 MB/s
总用量 51200
-rw-r--r--. 1 root root 52428800 8 月 30 09:33 50_file
[root@Server01 ~]#cd
```

7. RAID 设备的数据恢复

如果 RAID 设备中的某个硬盘损坏,系统会自动停止这块硬盘的工作,让后备的那块硬盘代替损坏的硬盘继续工作。例如,假设/dev/sdc1 损坏,更换损坏的 RAID 设备中成员的方法如下。

(1) 将损坏的 RAID 成员标记为失效。

```
[root@Server01 ~]#mdadm /dev/md0 --fail /dev/sdc1
mdadm: set /dev/sdc1 faulty in /dev/md0
```

(2) 移除失效的 RAID 成员。

```
[root@Server01 ~]#mdadm /dev/md0 --remove /dev/sdc1
mdadm: hot removed /dev/sdc1 from /dev/md0
```

(3) 更换硬盘设备,添加一个新的 RAID 成员(注意上面查看 RAID5 的情况)。备份硬盘一般会自动替换,如果没自动替换,则进行手动设置。

```
[root@Server01 ~]#mdadm /dev/md0 --add /dev/nvme0n3p1
mdadm: Cannot open /dev/nvme0n3p1: Device or resource busy        //说明已自动替换
```

(4) 查看 RAID5 下的文件是否损坏,同时再次查看 RAID5 的情况。命令如下。

```
[root@Server01 ~]#ll  /media/md0
总用量 51200
-rw-r--r--. 1 root root 52428800 8 月 30 09:33 50_file             //文件未受损失
[root@Server01 ~]#mdadm --detail /dev/md0
/dev/md0:
   …
Number   Major   Minor   Raid     Device       State
   3      259     13      0    active sync   /dev/nvme0n3p1
   1        8     49      1    active sync   /dev/sdd1
   4      259     12      2    active sync   /dev/nvme0n2p1
```

RAID5 中的失效硬盘已被成功替换。

说明

mdadm 命令参数中凡是以"--"引出的参数选项,与"-"加单词首字母的方式等价。例如,"--remove"等价于"-r","--add"等价于"-a"。

8. 停止 RAID

当不再使用 RAID 设备时,可以使用命令"mdadm -S /dev/mdX"停止 RAID 设备。需要注意的是,应先卸载再停止。

```
[root@Server01 ~]#umount /dev/md0
[root@Server01 ~]#mdadm -S /dev/md0          //停止 RAID
mdadm: stopped /dev/md0
[root@Server01 ~]#mdadm --misc --zero-superblock /dev/sd[c-d]1 /dev/nvme0n
[2-3]p1                                       //删除 RAID 信息
```

6.4　LVM 逻辑卷管理器

前面学习的硬盘设备管理技术虽然能够有效地提高硬盘设备的读写速度以及数据的安全性,但是在硬盘完成分区或者部署为 RAID 硬盘阵列之后,再想修改硬盘分区大小就不太容易了。换句话说,当用户想要随着实际需求的变化调整硬盘分区的大小时,会受到硬盘"灵活性"的限制。这时就需要用到另外一项非常普及的硬盘设备资源管理技术——LVM(logical volume manager,逻辑卷管理器)了。LVM 允许用户对硬盘资源进行动态调整。

6.4.1　LVM 概述

LVM 是 Linux 系统对硬盘分区进行管理的一种机制,理论性较强,其创建初衷是解决硬盘设备在创建分区后不易修改分区大小的缺陷。尽管对传统的硬盘分区进行强制扩容或缩容从理论上来讲是可行的,但是却可能造成数据的丢失。LVM 技术是在硬盘分区和文件系统之间添加了一个逻辑层,它提供了一个抽象的卷组,可以把多块硬盘进行卷组合并。这样一来,用户无须关心物理硬盘设备的底层架构和布局,就可以实现对硬盘分区的动态调整。LVM 的技术架构如图 6-13 所示。

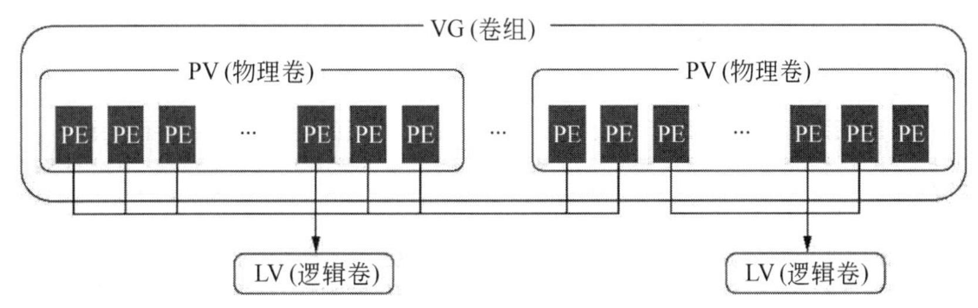

图 6-13　逻辑卷管理器的技术架构

物理卷处于 LVM 中的最底层,可以将其理解为物理硬盘、硬盘分区或者 RAID 硬盘阵列。卷组建立在物理卷之上,一个卷组可以包含多个物理卷,而且在卷组创建之后也可以继续向其中添加新的物理卷。逻辑卷是用卷组中空闲的资源建立的,并且逻辑卷在建立后可以动态地扩展或缩小空间。这就是 LVM 的核心理念。

一般而言,在生产环境中无法精确地预估每个硬盘分区在日后的使用情况,因此会导致原先分配的硬盘分区不够用。比如,伴随着业务量的增加,用于存放交易记录的数据库目录的体积也随之增加;分析并记录用户的行为导致日志目录的体积不断变大,这些都会导致原有的硬盘分区在使用上捉襟见肘。另外,还存在对较大的硬盘分区进行精简缩容的情况。

可以通过部署 LVM 来解决上述问题。部署 LVM 时,需要逐个配置物理卷、卷组和逻辑卷。常用的部署命令如表 6-6 所示。

表 6-6 常用的 LVM 部署命令

功能	物理卷管理命令	卷组管理命令	逻辑卷管理命令
扫描	pvscan	vgscan	lvscan
建立	pvcreate	vgcreate	lvcreate
显示	pvdisplay	vgdisplay	lvdisplay
删除	pvremove	vgremove	lvremove
扩展	—	vgextend	lvextend
缩小	—	vgreduce	lvreduce

6.4.2 实现 LVM 的典型案例

本节使用前面新增加的 SCSI 硬盘/dev/sdc。/dev/sdc1 已经建立。

1. 物理卷、卷组和逻辑卷的建立

物理卷可以建立在整个物理硬盘上,也可以建立在硬盘分区中。如在整个硬盘上建立物理卷,则不要在该硬盘上建立任何分区;如使用硬盘分区建立物理卷,则需事先对硬盘进行分区并设置该分区为 LVM 类型,其类型 ID 为 0x8e。

1) 建立 LVM 类型的分区

利用 fdisk 命令在/dev/sdc 上建立 LVM 类型的分区。

```
[root@Server01 ~]#fdisk /dev/sdc
```

(1) /dev/sdc1 已经建立,使用 n 子命令创建另外 3 个主分区,大小各为 500MB,具体过程不再赘述,结果如下。

```
命令(输入 m 获取帮助): n
分区类型
   p  主分区 (0 个主分区,0 个扩展分区,4 空闲)
   e  扩展分区 (逻辑分区容器)
选择 (默认 p): p
分区号 (1-4, 默认 2): 2
第一个扇区 (2048-41943039, 默认 2048):
上个扇区,+sectors 或 +size{K,M,G,T,P} (2048-41943039, 默认 41943039): +500M
```

```
创建了一个新分区 1,类型为"Linux",大小为 100 MiB。
...          //省略其他 2 个分区的创建过程,最终结果如下
命令(输入 m 获取帮助): p
设备          启动      起点      末尾      扇区    大小  ID  类型
/dev/sdc1              2048   1026047   1024000  500M  fd  Linux raid 自动检测
/dev/sdc2           1026048   2050047   1024000  500M  83  Linux
/dev/sdc3           2050048   3074047   1024000  500M  83  Linux
/dev/sdc4           3074048   4098047   1024000  500M  83  Linux
```

(2) 使用 t 子命令将第 1 个分区的类型修改为 LVM 类型。

```
命令(输入 m 获取帮助): t
分区号 (1-4, 默认 4): 1
Hex 代码(输入 L 列出所有代码): 8e        //设置分区类型为 LVM 类型
已将分区"Linux"的类型更改为"Linux LVM"。
```

(3) 使用同样的方法将/dev/sdc2、/dev/sdc3 和/dev/sdc4 的分区类型修改为 LVM 类型,最后使用 w 命令保存对分区的修改,并退出 fdisk 命令。

```
命令(输入 m 获取帮助): p
设备          启动      起点      末尾      扇区    大小  ID     类型
/dev/sdc1              2048   1026047   1024000  500M  8e  Linux LVM
/dev/sdc2           1026048   2050047   1024000  500M  8e  Linux LVM
/dev/sdc3           2050048   3074047   1024000  500M  8e  Linux LVM
/dev/sdc4           3074048   4098047   1024000  500M  8e  Linux LVM
命令(输入 m 获取帮助): w
```

2) 建立物理卷

利用 pvcreate 命令可以在已经创建好的分区上建立物理卷。物理卷直接建立在物理硬盘或者硬盘分区上,所以物理卷的设备文件使用系统中现有的硬盘分区设备文件的名称。

```
//使用 pvcreate 命令创建物理卷
[root@Server01 ~]#pvcreate /dev/sdc1
Physical volume "/dev/sdc1" successfully created
//使用 pvdisplay 命令显示指定物理卷的属性
[root@Server01 ~]#pvdisplay /dev/sdc1
```

使用同样的方法建立/dev/sdc2、/dev/sdc3 和/dev/sdc4 的物理卷。

提示

也可以使用 pvs 和 pvscan 命令显示当前系统中的物理卷,请读者尝试。

3) 建立卷组

在创建好物理卷后,使用 vgcreate 命令建立卷组。卷组设备文件使用/dev 目录下与卷组同名的目录表示,该卷组中的所有逻辑设备文件都将建立在该目录下,卷组目录是在使用

vgcreate 命令建立卷组时创建的。卷组中可以包含多个物理卷,也可以只有一个物理卷。

```
//使用 vgcreate 命令创建卷组 vg0
[root@Server01 ~]#vgcreate vg0 /dev/sdc1 /dev/sdc2
Volume group "vg0" successfully created
//使用 vgs、vgscan 和 vgdisplay 命令查看 vg0 信息
[root@Server01 ~]#vgs vg0
VG   #PV  #LV  #SN  Attr     VSize     VFree
vg0  2    0    0    wz--n-   192.00m   192.00m
[root@Server01 ~]#vgscan
Found volume group "vg0" using metadata type lvm2
[root@Server01 ~]#vgdisplay vg0
```

其中,vg0 为要建立的卷组名称。这里的 PE 值使用默认的 4MB,如果需要增大可以使用-L 选项,但是一旦设定,以后就不可更改 PE 的值。使用同样的方法创建 vg1。

```
[root@Server01 ~]#vgcreate vg1 /dev/sdc3
```

4) 建立逻辑卷

建立好卷组后,可以使用命令 lvcreate 在已有卷组上建立逻辑卷。逻辑卷设备文件位于其所在的卷组目录中,该文件是在使用 lvcreate 命令建立逻辑卷时创建的。

```
//使用 lvcreate 命令在 vg0 卷组上创建逻辑卷
[root@Server01 ~]#lvcreate -L 20M -n lv0 vg0
Logical volume "lv0" created
//使用 lvdisplay 命令显示创建的 lv0 的信息
[root@Server01 ~]#lvdisplay /dev/vg0/lv0
```

其中,-L 选项用于设置逻辑卷大小,-n 参数用于指定逻辑卷的名称和卷组的名称。逻辑卷的查看命令还有 lvs 和 lvscan。

2. LVM 逻辑卷的管理

1) 增加新的物理卷到卷组

当卷组中没有足够的空间分配给逻辑卷时,可以用给卷组增加物理卷的方法来增加卷组的空间。需要注意的是,下述命令中的/dev/sdc4 必须为 LVM 类型,而且必须为 PV。

```
[root@Server01 ~]#vgextend vg0 /dev/sdc4
Volume group "vg0" successfully extended
```

2) 逻辑卷容量的动态调整

当逻辑卷的空间不能满足要求时,可以利用 lvextend 命令把卷组中的空闲空间分配到该逻辑卷以扩展逻辑卷的容量。当逻辑卷的空闲空间太大时,可以使用 lvreduce 命令减少逻辑卷的容量。

```
//使用 lvextend 命令增加逻辑卷容量
[root@Server01 ~]#lvextend -L +10M /dev/vg0/lv0
Rounding size to boundary between physical extents: 12.00 MiB.
```

```
  Size of logical volume vg0/lv0 changed from 20.00 MiB (5 extents) to 32.00 MiB (8
extents).
  Logical volume vg0/lv0 successfully resized.
//使用 lvreduce 命令减少逻辑卷容量，但轻易不要使用此操作
[root@Server01 ~]#lvreduce -L -10M /dev/vg0/lv0
  Rounding size to boundary between physical extents: 8.00 MiB.
  WARNING: Reducing active logical volume to 24.00 MiB.
  THIS MAY DESTROY YOUR DATA (filesystem etc.)
Do you really want to reduce vg0/lv0? [y/n]: y
  Size of logical volume vg0/lv0 changed from 32.00 MiB (8 extents) to 24.00 MiB (6
extents).
  Logical volume vg0/lv0 successfully resized.
```

3. 物理卷、卷组和逻辑卷的检查

1）物理卷的检查

```
[root@Server01 ~]#pvscan
  PV /dev/sdc3          VG vg1     lvm2 [496.00 MiB / 496.00 MiB free]
  PV /dev/sdc1          VG vg0     lvm2 [496.00 MiB / 472.00 MiB free]
  PV /dev/sdc2          VG vg0     lvm2 [496.00 MiB / 496.00 MiB free]
  PV /dev/sdc4          VG vg0     lvm2 [496.00 MiB / 496.00 MiB free]
  PV /dev/nvme0n1p6     VG rhel    lvm2 [3.73 GiB / 4.00 MiB free]
  Total: 5 [<5.67 GiB] / in use: 5 [<5.67 GiB] / in no VG: 0 [0 ]
```

2）卷组的检查

```
[root@Server01 ~]#vgscan
Found volume group "vg1" using metadata type lvm2
Found volume group "vg0" using metadata type lvm2
```

3）逻辑卷的检查

```
[root@Server01 ~]#lvscan
ACTIVE            '/dev/vg0/lv0' [24.00 MiB] inheritt
```

4. 为逻辑卷创建文件系统并加载使用

（1）使用 XFS 文件系统格式化逻辑卷

```
[root@Server01 ~]#mkfs.xfs /dev/vg0/lv0
meta-data=/dev/vg0/lv0          isize=512    agcount=1, agsize=6144 blks
   …
```

（2）创建了文件系统以后就能加载并使用它

```
[root@Server01 ~]#  mkdir /mnt/test
[root@Server01 ~]#mount  /dev/vg0/lv0 /mnt/test
[root@Server01 ~]#cd  /mnt/test
```

```
[root@Server01 test]#cp  /etc/h * .conf /mnt/test
[root@Server01 test]#ls
host.conf
```

5. 删除逻辑卷、卷组、物理卷(必须按照"逻辑卷→卷组→物理卷"的顺序删除)

```
[root@Server01 test]#cd
[root@Server01 ~]#umount /dev/vg0/lv0          //卸载逻辑卷
//使用 lvremove 命令删除逻辑卷
[root@Server01 ~]#lvremove /dev/vg0/lv0
Do you really want to remove active logical volume "lv0"? [y/n]: y
  Logical volume "lv0" successfully removed
//使用 vgremove 命令删除卷组
[root@Server01 ~]#vgremove vg0 vg1
  Volume group "vg0" successfully removed
Volume group "vg1" successfully removed
//使用 pvremove 命令删除物理卷
[root@Server01 ~]#pvremove /dev/sdc1 /dev/sdc2 /dev/sdc4
Labels on physical volume "/dev/sdc1" successfully wiped
Labels on physical volume "/dev/sdc2" successfully wiped
Labels on physical volume "/dev/sdc3" successfully wiped.
Labels on physical volume "/dev/sdc4" successfully wiped.
```

6.5 硬盘配额配置企业案例(XFS 文件系统)

Linux 是一个多用户的操作系统,为了防止某个用户或组群占用过多的硬盘空间,可以通过硬盘配额(disk quota)功能限制用户和组群对硬盘空间的使用。在 Linux 系统中可以通过索引结点数和硬盘块区数来限制用户和组群对硬盘空间的使用。

(1) 限制用户和组的索引节点(inode)数是指限制用户和组可以创建的文件数量。

(2) 限制用户和组的硬盘块(block)数是指限制用户和组可以使用的硬盘容量。

6.5.1 环境需求

(1) 目的账户:5 个员工的账户分别是 myquota1、myquota2、myquota3、myquota4 和 myquota5。5 个用户的密码都是 password,且这 5 个用户所属的初始组都是 myquotagrp。其他的账户属性则使用默认值。

(2) 账户的硬盘容量限制值:5 个用户都能够取得 300MB 的硬盘使用量,文件数量则不予限制。此外,只要容量使用超过 250MB,就予以警告。

(3) 组的配额:由于系统里面还有其他用户存在,因此限制 myquotagrp 这个组最多仅能使用 1GB 的容量。也就是说,如果 myquota1、myquota2 和 myquota3 都用了 280MB 的容量了,那么其他两人最多只能使用(1000MB－280MB×3＝160MB)的硬盘容量。这就是使用者与组同时设定时会产生的效果。

(4) 宽限时间的限制:最后,希望每个使用者在超过 soft 限制值之后,都还能够有 14 天的宽限时间。

本例中的/home必须是独立分区，文件系统是xfs。使用命令"df -T /home"可以查看/home的独立分区的名称。

6.5.2 解决方案

1. 使用脚本建立配额(quota)实训所需的环境

建立账户环境时，由于有5个账户，因此使用脚本创建环境。

```
[root@Server01 ~]#vim addaccount.sh
#!/bin/bash
#使用脚本来建立配额实验所需的环境
groupadd myquotagrp
for username in myquota1 myquota2 myquota3 myquota4 myquota5
do
        useradd  -g  myquotagrp $username
        echo  "password"|passwd  --stdin $username
done

[root@Server01 ~]#sh addaccount.sh
```

2. 查看文件系统支持

要使用配额则必须要有文件系统的支持。假设你已经使用了预设支持配额的核心，那么接下来就是要启动文件系统的支持。不过，由于配额仅针对整个文件系统进行规划，所以得先检查一下/home是否是个独立的文件系统呢？这需要使用df命令。

```
[root@Server01 ~]#df -h  /home
文件系统          容量  已用  可用   已用%   挂载点
/dev/nvme0n1p2  7.5G  86M  7.4G  2%/home   <==/home是独立分区/dev/nvme0n1p2
[root@Server01 ~]#mount |grep home
/dev/nvme0n1p2 on /home type xfs
(rw,relatime,seclabel,attr2,inode64,noquota)      //noquota表示未启用配额
```

从上面的数据来看，这部主机的/home确实是独立的文件系统，因此可以直接限制/dev/nvme0n1p2。如果你的系统的/home并非独立的文件系统，那么可能就要针对根目录(/)来规范。不过，不建议在根目录设定配额。此外，由于VFAT文件系统并不支持Linux配额功能，所以要使用mount查询一下/home的文件系统是什么。如果是ext3/ext4/xfs，则支持配额。

① /home的独立分区号可能有所不同，这与分区规划和分区划分的顺序有关，可通过命令df -h/home查看。本例中，/home/的独立分区是/dev/nvme0n1p2。②xfs文件系统的配额设置不同于ext4文件系统的配额设置。若希望了解ext4的配额设置方法，请向作者索要有关资料。

3. 编辑配置文件 fstab,启用硬盘配额

(1) 编辑配置文件 fstab,在/home 目录项下加“uquota,grpquota”参数,存盘退出后重启系统。

```
[root@Server01 ~]#vim /etc/fstab
    ...          //此处省略若干行
UUID=0a759e3a-bb79-4b28-9db3-7c413e64ad6c /home    xfs
defaults,uquota,grpquota    0 0
[root@Server01 ~]#reboot
```

(2) 在重启系统后使用 mount 命令查看,即可发现/home 目录已经支持硬盘配额技术了。

```
[root@Server01 ~]#  mount | grep home
/dev/nvme0n1p2 on /home type xfs
(rw,relatime,seclabel,attr2,inode64,usrquota,grpquota)
//usrquota 表示对/home 启用了用户硬盘配额,grpquota 表示对/home 启用了组硬盘配额
```

(3) 针对/home 目录增加其他人的写入权限,保证用户能够正常写入数据。

```
[root@Server01 ~]#chmod -Rf o+w /home
```

4. 使用 xfs_quota 命令设置硬盘配额

接下来使用 xfs_quota 命令来设置用户 myquota1 对/home 目录的硬盘容量配额。

具体的配额控制包括:硬盘使用量的软限制和硬限制分别为 250MB 和 300MB,文件数量的软限制和硬限制不作要求。

(1) 下面配置硬限制和软限制,并打印/home 的配额报告。

```
[root@Server01 ~]#xfs_quota -x -c 'limit bsoft=250m bhard=300m isoft=0 ihard=0
                  myquota1' /home
[root@Server01 ~]#xfs_quota -x -c report /home
User quota on /home (/dev/nvme0n1p2)
                                   Blocks
User ID          Used      Soft      Hard                        Warn/Grace
----------  -----------------------------------------------------------------
root                0         0         0                        00 [--------]
yangyun          3904         0         0                        00 [--------]
myquota1           12    256000    307200                        00 [--------]
...
                                   Blocks
Group ID         Used      Soft      Hard                        Warn/Grace
----------  -----------------------------------------------------------------
root                0         0         0                        00 [--------]
...
```

(2) 其他 4 个用户的设定可以使用 xfs_quota 命令复制。

```
#将 myquota1 的限制值复制给其他 4 个账户
[root@Server01 ~]#edquota -p myquota1 -u myquota2
[root@Server01 ~]#edquota -p myquota1 -u myquota3
[root@Server01 ~]#edquota -p myquota1 -u myquota4
[root@Server01 ~]#edquota -p myquota1 -u myquota5
[root@Server01 ~]#xfs_quota -x -c report /home
User quota on /home (/dev/nvme0n1p2)
                              Blocks
User ID          Used     Soft     Hard          Warn/Grace
----------    ----------------------------------------------
root                0        0        0          00 [--------]
yangyun          3904        0        0          00 [--------]
user1              20        0        0          00 [--------]
myquota1           12   256000   307200          00 [--------]
myquota2           12   256000   307200          00 [--------]
myquota3           12   256000   307200          00 [--------]
myquota4           12   256000   307200          00 [--------]
myquota5           12   256000   307200          00 [--------]
...
```

(3) 更改组的配额。配额的单位是 B,1GB=1048576B,这就是硬限制数。软件限制设为 900000B,配置完成后存盘并退出。

```
[root@Server01 ~]#edquota -g myquotagrp
Disk quotas for group myquotagrp(gid 1007)
Filesystem        Blocks      Soft      Hard  inodes  Soft  Hard
/dev/nvme0n1p2         0    900000   1048576  35      0     0
```

这样配置表示 myquota1、myquota2、myquota3、myquota4、myquota5 用户最多使用 300MB 的硬盘空间,超过 250MB 就发出警告并进入倒计时,而 myquota 组最多使用 1GB 的硬盘空间。也就是说,虽然 myquota1 等用户都有 300MB 的最大硬盘空间使用权限,但他们都属于 myquota 组,他们的硬盘空间总量不得超过 1000MB。

(4) 最后,将宽限时间改成 14 天。配置完成后存盘并退出。

```
[root@Server01 ~]#edquota -t
Grace period before enforcing soft limits for users:
Time units may be:days,hours,minutes,or seconds
  Filesystem      Block grace period   Inode grace period
/dev/nvme0n1p2          14days                7days
#原本是 7days,将它改为 14days
```

5. 使用 repquota 命令查看文件系统的配额报表

```
[root@Server01 ~]#repquota /dev/nvme0n1p2
** Report for user quotas on device /dev/nvme0n1p2
Block grace time: 14days; Inode grace time: 7days
```

```
                  Block limits                 File limits
User          used    soft     hard   grace  used    soft     hard    grace
-------------------------------------------------------------------------------
root       -- 0       0        0             3       0        0
yangyun    -- 48      0        0             16      0        0
myquota1   -- 12      256000   307200        7       0        0
myquota2   -- 12      256000   307200        7       0        0
myquota3   -- 12      256000   307200        7       0        0
myquota4   -- 12      256000   307200        7       0        0
myquota5   -- 12      256000   307200        7       0        0
```

6. 测试与管理

硬盘配额的测试过程如下(以 myquota1 用户为例)。

```
[root@Server01 ~]#su - myquota1
Last login: Mon May 28 04:41:39 CST 2018 on pts/0
//写入一个 200MB 的文件 file1
[myquota1@Server01 ~]$dd if=/dev/zero of=file1 count=1 bs=200M
1+0 records in
1+0 records out
209715200 bytes (210 MB) copied, 0.276878 s, 757 MB/s
//再写入一个 200MB 的文件 file2
[myquota1@Server01 ~]$dd if=/dev/zero of=file2 count=1 bs=200M
dd: 写入'file2' 出错: 超出硬盘限额        //警告
记录了 1+0 的读入
记录了 0+0 的写出
104792064 bytes (105 MB, 100 MiB) copied, 0.177332 s, 591 MB/s
                                                  //超过 300MB 部分无法写入
```

注 意

本次实训结束后,请将自动挂载文件/etc /fstab 恢复到最初状态,以免后续实训中对/dev /nvme0n1p2 等设备的操作影响到挂载,而使系统无法启动。

6.6 项目实录

项目实录一:文件权限管理

1. 观看视频

实训前请扫描二维码观看视频。

实训项目　管理文件权限

2. 项目实训目的

- 掌握利用 chmod 及 chgrp 等命令实现 Linux 文件权限管理。
- 掌握磁盘限额的实现方法。

3. 项目背景

某公司有60个员工，分别在5个部门工作，每个人的工作内容不同。需要在服务器上为每个人创建不同的账户，把相同部门的用户放在一个组中，每个用户都有自己的工作目录。并且需要根据工作性质对每个部门和每个用户在服务器上的可用空间进行限制。

假设有用户 user1，请设置 user1 对/dev/sdb1 分区的磁盘限额，将 user1 对 blocks 的 soft 设置为 5000，hard 设置为 10000；inodes 的 soft 设置为 5000，hard 设置为 10000。

4. 项目实训内容

练习 chmod、chgrp 等命令的使用，练习在 Linux 下实现磁盘限额的方法。

5. 做一做

根据项目实录视频进行项目的实训，检查学习效果。

项目实录二：文件系统管理

实训项目　管理文件系统

1. 观看视频

实训前请扫描二维码观看视频。

2. 项目实训目的

- 掌握 Linux 下文件系统的创建、挂载与卸载。
- 掌握文件系统的自动挂载。

3. 项目背景

某企业的 Linux 服务器中新增了一块硬盘/dev/sdb，请使用 fdisk 命令新建/dev/sdb1 主分区和/dev/sdb2 扩展分区，在扩展分区中新建逻辑分区/dev/sdb5，并使用 mkfs 命令分别创建 vfat 和 ext3 文件系统。然后用 fsck 命令检查这两个文件系统。最后，把这两个文件系统挂载到系统上。

4. 项目实训内容

练习 Linux 系统下文件系统的创建、挂载与卸载及自动挂载的实现。

5. 做一做

根据项目实录视频进行项目的实训，检查学习效果。

项目实录三：LVM 逻辑卷管理器

实训项目　管理 LVM 逻辑卷

1. 观看视频

实训前请扫描二维码观看视频。

2. 项目实训目的

- 掌握创建 LVM 分区类型的方法。
- 掌握 LVM 逻辑卷管理的基本方法。

3. 项目背景

某企业在 Linux 服务器中新增了一块硬盘/dev/sdb，要求 Linux 系统的分区能自动调整磁盘容量。请使用 fdisk 命令新建/dev/sdb1、/dev/sdb2、/dev/sdb3 和/dev/sdb4 分区，都为 LVM 类型,并在这四个分区上创建物理卷、卷组和逻辑卷。最后将逻辑卷挂载。

4. 项目实训内容

物理卷、卷组、逻辑卷的创建;卷组、逻辑卷的管理。

5. 做一做

根据项目实录视频进行项目的实训,检查学习效果。

项目实录四:动态磁盘管理

实训项目　管理动态磁盘

1. 观看视频

实训前请扫描二维码观看视频。

2. 项目实训目的

掌握 Linux 系统中利用 RAID 技术实现磁盘阵列的管理方法。

3. 项目背景

某企业为了保护重要数据,购买了 4 块同一厂家的 SCSI 硬盘。要求在这 4 块硬盘上创建 RAID5 卷,以实现磁盘容错。

4. 项目实训内容

利用 mdadm 命令创建并管理 RAID 卷。

5. 做一做

根据项目实录视频进行项目的实训,检查学习效果。

6.7　练习题

一、选择题

1. 假定 Kernel 支持 vfat 分区,(　　)操作是将/dev/hda1(一个 Windows 分区)加载到/win 目录。

   A. mount -t windows /win /dev/hda1

   B. mount -fs=msdos　/dev/hda1　/win

   C. mount -s　win　/dev/hda1 /win

   D. mount -t vfat /dev/hda1 /win

2. 关于/etc/fstab 的正确描述是(　　)。

   A. 启动系统后,由系统自动产生

   B. 用于管理文件系统信息

   C. 用于设置命名规则,设置是否可以使用 TAB 来命名一个文件

   D. 保存硬件信息

3. 存放 Linux 基本命令的目录是(　　)。

   A. /bin　　B. /tmp　　C. /lib　　D. /root

4. 对于普通用户创建的新目录,(　　)是默认的访问权限。

A. rwxr-xr-x　　B. rw-rwxrw-　　C. rwxrw-rw-　　D. rwxrwxrw-

5. 如果当前目录是/home/sea/china，那么 china 的父目录是(　　)目录。

A. /home/sea　　B. /home/　　C. /　　D. /sea

6. 系统中有用户 user1 和 user2，同属于 users 组。在 user1 用户目录下有一文件 file1，它拥有 644 的权限，如果 user2 想修改 user1 用户目录下的 file1 文件，应拥有(　　)权限。

A. 744　　B. 664　　C. 646　　D. 746

7. 在一个新分区上建立文件系统应该使用(　　)命令。

A. fdisk　　B. makefs　　C. mkfs　　D. format

8. 用 ls -al 命令列出下面的文件列表，其中(　　)文件是符号链接文件。

A. -rw------- 2 hel-s users 56 Sep 09 11:05 hello

B. -rw------- 2 hel-s users 56 Sep 09 11:05 goodbey

C. drwx----- 1 hel users 1024 Sep 10 08:10 zhang

D. lrwx----- 1 hel users 2024 Sep 12 08:12 cheng

9. Linux 文件系统的目录结构是一棵倒挂的树，文件都按其作用分门别类地放在相关的目录中。现有一个外围设备文件，应该将其放在(　　)目录中。

A. /bin　　B. /etc　　C. /dev　　D. lib

10. 如果 umask 设置为 022，创建的文件权限默认为(　　)。

A. ----w--w-　　B. -rwxr-xr-x　　C. -r-xr-x---　　D. rw-r--r--

二、填空题

1. 文件系统是磁盘上有特定格式的一片区域，操作系统利用文件系统和________文件。

2. ext 文件系统在 1992 年 4 月完成，称为________，是第一个专门针对 Linux 操作系统的文件系统。Linux 系统使用________文件系统。

3. ________是光盘所使用的标准文件系统。

4. Linux 的文件系统是采用阶层式的________结构，在该结构中的最上层是________。

5. 默认的权限可用________命令修改，用法非常简单，只需执行________命令，便代表屏蔽所有的权限，因而之后建立的文件或目录，其权限都变成________。

6. 在 Linux 系统安装时，可以采用________、________和________等方式进行分区。除此之外，在 Linux 系统中还有________、________、________等分区工具。

7. RAID 的中文全称是________，用于将多个小型磁盘驱动器合并成一个________，以提高存储性能和________功能。RAID 可分为________和________，软 RAID 通过软件实现多块硬盘________。

8. LVM 的中文全称是________，最早应用在 IBM AIX 系统上。它的主要作用是________及调整磁盘分区大小，并且可以让多个分区或者物理硬盘作为________来使用。

9. 可以通过________和________来限制用户和组群对磁盘空间的使用。

三、简答题

1. RAID 技术主要是为了解决什么问题呢？

2. RAID0 和 RAID5 哪个更安全?
3. 位于 LVM 最底层的是物理卷还是卷组?
4. LVM 对逻辑卷的扩容和缩容操作有何异同点呢?
5. LVM 的快照卷能使用几次?
6. LVM 的删除顺序是怎么样的?

第 7 章 配置防火墙和 SELinux

防火墙是一种非常重要的网络安全工具，利用防火墙可以保护企业内部网络免受外网的威胁，作为网络管理员，掌握防火墙的安装与配置非常重要。本章重点介绍 iptables 和 squid 两类防火墙的配置。

学习要点

- 防火墙的分类及工作原理。
- firewalld 防火墙的配置。
- NAT。

7.1 防火墙概述

防火墙的本义是指一种防护建筑物。古代建造木质结构房屋的时候，为了防止火灾的发生和蔓延，人们在房屋周围将石块堆砌成石墙，这种防护构筑物就称为“防火墙”。

7.1.1 防火墙的特点

通常所说的网络防火墙是套用了古代的防火墙的喻义，它指的是隔离在本地网络与外界网络之间的一道防御系统。防火墙可以使企业内部局域网与 Internet 之间或者与其他外部网络间互相隔离、限制网络互访，以此来保护内部网络。

防火墙通常具备以下几个特点。

(1) 位置权威性。网络规划中，防火墙必须位于网络的主干线路。只有当防火墙是内、外部网络之间通信的唯一通道时，才可以全面、有效地保护企业内部的网络安全。

(2) 检测合法性。防火墙最基本的功能是确保网络流量的合法性，只有满足防火墙策略的数据包才能够进行相应转发。

(3) 性能稳定性。防火墙处于网络边缘，它是连接网络的唯一通道，时刻都会经受网络入侵的考验，所以其稳定性对于网络安全而言，至关重要。

防火墙的分类方法多种多样，不过从传统意义上讲，防火墙大致可以分为三大类，分别是“包过滤”“应用代理”和“状态检测”。无论防火墙的功能多么强大，性能多么完善，归根结底都是在这三种技术的基础之上进行功能扩展的。

7.1.2 iptables 与 firewalld

对于 Linux 服务器而言,采用 netfilter/iptables 数据包过滤系统,能够节约软件成本,并可以提供强大的数据包过滤控制功能,iptables 是理想的防火墙解决方案。

在 RHEL 8 系统中,firewalld 防火墙取代了 iptables 防火墙。就现实而言,iptables 与 firewalld 都不是真正的防火墙,它们都只是用来定义防火墙策略的防火墙管理工具而已,或者说,它们只是一种服务。iptables 服务会把配置好的防火墙策略交由内核层面的 netfilter 网络过滤器来处理,而 firewalld 服务则是把配置好的防火墙策略交由内核层面的 nftables 包过滤框架来处理。换句话来说,当前在 Linux 系统中其实存在多个防火墙管理工具,旨在方便运维人员管理 Linux 系统中的防火墙策略,只需要配置妥当其中的一个就足够了。虽然这些工具各有优劣,但它们在防火墙策略的配置思路上是保持一致的。

7.1.3 NAT 基础知识

NAT(network address translator,网络地址转换器)位于使用专用地址的 Intranet 和使用公用地址的 Internet 之间,主要具有以下几种功能。

(1) 从 Intranet 传出的数据包由 NAT 将它们的专用地址转换为公用地址。

(2) 从 Internet 传入的数据包由 NAT 将它们的公用地址转换为专用地址。

(3) 支持多重服务器和负载均衡。

(4) 实现透明代理。

这样在内网中计算机使用未注册的专用 IP 地址,而在与外部网络通信时,使用注册的公用 IP 地址,大幅降低了连接成本。同时 NAT 也起到将内部网络隐藏起来,保护内部网络的作用,因为对外部用户来说,只有使用公用 IP 地址的 NAT 是可见的,类似于防火墙的安全措施。

1. NAT 的工作过程

(1) 客户机将数据包发给运行 NAT 的计算机。

(2) NAT 将数据包中的端口号和专用的 IP 地址换成它自己的端口号和公用的 IP 地址,然后将数据包发给外部网络的目的主机,同时在映像表中记录一个跟踪信息,以便向客户机发送回答信息。

(3) 外部网络发送回答信息给 NAT。

(4) NAT 将收到的数据包的端口号和公用 IP 地址转换为客户机的端口号和内部网络使用的专用 IP 地址并转发给客户机。

以上步骤对于网络内部的主机和网络外部的主机都是透明的,对它们来讲就如同直接通信一样。

NAT 的工作过程(见图 7-1)如下。

(1) 192.168.0.2 用户使用 Web 浏览器连接到位于 202.202.163.1 的 Web 服务器,用户计算机将创建带有下列信息的 IP 数据包。

- 目标 IP 地址:202.202.163.1。
- 源 IP 地址:192.168.0.2。
- 目标端口:TCP 端口 80。

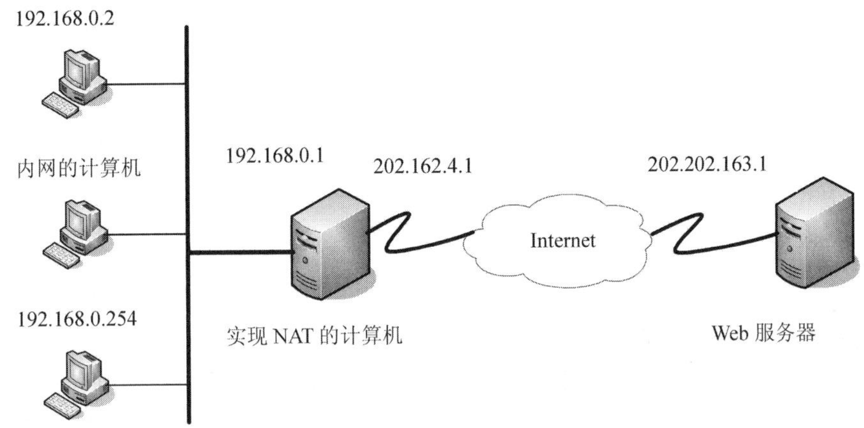

图 7-1　NAT 的工作过程

- 源端口：TCP 端口 1350。

(2) IP 数据包转发到运行 NAT 的计算机上，它将传出的数据包地址转换成下面的形式。

- 目标 IP 地址：202.202.163.1。
- 源 IP 地址：202.162.4.1。
- 目标端口：TCP 端口 80。
- 源端口：TCP 端口 2500。

(3) NAT 协议在表中保留了{192.168.0.2，TCP 1350}到{202.162.4.1，TCP 2500}的映射，以便回传。

(4) 转发的 IP 数据包是通过 Internet 发送的。Web 服务器响应通过 NAT 协议发回和接收。当接收时，数据包包含下面的公用地址信息。

- 目标 IP 地址：202.162.4.1。
- 源 IP 地址：202.202.163.1。
- 目标端口：TCP 端口 2500。
- 源端口：TCP 端口 80。

(5) NAT 协议检查转换表，将公用地址映射到专用地址，并将数据包转发给位于 192.168.0.2 的计算机。转发的数据包包含以下地址信息。

- 目标 IP 地址：192.168.0.2。
- 源 IP 地址：202.202.163.1。
- 目标端口：TCP 端口 1350。
- 源端口：TCP 端口 80。

对于来自 NAT 协议的传出数据包，源 IP 地址(专用地址)被映射到 ISP 分配的地址(公用地址)，并且 TCP/UDP 端口号也会被映射到不同的 TCP/UDP 端口号。

对于到 NAT 协议的传入数据包，目标 IP 地址(公用地址)被映射到源 Internet 地址(专用地址)，并且 TCP/UDP 端口号被重新映射回源 TCP/UDP 端口号。

2. NAT 的分类

(1) SNAT(source NAT，源 NAT)：指修改第一个包的源 IP 地址。SNAT 会在包送出

之前的最后一刻做好 post-routing 的动作。Linux 中的 IP 伪装(MASQUERADE)就是 SNAT 的一种特殊形式。

(2) DNAT(destination NAT,目的 NAT):指修改第一个包的目的 IP 地址。DNAT 总是在包进入后立刻进行 pre-routing 动作。端口转发、负载均衡和透明代理均属于 DNAT。

7.1.4 SELinux

SELinux(security-enhanced Linux,安全增强型 Linux)是美国国家安全局(national security agency,NSA)对于强制访问控制的实现,是 Linux 历史上最杰出的新安全子系统。NSA 是在 Linux 社区的帮助下开发了一种访问控制体系,在这种访问控制体系的限制下,进程只能访问那些在它的任务中所需要的文件。2.6 及以上版本的 Linux 内核都已经集成了 SELinux 模块。学好 SELinux 是每个 Linux 系统管理员的必修课。

1. DAC

Linux 上传统的访问控制标准是 DAC(discretionary access control,自主访问控制)。在这种形式下,一个软件或守护进程以 UID(user ID)或 SUID(set owner user ID)的身份运行,并且拥有该用户的目标(文件、套接字以及其他进程)权限。这使恶意代码很容易运行在特定权限之下,从而取得访问关键的子系统的权限。而最致命问题是,root 用户不受任何管制,系统上任何资源都可以无限制地被访问。

2. MAC

在使用了 SELinux 的操作系统中,决定一个资源是否能被访问的因素除了上述因素之外,还需要判断每一类进程是否拥有对某一类资源的访问权限。

这样即使进程是以 root 身份运行的,也需要判断这个进程的类型以及允许访问的资源类型才能决定是否允许访问某个资源。进程的活动空间也可以被压缩到最小。即使是以 root 身份运行的服务进程,一般也只能访问到它所需要的资源。即使程序出了漏洞,影响范围也只在其允许访问的资源范围内,安全性大幅增加。这种权限管理机制的主体是进程,也称为 MAC(mandatory access control,强制访问控制)。

SELinux 实际上就是 MAC 理论最重要的实现之一,并且 SELinux 从架构上允许 DAC 和 MAC 两种机制都可以起作用,所以,在 RHEL 8 系统中,实际上 DAC 和 MAC 机制是共同使用的,两种机制共同过滤作用能达到更好的安全效果。

3. SELinux 工作机制

与 SELinux 相关的概念如下所示。

- 主体:subject。
- 目标:object。
- 策略:policy。
- 模式:mode。

当一个主体 subject(如一个程序)尝试访问一个目标 object(如一个文件)时,在内核中的 SELinux 安全服务器(SELinux security server)将在策略数据库(policy database)中运行检查。该检查基于当前的模式,如果 SELinux 安全服务器授予权限,该主体就能够访问该目标。如果 SELinux 安全服务器拒绝了权限，就会在/var/log/messages 中记录一条拒绝信息。

7.2　案例设计及准备

在网络建立初期，人们只考虑如何实现通信而忽略了网络的安全。

大量拥有内部地址的机器组成了企业内部网，那么如何连接内部网与 Internet? iptables、firewalld、NAT 服务器将是很好的选择，它们能够解决内部网访问 Internet 的问题并提供访问的优化和控制功能。

本项目在安装有企业版 Linux 网络操作系统的服务器 Server01 和 Server02 上配置 firewalld 和 NAT。

部署 firewalld 和 NAT 应满足下列需求。

(1) 安装好企业版 Linux 网络操作系统，并且必须保证常用服务正常工作。客户端使用 Linux 或 Windows 网络操作系统。服务器和客户端能够通过网络进行通信。

(2) 或者利用虚拟机设置网络环境。

(3) 3 台安装好 RHEL 8 的计算机。

(4) 本项目要完成的任务如下。

① 安装与配置 firewalld。

② 配置 SNAT 和 DNAT。

Linux 服务器和客户端的地址信息如表 7-1 所示(可以使用 VM 的克隆技术快速安装需要的 Linux 客户端)。

表 7-1　Linux 服务器和客户端的地址信息

主机名称	操作系统	IP 地址	角　色
内网 NAT 客户端：Server01	RHEL 8	IP：192.168.10.1(VMnet1) 默认网关：192.168.10.20	Web 服务器、firewalld 防火墙
防火墙：Server02	RHEL 8	IP1：192.168.10.20(VMnet1) IP2：202.112.113.112(VMnet8)	firewalld SNAT、DNAT
外网 NAT 客户端：Client1	RHEL 8	202.112.113.113(VMnet8)	Web、firewalld 防火墙

7.3　使用 firewalld 服务

RHEL 8 系统集成了多款防火墙管理工具，其中 firewalld 提供了支持网络/防火墙区域定义网络链接以及接口安全等级的动态防火墙管理工具——Linux 系统的动态防火墙管理器(dynamic firewall manager of Linux systems)。Linux 系统的动态防火墙管理器拥有基于 CLI(命令行界面)和基于 GUI(图形用户界面)的两种管理方式。

相较于传统的防火墙管理配置工具，firewalld 支持动态更新技术并加入了区域的概念。简单来说，区域就是 firewalld 预先准备了几套防火墙策略集合(策略模板)，用户可以根据生产场景的不同选择合适的策略集合，从而实现防火墙策略之间的快速切换。例如，有一台笔记本电脑,每天都要在办公室、咖啡厅和家里使用。按常理来讲,这三者的安全性按照由高到低的顺序排列,应该是家庭、公司办公室、咖啡厅。当前,希望为这台笔记本电脑指定如下防火墙策略规则:在家中允许访问所有服务;在办公室内仅允许访问文件共享服务;在咖啡厅仅允许上网浏览。在以往,需要频繁地手动设置防火墙策略规则,而现在只需要预设好区域集合,然后轻点鼠标就可以自动切换了,从而极大地提升了防火墙策略的应用效率。firewalld 中常见的区域名称(默认为 public)以及相应的策略规则如表 7-2 所示。

表 7-2　firewalld 中常用的区域名称以及相应的策略规则

区　域	默认策略规则
trusted	允许所有的数据包
home	拒绝流入的流量,除非与流出的流量相关;而如果流量与 SSH、mdns、ipp-client、amba-client 与 dhcpv6-client 服务相关,则允许流量
internal	等同于 home 区域
work	拒绝流入的流量,除非与流出的流量数相关;而如果流量与 SSH、ipp-client 与 dhcpv6-client 服务相关,则允许流量
public	拒绝流入的流量,除非与流出的流量相关;而如果流量与 SSH、dhcpv6-client 服务相关,则允许流量
external	拒绝流入的流量,除非与流出的流量相关;而如果流量与 SSH 服务相关,则允许流量
dmz	拒绝流入的流量,除非与流出的流量相关;而如果流量与 SSH 服务相关,则允许流量
block	拒绝流入的流量,除非与流出的流量相关
drop	拒绝流入的流量,除非与流出的流量相关

7.3.1　使用终端管理工具

命令行终端是一种极富效率的工作方式,firewall-cmd 是 firewalld 防火墙配置管理工具的 CLI(命令行界面)版本。它的参数一般都是以“长格式”来提供的,但幸运的是,RHEL 8 系统支持部分命令的参数补齐。现在除了能用 Tab 键自动补齐命令或文件名等内容之外,还可以用 Tab 键来补齐表 7-3 中的长格式参数。

表 7-3　firewall-cmd 命令中使用的参数以及作用

参　　数	作　　用
--get-default-zone	查询默认的区域名称
--set-default-zone=＜区域名称＞	设置默认的区域,使其永久生效
--get-zones	显示可用的区域
--get-services	显示预先定义的服务
--get-active-zones	显示当前正在使用的区域与网卡名称
--add-source=	将源自此 IP 或子网的流量导向指定的区域
--remove-source=	不再将源自此 IP 或子网的流量导向某个指定区域
--add-interface=＜网卡名称＞	将源自该网卡的所有流量都导向某个指定区域
--change-interface=＜网卡名称＞	将某个网卡与区域关联
--list-all	显示当前区域的网卡配置参数、资源、端口以及服务等信息

续表

参　数	作　用
--list-all-zones	显示所有区域的网卡配置参数、资源、端口以及服务等信息
--add-service=<服务名>	设置默认区域允许该服务的流量
--add-port=<端口号/协议>	设置默认区域允许该端口的流量
--remove-service=<服务名>	设置默认区域不再允许该服务的流量
--remove-port=<端口号/协议>	设置默认区域不再允许该端口的流量
--reload	让"永久生效"的配置规则立即生效，并覆盖当前的配置规则
--panic-on	开启应急状况模式
--panic-off	关闭应急状况模式

与 Linux 系统中其他的防火墙策略配置工具一样，使用 firewalld 配置的防火墙策略默认为运行时模式，又称为当前生效模式，而且系统重启后会失效。如果想让配置策略一直存在，就需要使用永久模式，方法就是在用 firewall-cmd 命令正常设置防火墙策略时添加--permanent 参数，这样配置的防火墙策略就可以永久生效了。但是，永久生效模式有一个"不近人情"的特点，就是使用它设置的策略只有在系统重启之后才能自动生效。如果想让配置的策略立即生效，需要手动执行 firewall-cmd --reload 命令。

接下来的实验都很简单，但是提醒大家一定要仔细查看这里使用的是运行时模式还是永久模式。如果不关注这个细节，即使正确配置了防火墙策略，也可能无法达到预期的效果。

1）systemctl 命令速查

```
systemctl unmask firewalld                        #执行命令，即可实现取消服务的锁定
systemctl mask firewalld                          #下次需要锁定该服务时执行
systemctl start firewalld.service                 #启动防火墙
systemctl stop firewalld.service                  #停止防火墙
systemctl reloadt firewalld.service               #重载配置
systemctl restart firewalld.service               #重启服务
systemctl status firewalld.service                #显示服务的状态
systemctl enable firewalld.service                #在开机时启用服务
systemctl disable firewalld.service               #在开机时禁用服务
systemctl is-enabled firewalld.service            #查看服务是否开机启动
systemctl list-unit-files|grep enabled            #查看已启动的服务列表
systemctl --failed                                #查看启动失败的服务列表
```

2）firewall-cmd 命令速查

```
firewall-cmd --state             #查看防火墙状态
firewall-cmd --reload            #更新防火墙规则
firewall-cmd --state             #查看防火墙状态
firewall-cmd --reload            #重载防火墙规则
firewall-cmd --list-ports        #查看所有打开的端口
firewall-cmd --list-services     #查看所有允许的服务
firewall-cmd --get-services      #获取所有支持的服务
```

3）区域相关命令速查

```
firewall-cmd --list-all-zones                        #查看所有区域信息
firewall-cmd --get-active-zones                      #查看活动区域信息
firewall-cmd --set-default-zone=public               #设置 public 为默认区域
firewall-cmd --get-default-zone                      #查看默认区域信息
firewall-cmd --zone=public --add-interface=eth0      #将接口 eth0 加入区
域 public
```

4）接口相关命令速查

```
firewall-cmd --zone=public --remove-interface=ens160
                                                     #从区域 public 中删除接口 ens160
firewall-cmd --zone=default --change-interface=ens160
                                                     #修改接口 ens160 所属区域为 default
firewall-cmd --get-zone-of-interface=ens160#查看接口 ens160 所属区域
```

5）端口控制命令速查

```
firewall-cmd --add-port=80/tcp --permanent           #永久添加 80 端口例外(全局)
firewall-cmd --remove-port=80/tcp --permanent        #永久删除 80 端口例外(全局)
firewall-cmd --add-port=65001-65010/tcp --permanent
                                                     #永久增加 65001-65010 例外(全局)
firewall-cmd --zone=public --add-port=80/tcp --permanent
#永久添加 80 端口例外(区域 public)
firewall-cmd --zone=public --remove-port=80/tcp --permanent
#永久删除 80 端口例外(区域 public)
firewall-cmd --zone=public --add-port=65001-65010/tcp --permanent
#永久增加 65001-65010 例外(区域 public)
firewall-cmd --query-port=8080/tcp                   #查询端口是否开放
firewall-cmd --permanent --add-port=80/tcp           #开放 80 端口
firewall-cmd --permanent --remove-port=8080/tcp      #移除端口
firewall-cmd --reload                                #重启防火墙(修改配置后要重启防火墙)
```

6）使用终端管理工具实例

（1）查看 firewalld 服务当前状态和使用的区域。

```
[root@Server01 ~]#firewall-cmd --state                     #查看防火墙状态
[root@Server01 ~]#systemctl  restart  firewalld
[root@Server01 ~]#firewall-cmd --get-default-zone          #查看默认域
public
```

（2）查询防火墙生效 ens160 网卡在 firewalld 服务中的区域。

```
[root@Server01 ~]#firewall-cmd --get-active-zones          #查看当前防火墙中生效的域
[root@Server01 ~]#firewall-cmd --set-default-zone=trusted  #设定默认域
```

（3）把 firewalld 服务中 ens160 网卡的默认区域修改为 external，并在系统重启后生效。分别查看当前与永久模式下的区域名称。

```
[root@Server01 ~]#firewall-cmd --list-all --zone=work //查看指定域的防火墙策略
[root@Server01 ~]#firewall-cmd --permanent --zone=external --change-
                  interface=ens160
success
[root@Server01 ~]#firewall-cmd --get-zone-of-interface=ens160
trusted
[root@Server01 ~]#firewall-cmd --permanent --get-zone-of-interface
                  =ens160
no zone
```

(4) 把 firewalld 服务的当前默认区域设置为 public。

```
[root@Server01 ~]#firewall-cmd --set-default-zone=public
[root@Server01 ~]#firewall-cmd --get-default-zone
public
```

(5) 启动/关闭 firewalld 防火墙服务的应急状况模式,阻断一切网络连接(当远程控制服务器时请慎用)。

```
[root@Server01 ~]#firewall-cmd --panic-on
success
[root@Server01 ~]#firewall-cmd --panic-off
success
```

(6) 查询 public 区域是否允许请求 SSH 和 HTTPS 协议的流量。

```
[root@Server01 ~]#firewall-cmd --zone=public --query-service=ssh
yes
[root@Server01 ~]#firewall-cmd --zone=public --query-service=https
no
```

(7) 把 firewalld 服务中请求 HTTPS 协议的流量设置为永久允许,并立即生效。

```
[root@Server01 ~]#firewall-cmd --get-services        #查看所有可以设定的服务
[root@Server01 ~]#firewall-cmd --zone=public --add-service=https
[root@Server01 ~]#firewall-cmd --permanent --zone=public --add-service
                  =https
[root@Server01 ~]#firewall-cmd --reload
success
[root@Server01 ~]#firewall-cmd --list-all            #查看生效的防火墙策略
```

(8) 把 firewalld 服务中请求 HTTPS 协议的流量设置为永久拒绝,并立即生效。

```
[root@Server01 ~]#firewall-cmd --permanent --zone=public --remove-
                  service=https
success
[root@Server01 ~]#firewall-cmd --reload
[root@Server01 ~]#firewall-cmd --list-all          #查看生效的防火墙策略
```

(9) 把在 firewalld 服务中访问 8088 和 8089 端口的流量策略设置为允许,但仅限当前生效。

```
[root@Server01 ~]#firewall-cmd --zone=public --add-port=8088-8089/tcp
success
[root@Server01 ~]#firewall-cmd --zone=public --list-ports
8088-8089/tcp
```

firewalld 中的富规则表示更细致、更详细的防火墙策略配置,它可以针对系统服务、端口号、源地址和目标地址等诸多信息进行更有针对性的策略配置。它的优先级在所有的防火墙策略中也是最高的。

7.3.2 使用图形管理工具

firewall-config 是 firewalld 防火墙配置管理工具的 GUI(graphical user interface,图形用户界面)版本,几乎可以实现所有以命令行来执行的操作。毫不夸张地说,即使读者没有扎实的 Linux 命令基础,也完全可以通过它来妥善配置 RHEL 8 中的防火墙策略。

firewall-config 默认没有安装。

1) 安装 firewall-config

```
[root@Server01 ~]#mount /dev/cdrom /media
[root@Server01 ~]#vim /etc/yum.repos.d/dvd.repo
[root@Server01 ~]#dnf install firewall-config -y
```

2) 启动图形界面的 firewall

安装完成后,计算机的"活动"菜单中就会出现防火墙图标,在终端中输入命令:firewall-config 或者单击"活动"→"防火墙"命令,打开如图 7-2 所示的界面,其功能具体如下。

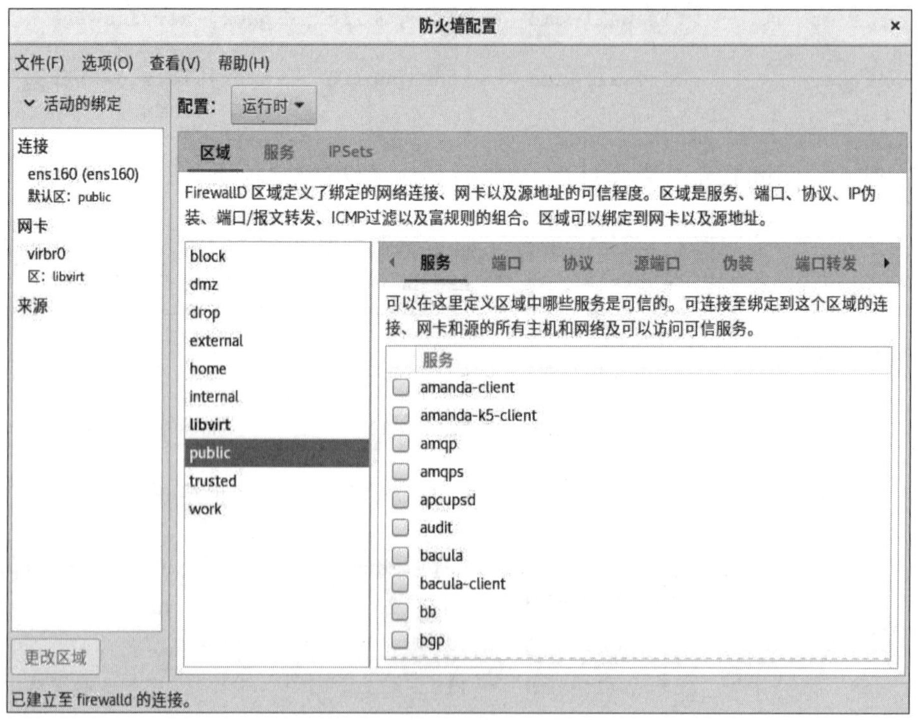

图 7-2 firewall-config 的界面

① 选择运行时模式或永久模式的配置。
② 可选的策略集合区域列表。
③ 常用的系统服务列表。
④ 当前正在使用的区域。
⑤ 管理当前被选中区域中的服务。
⑥ 管理当前被选中区域中的端口。
⑦ 开启或关闭 SNAT 技术。
⑧ 设置端口转发策略。
⑨ 控制请求 ICMP 服务的流量。
⑩ 管理防火墙的富规则。
⑪ 管理网卡设备。
⑫ 被选中区域的服务，若勾选了相应服务前面的复选框，则表示允许与之相关的流量。
⑬ firewall-config 工具的运行状态。

在使用 firewall-config 工具配置完防火墙策略之后，无须进行二次确认，因为只要有修改内容，它就自动保存。

下面进入动手实践环节。

(1) 将当前区域中请求 http 服务的流量设置为允许，但仅限当前生效。具体配置如图 7-3 所示。

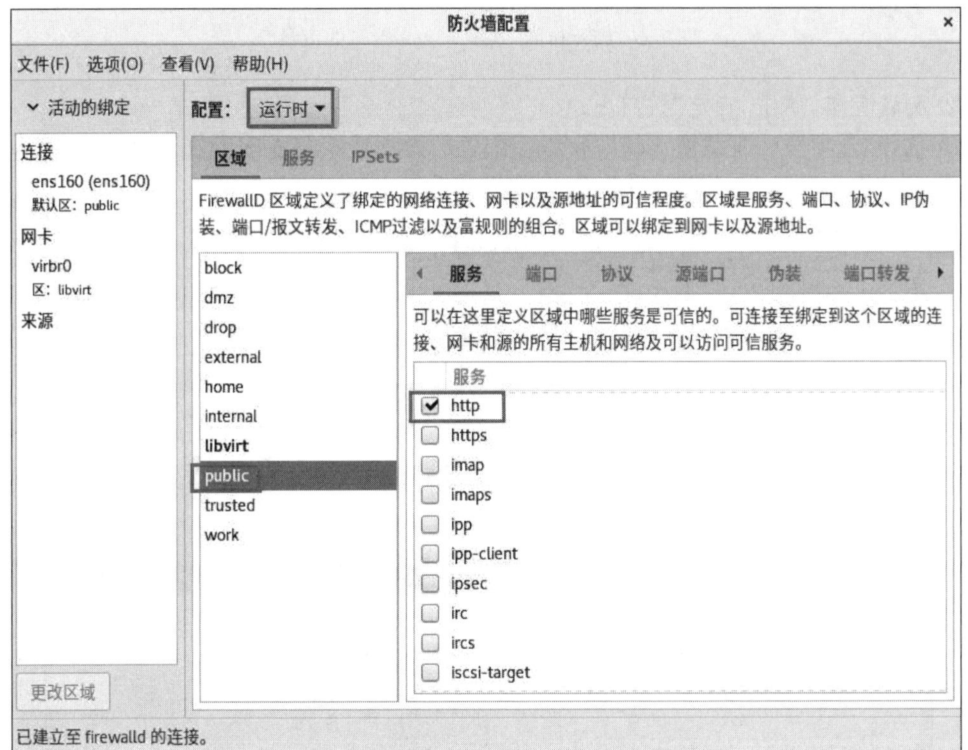

图 7-3　放行请求 http 服务的流量

(2) 尝试添加一条防火墙策略规则,使其放行访问 8088～8089 端口(TCP)的流量,并将其设置为永久生效,以达到系统重启后防火墙策略依然生效的目的。

① 选择"端口"→"添加"命令,打开如图 7-4 所示的界面。

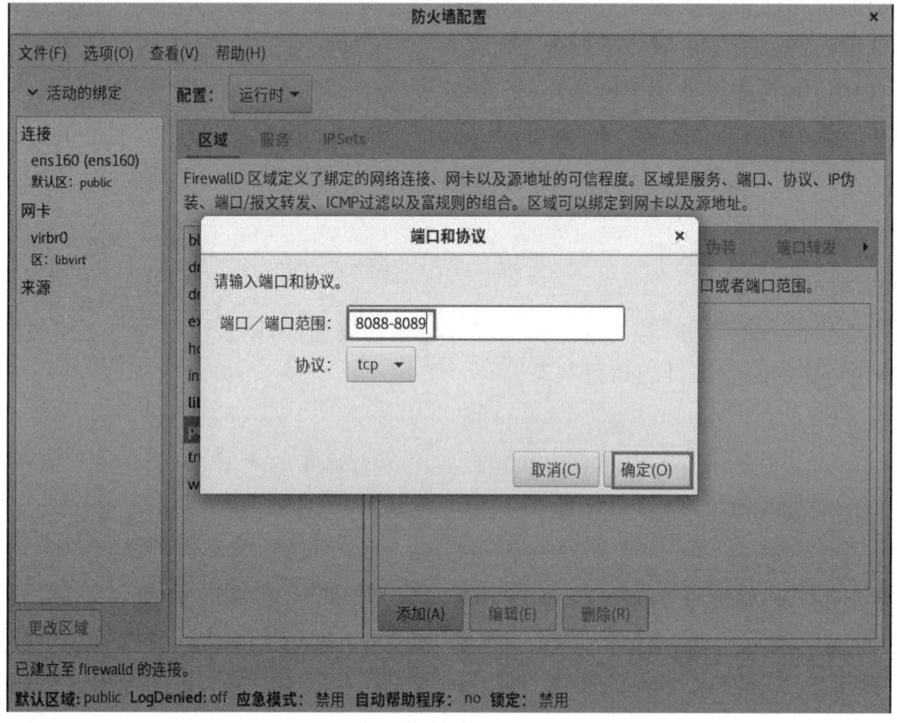

图 7-4　放行访问 8088～8089 端口的流量

② 配置完毕,单击"确定"按钮。

③ 选择"选项"→"重载防火墙"命令,让配置的防火墙策略立即生效,如图 7-5 所示。这与在命令行中执行--reload 选项的效果一样。

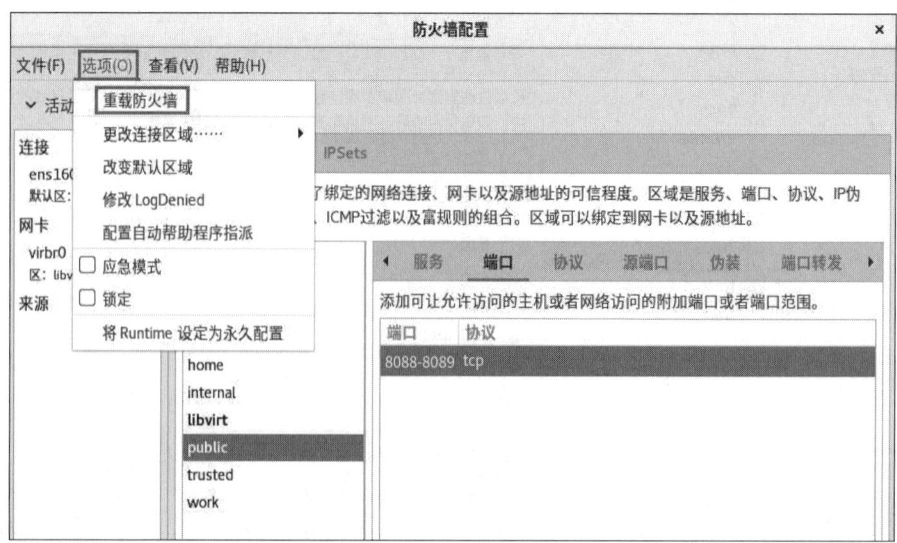

图 7-5　让配置的防火墙策略规则立即生效

7.4　管理 SELinux

SELinux 默认安装在 Fedora 和 Red Hat Enterprise Linux 上，也可以作为其他发行版上容易安装的包得到。

SELinux 是 2.6 版本的 Linux 内核中提供的 MAC 系统。对于可用的 Linux 安全模块来说，SELinux 是功能最全面且测试最充分的，它是经过 20 年的 MAC 研究基础上建立的。SELinux 在类型强制服务器中合并了多级安全性或一种可选的多类策略，并采用了基于角色的访问控制概念。

7.4.1　设置 SELinux 的模式

SELinux 有 3 个模式（可以由用户设置）。这些模式将规定 SELinux 在主体请求时如何应对。这些模式如下。

- Enforcing（强制）：SELinux 策略强制执行，基于 SELinux 策略规则授予或拒绝主体对目标的访问权限。
- Permissive（宽容）：SELinux 策略不强制执行，没有实际拒绝访问，但会有拒绝信息写入日志文件/var/log/messages。
- Disabled（禁用）：完全禁用 SELinux，使 SELinux 不起作用。

1. 使用配置文件设置 SELinux 的模式

与 SELinux 相关的文件主要有以下 3 类。

- /etc/selinux/config 和/etc/sysconfig/selinux：主要用于打开和关闭 SELinux。
- /etc/selinux/targeted/contexts：主要用于对 contexts 的配置。contexts 是 SELinux 的安全上下文，是 SELinux 实现安全访问的重要功能。
- /etc/selinux/targeted/policy：SELinux 策略文件。

对于大多数用户而言，直接修改/etc/selinux/config 和/etc/sysconfig/selinux 文件来控制是否启用 SELinux 就可以了。另外应注意，/etc/sysconfig/selinux 文件是/etc/selinux/config 的链接文件，所以只要修改一个文件的内容，另一个文件会同步改变。

【例 7-1】 查看/etc/selinux/config 文件。

```
[root@Server01 ~]# cat /etc/selinux/config -n
     1
     2  #This file controls the state of SELinux on the system.
     3  #SELINUX=can take one of these three values:
     4  #enforcing -SELinux security policy is enforced.
     5  #permissive -SELinux prints warnings instead of enforcing.
     6  #disabled -No SELinux policy is loaded.
     7  SELINUX=permissive
     8  #SELINUXTYPE=can take one of these three values:
     9  #targeted -Targeted processes are protected,
    10  #minimum -Modification of targeted policy. Only selected processes are protected.
    11  #mls -Multi Level Security protection.
    12  SELINUXTYPE=targeted
```

2. 使用命令行命令设置 SELinux 的模式

读者可以使用命令行命令 setenforce 来更改 SELinux 的模式。

【例 7-2】 将 SELinux 模式改为宽容模式。

```
[root@Server01 ~]#getenforce                          #检查当前 SELinux 的运行状态
Enforcing
[root@Server01 ~]#setenforce Permissive               #切换到宽容(Permissive)模式
[root@Server01 ~]#getenforce
Permissive
[root@Server01 ~]#setenforce 1                        #1 代表强制(Enforcing)模式
[root@Server01 ~]#getenforce
Enforcing
[root@Server01 ~]#setenforce 0                        #0 代表宽容(Permissive)模式
[root@Server01 ~]#getenforce
Permissive
[root@Server01 ~]#sestatus                            #查看 SELinux 的运行状态
SELinux status:                 enabled
SELinuxfs mount:                /sys/fs/selinux
SELinux root directory:         /etc/selinux
Loaded policy name:             targeted
Current mode:                   permissive
Mode from config file:          permissive
Policy MLS status:              enabled
Policy deny_unknown status:     allowed
Memory protection checking:     actual (secure)
Max kernel policy version:      31
```

7.4.2 设置 SELinux 安全上下文

在运行 SELinux 的系统中，所有的进程和文件都被标记上与安全有关的信息，这就是安全上下文(简称上下文)。查看用户、进程和文件的命令都带有一个选项 Z(大写字母)，可以通过此选项查看安全上下文。

【例 7-3】 使用命令查看用户、文件和进程的安全上下文。

```
[root@Server01 ~]#id -Z         #查看用户的安全上下文
unconfined_u:unconfined_r:unconfined_t:s0-s0:c0.c1023
[root@Server01 ~]#ls -Zl        #查看文件的安全上下文
总用量 8
drwxr-xr-x. 2 root root unconfined_u:object_r:admin_home_t:s0      6 8月   18 16:13
公共
drwxr-xr-x. 2 root root unconfined_u:object_r:admin_home_t:s0      6 8月   18 16:13
模板
...
-rw-r--r--. 1 root root system_u:object_r:admin_home_t:s0      1877 8月   18 16:11
initial-setup-ks.cfg
[root@Server01 ~]#ps -Z         #查看进程的安全上下文
```

```
LABEL                                          PID TTY     TIME     CMD
unconfined_u:unconfined_r:unconfined_t:s0-s0:c0.c1023 2948  pts/0   00:00:00 bash
unconfined_u:unconfined_r:unconfined_t:s0-s0:c0.c1023 3020  pts/0   00:00:00  ps
```

安全上下文由5个安全元素所组成。

- user：指示登录系统的用户类型，如root、user_u、system_u等，多数本地进程属于自由进程。
- role：定义文件、进程和用户的用途，如object_r和system_r。
- type：指定主体、客体的数据类型，规则中定义了何种进程类型访问何种文件。
- sensitivity：由组织定义的分层安全级别，如unclassified、secret等。一个对象有且只要一个分层安全级别，分0～15级，s0最低，Target策略集默认使用s0。
- category：对于特定组织划分不分层的分类，如FBI Secret、NSA secret。一个对象可以有多个分类，从c0到c1023共有1024个分类。

【例7-4】 使用命令semanage查看系统默认的上下文。

```
[root@Server01 ~]#semanage fcontext -l |head -10
SELinux fcontext        类型               上下文


/                       directory      system_u:object_r:root_t:s0
/.*                     all files      system_u:object_r:default_t:s0
/[^/]+                  regular file   system_u:object_r:etc_runtime_t:s0
...
```

文件的上下文是可以更改的，可以使用chcon命令来实现。如果系统执行重新标记上下文或执行恢复上下文操作，那么chcon命令的更改将会失效。

【例7-5】 使用chcon命令修改上下文。

```
[root@Server01 ~]#ls -Zl anaconda-ks.cfg #查看 anaconda-ks.cfg 文件的上下文类型
-rw-------. 1 root root system_u:object_r:admin_home_t:s0 1722 8月 18 16:06
anaconda-ks.cfg
[root@Server01 ~]#chcon -t httpd_cache_t anaconda-ks.cfg  #修改文件的上下文类型
[root@Server01 ~]#ls -Zl anaconda-ks.cfg
-rw-------. 1 root root system_u:object_r:httpd_cache_t:s0 1722 8月 18 16:06
anaconda-ks.cfg
[root@Server01 ~]#restorecon -v anaconda-ks.cfg #恢复 anaconda-ks.cfg 的上下文
Relabeled /root/anaconda-ks.cfg from system_u:object_r:httpd_cache_t:s0 to
system_u:object_r:admin_home_t:s0
[root@Server01 ~]#ls -Zl anaconda-ks.cfg
-rw-------. 1 root root system_u:object_r:admin_home_t:s0 1722 8月  18 16:06
anaconda-ks.cfg
```

7.4.3　管理布尔值

SELinux既可以用来控制对文件的访问，也可以控制对各种网络服务的访问。其中SELinux安全上下文实现对文件的访问控制，管理布尔值被用来实现对网络服务的访问控制。

基于不同的网络服务,管理布尔值为其设置了一个开关,用于精确地对某种网络服务的某个选项进行保护。下面是几个例子。

【例 7-6】 查看系统中所有管理布尔值的设置。

```
[root@Server01 ~]#getsebool -a
abrt_anon_write -->off
abrt_handle_event -->off
abrt_upload_watch_anon_write -->on
antivirus_can_scan_system -->off
antivirus_use_jit -->off
auditadm_exec_content -->on
authlogin_nsswitch_use_ldap -->off
```

【例 7-7】 查看系统中有关 http 的所有管理布尔值的设置。

```
[root@Server01 ~]#getsebool -a |grep http
httpd_anon_write -->off
httpd_builtin_scripting -->on
httpd_can_check_spam -->off
...
```

【例 7-8】 查看系统中有关 ftp 的所有管理布尔值的设置。

```
[root@Server01 ~]#getsebool -a |grep ftp
ftpd_anon_write -->off
ftpd_connect_all_unreserved -->off
ftpd_connect_db -->off
ftpd_full_access -->off
ftpd_use_cifs -->off
ftpd_use_fusefs -->off
ftpd_use_nfs -->off
ftpd_use_passive_mode -->off
httpd_can_connect_ftp -->off
httpd_enable_ftp_server -->off
tftp_anon_write -->off
tftp_home_dir -->off
[root@Server01 ~]#
```

可以使用 setsebool 命令来修改管理布尔值的设置。若加上 P 选项,则可以使系统重启后修改仍有效。

【例 7-9】 使用 setsebool 命令修改 ftpd_full_access 的管理布尔值。

```
#使 vsftpd 具有访问 ftp 根目录以及文件传输的权限
[root@Server01 ~]#getsebool -a |grep ftpd_full_access
ftpd_full_access -->off
#数字 1 表示 on(开启),数字 0 表示 off(关闭)
[root@Server01 ~]#setsebool ftpd_full_access=1
[root@Server01 ~]#getsebool -a |grep ftpd_full_access
```

```
ftpd_full_access -->on
#以上设置重启系统后会失效,加上大写的 P 选项,则可以确保重启系统后设置仍生效
[root@Server01 ~]#setsebool -P ftpd_full_access=on
[root@Server01 ~]#setsebool -P ftpd_full_access 1        #也可使用空格代替"="
```

7.5　NAT(SNAT 和 DNAT)企业实战案例

firewall 防火墙利用 NAT 表能够实现 NAT 功能,将内网地址与外网地址进行转换,完成内、外网的通信。NAT 表支持以下 3 种操作。

(1) SNAT:改变数据包的源地址。防火墙会使用外部地址,替换数据包的本地网络地址,这样使网络内部主机能够与网络外部通信。

(2) DNAT:改变数据包的目的地址。防火墙接收到数据包后,会替换该包目的地址,重新转发到网络内部的主机。当应用服务器处于网络内部时,防火墙接收到外部的请求,会按照规则设定,将访问重定向到指定的主机上,使外部的主机能够正常访问网络内部的主机。

(3) MASQUERADE:MASQUERADE 的作用与 SNAT 完全一样,改变数据包的源地址。因为对每个匹配的包,MASQUERADE 都要自动查找可用的 IP 地址,而不像 SNAT 用的 IP 地址是配置好的,所以会加重防火墙的负担。当然,如果接入外网的地址不是固定地址,而是 ISP 随机分配的,使用 MASQUERADE 将会非常方便。

下面以一个具体的综合案例来说明如何在 RHEL 上配置 NAT 服务,使得内、外网主机互访。

7.5.1　企业环境和需求

公司网络拓扑图如图 7-6 所示。内部主机使用 192.168.10.0/24 网段的 IP 地址,并且使用 Linux 主机作为服务器连接互联网,外网地址为固定地址 202.112.113.112。现需要满足如下要求。

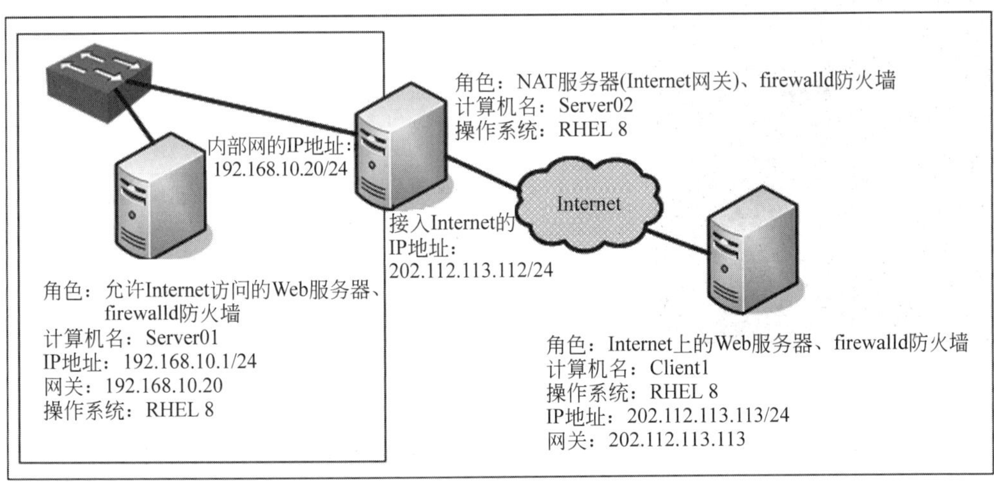

图 7-6　企业网络拓扑图

(1) 配置 SNAT 保证内网用户能够正常访问 Internet。

(2) 配置 DNAT 保证外网用户能够正常访问内网的 Web 服务器。

Linux 服务器和客户端的信息如表 7-4 所示(可以使用 VM 的克隆技术快速安装需要的 Linux 客户端)。

表 7-4 Linux 服务器和客户端的信息

主机名称	操作系统	IP 地址	角色
内网 NAT 客户端：Server01	RHEL 8	IP：192.168.10.1(VMnet1)； 默认网关：192.168.10.20	Web 服务器、firewalld 防火墙
防火墙：Server02	RHEL 8	IP1：192.168.10.20(VMnet1)； IP2：202.112.113.112(VMnet8)	firewalld 防火墙、SNAT、DNAT
外网 NAT 客户端：Client1	RHEL 8	202.112.113.113(VMnet8)	Web、firewalld 防火墙

7.5.2 解决方案

1. 配置 SNAT 并测试

1) 在 Server02 上安装双网卡

(1) 在 Server02 关机状态下,在虚拟机中添加两块网卡：第 1 块网卡连接到 VMnet1,第 2 块网卡连接到 VMnet8。

(2) 启动 Server02 计算机,以 root 用户身份登录计算机。

(3) 单击右上角的网络连接图标,配置过程如图 7-7 和图 7-8 所示(计算机原来的网卡是 ens160,第 2 块网卡系统自动命名为了 ens224)。

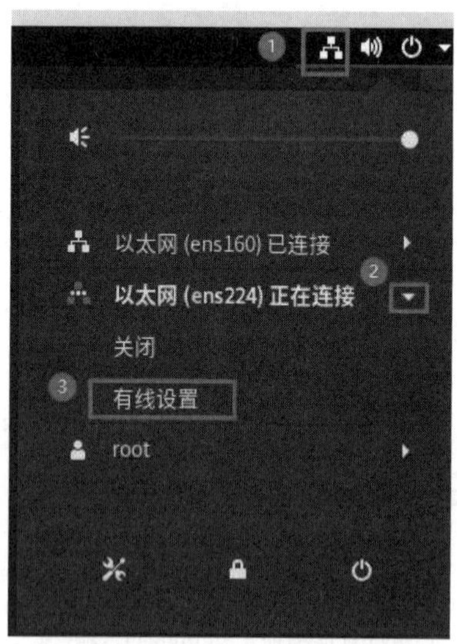

图 7-7 ens224 的有线设置

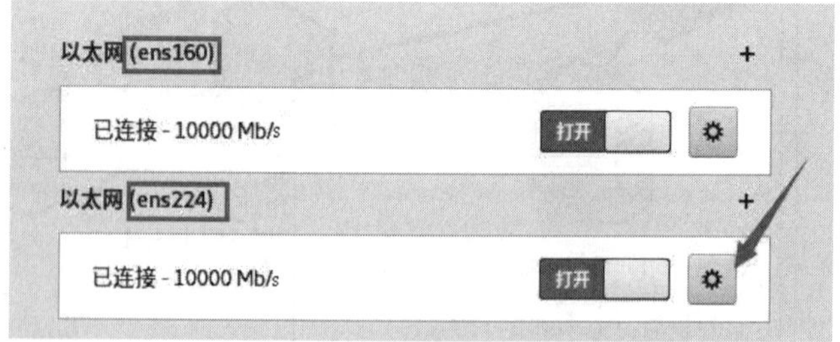

图 7-8 网络设置

(4) 单击齿轮可以设置网络接口 ens224 的 IPv4 的地址：202.112.113.112/24。

(5) 按照前述方法,设置 ens160 网卡的 IP 地址为 192.168.10.20/24。

在 Server02 上测试双网卡的 IP 设置是否成功。

```
[root@Server02 ~]#ifconfig
ens160: flags=4163<UP,BROADCAST,RUNNING,MULTICAST>mtu 1500
        inet 192.168.10.2  netmask 255.255.255.0 broadcast 192.168.10.255
        ...

ens224: flags=4163<UP,BROADCAST,RUNNING,MULTICAST>mtu 1500
        inet 202.112.113.112 netmask 255.255.255.0 broadcast 202.112.113.255
        ...
```

2）测试环境

（1）根据表 7-4 和图 7-6 配置 Server01 和 Client1 的 IP 地址、子网掩码、网关等信息。Server02 要安装双网卡，同时一定要注意计算机的网络连接方式。

注　意

Client1 的网关不要设置，或者设置成为自身的 IP 地址(202.112.113.113)。

（2）在 Server01 上测试与 Server02 和 Client1 的连通性。

```
[root@Server01  ~]#ping  192.168.10.20    -c 4                    //通
[root@Server01  ~]#ping  202.112.113.112  -c 4                    //通
[root@Server01  ~]#ping  202.112.113.113  -c 4                    //不通
```

（3）在 Server02 上测试与 Server01 和 Client1 的连通性。都是畅通的。

```
[root@Server02 ~]#ping -c 4 192.168.10.1
[root@Server02 ~]#ping -c 4 202.112.113.113
```

（4）在 Client1 上测试与 Server01 和 Server02 的连通性。Client1 与 Server01 是不通的。

```
[root@Client1 ~]#ping -c 4 202.112.113.112        //通
[root@Client1 ~]#ping -c 4 192.168.10.1           //不通
connect: 网络不可达
```

3）在 Server02 上开启转发功能

```
[root@client1  ~]#cat  /proc/sys/net/ipv4/ip_forward
1       //确认开启路由存储转发,其值为 1。若没开启,需要下面的操作

[root@Server02 ~]#echo 1 >/proc/sys/net/ipv4/ip_forward
```

4）在 Server02 上将接口 ens224 加入外部网络区域

由于内网的计算机无法在外网上路由，所以内部网络的计算机 Server01 是无法上网的。因此需要通过 NAT 将内网计算机的 IP 地址转换成 RHEL 主机 ens224 接口的 IP 地址。为了实现这个功能，首先需要将接口 ens224 加入外部网络区域。在 firewall 中，外部网络被定义为一个直接与外部网络相连接的区域，来自此区域中的主机连接将不被信任。

```
[root@Server02 ~]#firewall-cmd --get-zone-of-interface=ens224
public
[root@Server02 ~]#firewall-cmd --permanent --zone=external --change-
                  interface=ens224
The interface is under control of NetworkManager, setting zone to 'external'.
success
[root@Server02 ~]#firewall-cmd --zone=external --list-all
                  external (active)
  target: default
  icmp-block-inversion: no
  interfaces: ens224
  sources:
  services: ssh
  ports:
  protocols:
  masquerade: no
  ...
```

5）由于需要 NAT 上网，所以将外部区域的伪装打开(Server02)

```
[root@Server02 ~]#firewall-cmd --permanent --zone=external --add-masquerade
[root@Server02 ~]#firewall-cmd --reload
success
[root@Server02 ~]#firewall-cmd --permanent --zone=external --query
                  -masquerade
yes               #查询伪装是否打开，用下面的命令也可以
[root@Server02 ~]#firewall-cmd --zone=external --list-all
external (active)
  ...
  interfaces: ens224
  ...
  masquerade: yes
  ...
```

6）在 Server02 上配置内部接口 ens160

具体做法是将内部接口加入内部网络区域中。

```
[root@Server02 ~]#firewall-cmd --get-zone-of-interface=ens160
public
[root@Server02 ~]#firewall-cmd --permanent --zone=internal --change-
                  interface=ens160
The interface is under control of NetworkManager, setting zone to 'internal'.
success
[root@Server02 ~]#firewall-cmd --reload
[root@Server02 ~]#firewall-cmd --zone=internal --list-all
internal (active)
  target: default
  icmp-block-inversion: no
  interfaces: ens160
  ...
```

7）在外网 Client1 上配置供测试的 Web

```
[root@client2  ~]#mount  /dev/cdrom   /media
[root@client2  ~]#dnf  clean  all
[root@client2  ~]#dnf  install  httpd  -y
[root@client2  ~]#firewall-cmd  --permanent  --add-service=http
[root@client2  ~]#firewall-cmd  --reload
[root@client2  ~]#firewall-cmd  -list-all
[root@client2  ~]#systemctl  restart  httpd
[root@client2  ~]#netstat  -an  |grep  :80                    //查看 80 端口是否开放
[root@client2  ~]#firefox  127.0.0.1
```

8）在内网 Server01 上测试 SNAT 配置是否成功

```
[root@Server01  ~]#ping  202.112.113.113 -c 4
[root@Server01  ~]#firefox   202.112.113.113
```

网络应该是畅通的，且能访问到外网的默认网站。

思考：请读者在 Client1 上查看/var/log/httpd/access_log 中是否包含源地址 192.168.10.1，并说明原因，再确认是否包含 202.112.113.112。

```
[root@Client1 ~]#cat /var/log/httpd/access_log |grep 192.168.10.1
[root@Client1 ~]#cat /var/log/httpd/access_log |grep 202.112.113.112
```

2. 配置 DNAT 并测试

1）在 Server01 上配置内网 Web 及防火墙

```
[root@Server01  ~]#mount  /dev/cdrom  /media
[root@Server01  ~]#dnf  clean  all
[root@Server01  ~]#dnf  install  httpd  -y
[root@Server01  ~]#systemctl  restart  httpd
[root@Server01  ~]#netstat  -an  |grep  :80                  //查看 80 端口是否开放
[root@Server01  ~]#firefox 127.0.0.1
```

2）在 Server02 上配置 DNAT

要想让外网能访问到内网的 Web 服务器，需要进行端口映射，将外网的 Web 访问映射到内网 Server01 的 80 端口。

```
#外部网络区域的 80 端口的请求都转发到 192.168.10.1。加了"--permanent"需要重启防火墙
 才能生效
[root@Server02 ~]#firewall-cmd --permanent --zone=external --add-forward-
port=port=80:proto=tcp:toaddr=192.168.10.1
success
[root@Server02 ~]#firewall-cmd --reload
#查询端口映射结果
[root@Server02 ~]#firewall-cmd --zone=external --query-forward-port=port=
                 80:proto=tcp:toaddr=192.168.10.1
yes
```

```
[root@Server02 ~]#firewall-cmd --zone=external --list-all#查询端口映射结果
                  external (active)
  ...
  masquerade: yes
  forward-ports: port=80:proto=tcp:toport=:toaddr=192.168.10.1
  ...
```

3）在外网 Client1 上测试

在外网上访问的是 202.112.113.112，NAT 服务器 Server02 会将该 IP 地址的 80 端口的请求转发到内网 Server01 的 80 端口，如图 7-9 所示。

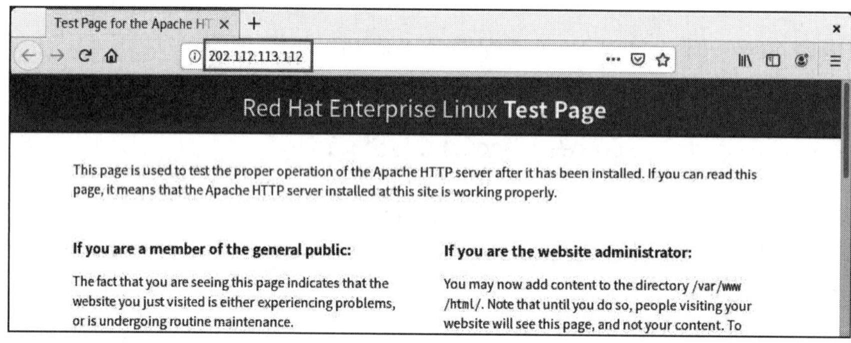

图 7-9 测试成功

注 意

不是直接访问 192.168.10.1。直接访问内网地址是访问不到的。测试如下：

```
[root@client2 ~]#ping 192.168.10.1
connect: 网络不可达
[root@client2 ~]#firefox 202.112.113.112
```

3. 恢复实训现场

实训结束后删除 Server02 上的 SNAT 和 DNAT 信息。

```
[root@Server02 ~]#firewall-cmd --permanent --zone=external --remove-forward
                  -port=port=80:proto =tcp:toaddr=192.168.10.1
[root@Server02 ~]#firewall-cmd --permanent --zone=public --change-interface
                  =ens224
[root@Server02 ~]#firewall-cmd --permanent --zone=public --change-interface
                  =ens160
[root@Server02 ~]#firewall-cmd --reload
```

7.6 项目实录：配置与管理 firewalld 防火墙

实训项目 配置与管理 firewalld 防火墙

1. 观看视频

实训前请扫描二维码观看视频。

2. 项目背景

假如某公司需要接入 Internet，由 ISP 分配 IP 地址 202.112.

113.112。采用 iptables 作为 NAT 服务器接入网络，内网采用 192.168.1.0/24 地址，外网采用 202.112.113.112 地址。为确保安全，需要配置防火墙功能，要求内部仅能够访问 Web、DNS 及 E-mail 三台服务器；内网 Web 服务器 192.168.1.2 通过端口映像方式对外提供服务。网络拓扑如图 7-10 所示。

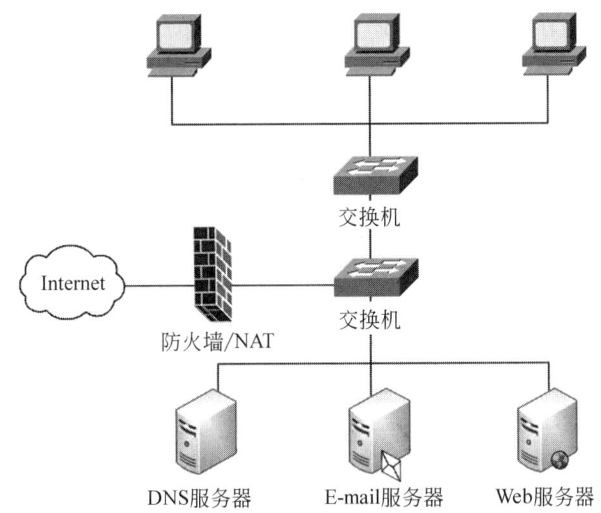

图 7-10　配置 firewalld 防火墙网络拓扑

3. 深度思考

在观看视频时思考以下几个问题。

(1) 为何要设置两块网卡的 IP 地址？如何设置网卡的默认网关？

(2) 如何接受或拒绝 TCP、UDP 的某些端口？

(3) 如何屏蔽 ping 命令？如何屏蔽扫描信息？

(4) 如何使用 SNAT 来实现内网访问互联网？如何实现 DNAT？

(5) 在客户端如何设置 DNS 服务器地址？

4. 做一做

根据项目要求及视频内容，将项目完整无缺地完成。

7.7　练习题

一、填空题

1. ________可以使企业内部局域网与 Internet 之间或者与其他外部网络间互相隔离、限制网络互访，以此来保护________。

2. 防火墙大致可以分为三大类，分别是________、________和________。

3. ________表仅用于网络地址转换，其具体的动作有________、________以及________。

4. NAT 位于使用专用地址的________和使用公用地址的________之间。

5. SELinux 有三个模式：________、________和________。

6. ________(简称上下文)中查看用户、进程和文件的命令都带有一个选项________，可以通过此选项查看上下文。

7. 安全上下文有 5 个安全元素：________、________、________、________和________。
8. ________实现对文件的访问控制，________被用来实现对网络服务的访问控制。

二、选择题

1. 在 RHEL 8 的内核中，提供 TCP/IP 包过滤功能的服务是(　　)。

   A. firewall　　B. iptables　　C. firewalld　　D. filter

2. 关于 IP 伪装的适当描述是(　　)。

   A. 它是一个转化包的数据的工具

   B. 它的功能就像 NAT 系统：转换内部 IP 地址到外部 IP 地址

   C. 它是一个自动分配 IP 地址的程序

   D. 它是一个将内部网连接到 Internet 的工具

三、简述题

1. 简述防火墙的概念、分类及作用。
2. 简述 NAT 的工作过程。
3. 简述 firewalld 中区域的作用。
4. 如何在 firewalld 中把默认的区域设置为 dmz?
5. 如何让 firewalld 中以永久模式配置的防火墙策略规则立即生效?
6. 使用 SNAT 技术的目的是什么?

第 8 章 配置与管理代理服务器

某高校组建了校园网，并且已经架设了 Web、FTP、DNS、DHCP、E-mail 等功能的服务器来为校园网用户提供服务，现有如下问题需要解决。

（1）需要架设防火墙以实现校园网的安全。

（2）由于校园网使用的是私有地址，需要转换网络地址，使校园网中的用户能够访问互联网。

该项目实际上是由 Linux 的防火墙与代理服务器：firewall 和 squid 来完成的，通过该角色部署 firewall、NAT、squid，能够实现上述功能。现在来学习关于代理服务器的知识和技能。

学习要点

- 了解代理服务器的基本知识。
- 掌握 squid 代理服务器的配置。

8.1 代理服务器概述

代理服务器（proxy server）等同于内网与 Internet 的桥梁。普通的 Internet 访问是一个典型的客户机与服务器结构：用户利用计算机上的客户端程序，如浏览器发出请求，远端 www 服务器程序响应请求并提供相应的数据。而 Proxy 处于客户机与服务器之间，对于服务器来说，Proxy 是客户机，Proxy 提出请求，服务器响应；对于客户机来说，Proxy 是服务器，它接受客户机的请求，并将服务器上传来的数据转给客户机。它的作用如同现实生活中的代理服务商。

8.1.1 代理服务器的工作原理

当客户端在浏览器中设置好 Proxy 服务器后，所有使用浏览器访问 Internet 站点的请求都不会直接发给目的主机，而是首先发送至代理服务器，代理服务器接收到客户端的请求以后，由代理服务器向目的主机发出请求，并接收目的主机返回的数据，存放在代理服务器的硬盘，然后再由代理服务器将客户端请求的数据转发给客户端。具体流程如图 8-1 所示。

（1）当客户端 A 对 Web 服务器端提出请求时，此请求会首先发送到代理服务器。

（2）代理服务器接收到客户端请求后，会检查缓存中是否存有客户端所需要的数据。

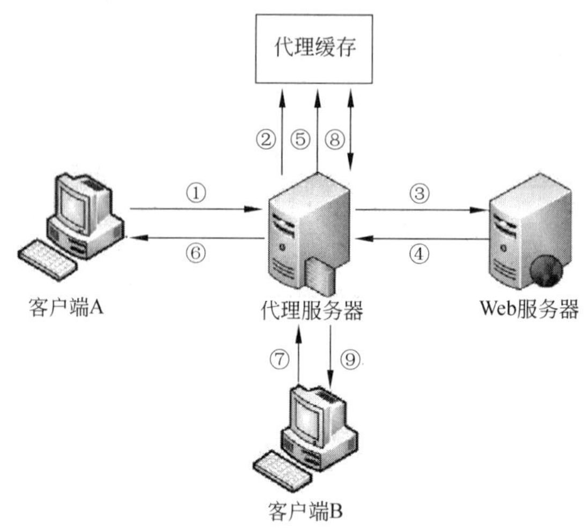

图 8-1 代理服务器工作原理

(3) 如果代理服务器没有客户端 A 所请求的数据,它将会向 Web 服务器提交请求。

(4) Web 服务器响应请求的数据。

(5) 代理服务器从服务器获取数据后,会保存至本地的缓存,以备以后查询使用。

(6) 代理服务器向客户端 A 转发 Web 服务器的数据。

(7) 客户端 B 访问 Web 服务器,向代理服务器发出请求。

(8) 代理服务器查找缓存记录,确认已经存在 Web 服务器的相关数据。

(9) 代理服务器直接回应查询的信息,而不需要再去服务器进行查询。从而达到节约网络流量和提高访问速度的目的。

8.1.2 代理服务器的作用

(1) 提高访问速度。因为客户要求的数据存于代理服务器的硬盘中,因此下次这个客户或其他客户再要求相同目的站点的数据时,就会直接从代理服务器的硬盘中读取,代理服务器起到了缓存的作用,热门站点有很多客户访问时,代理服务器的优势更为明显。

(2) 用户访问限制。因为所有使用代理服务器的用户都必须通过代理服务器访问远程站点,因此在代理服务器上就可以设置相应的限制,以过滤或屏蔽掉某些信息。这是局域网网管对局域网用户访问范围限制最常用的办法,也是局域网用户为什么不能浏览某些网站的原因。拨号用户如果使用代理服务器,同样必须服从代理服务器的访问限制。

(3) 安全性得到提高。无论是上聊天室还是浏览网站,目的网站只能知道使用的代理服务器的相关信息,而客户端真实 IP 就无法测知,这就使使用者的安全性得以提高。

8.2 案例设计与准备

8.2.1 案例设计

网络建立初期,人们只考虑如何实现通信而忽略了网络的安全。而防火墙可以通过使企业内部局域网与 Internet 之间或者与其他外部网络互相隔离、限制网络互访来保护内部网络。

大量拥有内部地址的机器组成了企业内部网，那么如何连接内部网与 Internet？代理服务器将是很好的选择，它能够解决内部网访问 Internet 的问题并提供访问的优化和控制功能。

本项目设计在安装有企业版 Linux 网络操作系统的服务器上安装 squid 代理服务器。

8.2.2 项目准备

部署 squid 代理服务器应满足下列需求。

(1) 安装好的企业版 Linux 网络操作系统，并且必须保证常用服务正常工作。客户端使用 Linux 或 Windows 网络操作系统。服务器和客户端能够通过网络进行通信。

(2) 或者利用虚拟机设置网络环境。如果模拟互联网的真实情况，则需要 3 台虚拟机，如表 8-1 所示。

表 8-1　Linux 服务器和客户端的地址及角色信息

主机名称	操作系统	IP 地址	角色
内网服务器：Server01	RHEL 8	192.168.10.1(VMnet1)	Web 服务器、firewalld 防火墙
squid 代理服务器：Server02	RHEL 8	IP1:192.168.10.20(VMnet1) IP2:202.112.113.112(VMnet8)	firewalld、squid
外网 Linux 客户端：Client1	RHEL 8	202.112.113.113(VMnet8)	Web、firewalld

8.3 安装与配置 squid 服务器

8.3.1 安装、启动、停止与随系统启动 squid 服务

对于 Web 用户来说，squid 是一个高性能的代理缓存服务器，可以加快内部网浏览 Internet 的速度，提高客户机的访问命中率。squid 不仅支持 HTTP，还支持 FTP、gopher、SSL 和 WAIS 等协议。和一般的代理缓存软件不同，squid 用一个单独的、非模块化的 I/O 驱动的进程来处理所有的客户端请求。

1. squid 软件包与常用配置项

(1) squid 软件包

- 软件包名：squid。
- 服务名：squid。
- 主程序：/usr/sbin/squid。
- 配置目录：/etc/squid/。
- 主配置文件：/etc/squid/squid.conf。
- 默认监听端口：TCP 3128。
- 默认访问日志文件：/var/log/squid/access.log。

(2) 常用配置项

- http_port 3128。

- access_log /var/log/squid/access.log。
- visible_hostname proxy.example.com。

2. 安装、启动、停止 squid 服务(在 Server02 上安装)

```
[root@Server02 ~]#rpm -qa |grep squid
[root@Server02 ~]#mount /dev/cdrom /media
[root@Server02 ~]#dnf clean all                          #安装前先清除缓存
[root@Server02 ~]#dnf install squid -y
[root@Server02 ~]#systemctl start squid                  #启动 squid 服务
[root@Server02 ~]#systemctl enable squid                 #开机自动启动
```

8.3.2 配置 squid 服务器

squid 服务的主配置文件是/etc/squid/squid.conf,用户可以根据自己的实际情况修改相应的选项。

1. 几个常用的选项

与之前配置过的服务程序大致类似,squid 服务程序的配置文件也是存放在/etc 目录下一个以服务名称命名的目录中。表 8-2 是一些常用的 squid 服务程序配置参数。

表 8-2 常用的 squid 服务程序配置参数以及作用

参 数	作 用
http_port 3128	监听的端口号
cache_mem 64M	内存缓冲区的大小
cache_dir ufs /var/spool/squid 2000 16 256	硬盘缓冲区的大小
cache_effective_user squid	设置缓存的有效用户
cache_effective_group squid	设置缓存的有效用户组
dns_nameservers [IP 地址]	一般不设置,而是用服务器默认的 DNS 地址
cache_access_log /var/log/squid/access.log	访问日志文件的保存路径
cache_log /var/log/squid/cache.log	缓存日志文件的保存路径
visible_hostnamewww.smile.com	设置 squid 服务器的名称

2. 设置访问控制列表

squid 代理服务器是 Web 客户机与 Web 服务器之间的中介,它实现访问控制,决定哪一台客户机可以访问 Web 服务器以及如何访问。squid 服务器通过检查具有控制信息的主机和域的访问控制列表(ACL)来决定是否允许某客户机访问。ACL 是要控制客户的主机和域的列表。使用 acl 命令可以定义 ACL,该命令在控制项中创建标签。用户可以使用 http_access 等命令定义这些控制功能,可以基于多种 acl 选项,如源 IP 地址、域名,甚至时间和日期等来使用 acl 命令定义系统或者系统组。

1) acl

acl 命令的格式如下。

```
acl 列表名称 列表类型 [-i] 列表值
```

其中，列表名称用于区分 squid 的各个访问控制列表，任何两个访问控制列表不能用相同的列表名。一般来说，为了便于区分列表的含义，应尽量使用意义明确的列表名称。

列表类型用于定义可被 squid 识别的类别。例如，可以通过 IP 地址、主机名、域名、日期和时间等。常见的列表类型如表 8-3 所示。

表 8-3 ACL 列表类型选项

ACL 列表类型	说 明
src ip-address/netmask	客户端源 IP 地址和子网掩码
src addr1-addr4/netmask	客户端源 IP 地址范围
dst ip-address/netmask	客户端目标 IP 地址和子网掩码
myip ip-address/netmask	本地套接字 IP 地址
srcdomain domain	源域名(客户机所属的域)
dstdomain domain	目的域名(Internet 中的服务器所属的域)
srcdom_regex expression	对来源的 URL 做正则匹配表达式
dstdom_regex expression	对目的 URL 做正则匹配表达式
time	指定时间。用法：acl aclname time [day-abbrevs] [h1:m1-h2:m2] 其中，day-abbrevs 可以为 S(Sunday)、M(Monday)、T(Tuesday)、W(Wednesday)、H(Thursday)、F(Friday)、A(Saturday) 注意：h1:m1 一定要比 h2:m2 小
port	指定连接端口，如 acl SSL_ports port 443
Proto	指定使用的通信协议，如 acl allowprotolist proto HTTP
url_regex	设置 URL 规则匹配表达式
urlpath_regex:URL-path	设置略去协议和主机名的 URL 规则匹配表达式

更多的 ACL 类型表达式可以查看 squid.conf 文件。

2) http_access

设置允许或拒绝某个访问控制列表的访问请求。格式如下。

```
http_access [allow|deny] 访问控制列表的名称
```

squid 服务器在定义访问控制列表后，会根据 http_access 选项的规则允许或禁止满足一定条件的客户端的访问请求。

【例 8-1】 拒绝所有客户端的请求。

```
acl all src 0.0.0.0/0.0.0.0
http_access deny all
```

【例 8-2】 禁止 192.168.1.0/24 网段的客户机上网。

```
acl client1 src 192.168.1.0/255.255.255.0
http_access deny client1
```

【例 8-3】 禁止用户访问域名为 www.playboy.com 的网站。

```
acl baddomain dstdomain www.playboy.com
http_access deny baddomain
```

【例 8-4】 禁止 192.168.1.0/24 网络的用户在周一到周五的 9:00—18:00。

```
acl client1 src 192.168.1.0/255.255.255.0
acl badtime time MTWHF 9:00-18:00
http_access deny client1 badtime
```

【例 8-5】 禁止用户下载 *.mp3、*.exe、*.zip 和 *.rar 类型的文件。

```
acl badfile urlpath_regex -i  \.mp3$\.exe$\.zip$\.rar$
http_access deny badfile
```

【例 8-6】 屏蔽 www.whitehouse.gov 站点。

```
acl badsite dstdomain -i www.whitehouse.gov
http_access deny badsite
```

-i 表示忽略大小写字母,默认情况下 squid 是区分大小写的。

【例 8-7】 屏蔽所有包含"sex"的 URL 路径。

```
acl sex url_regex -i sex
http_access deny sex
```

【例 8-8】 禁止访问 22、23、25、53、110、119 这些危险端口。

```
acl dangerous_port port 22 23 25 53 110 119
http_access deny dangerous_port
```

如果不确定哪些端口具有危险性,也可以采取更为保守的方法,就是只允许访问安全的端口。

默认的 squid.conf 包含下面的安全端口 ACL。

```
acl safe_port1 port 80                #http
acl safe_port2 port 21                #ftp
acl safe_port3 port 443 563           #https,snews
acl safe_port4 port 70                #gopher
acl safe_port5 port 210               #wais
acl safe_port6 port 1025-65535        #unregistered  ports
acl safe_port7 port 280               #http-mgmt
acl safe_port8 port 488               #gss-http
acl safe_port9 port 591               #filemaker
acl safe_port10 port 777              #multiling  http
acl safe_port11 port 210              #waisp
```

```
http_access deny !safe_port1
http_access deny !safe_port2
      ...
http_access deny !safe_port11
```

“http_access deny ！ safe_port1”表示拒绝所有非 safe_ports 列表中的端口。这样设置可以使系统的安全性得到进一步保障。其中感叹号“!”表示取反。

注 意

由于 squid 是按照顺序读取访问控制列表的，所以合理安排各个访问控制列表的顺序至关重要。

8.4　企业实战与应用

利用 squid 和 NAT 功能可以实现透明代理。透明代理的意思是客户端根本不需要知道有代理服务器存在，客户端不需要在浏览器或其他的客户端工作中做任何设置，只需要将默认网关设置为 Linux 服务器的 IP 地址即可(内网 IP 地址)。

8.4.1　企业环境和需求

透明代理服务的典型应用环境如图 8-2 所示，企业需求如下。

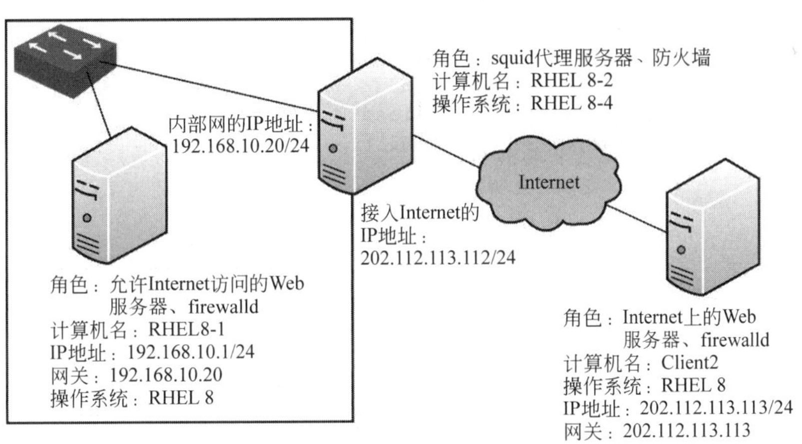

图 8-2　透明代理服务的典型应用环境

上图要改的地方是：RHEL8-1 改为 Server01、RHEL8-2 改为 Server02、Client1 改为 Client1、iptables 改为 firewalld，其他不变。

(1) 客户端在设置代理服务器地址和端口的情况下能够访问互联网上的 Web 服务器。

(2) 客户端不需要设置代理服务器地址和端口就能够访问互联网上的 Web 服务器，即透明代理。

(3) Server02 配置为代理服务，内存为 2GB；硬盘为 SCSI 硬盘，容量为 200GB，设置 10GB 空间为硬盘缓存；要求所有客户端都可以上网。

8.4.2 手动设置代理服务器解决方案

1. 部署环境

1) 在 Server02 上安装双网卡

具体方法参见 8.4.1 的相关内容。作者的计算机的第 1 块网卡是 ens160,第 2 块网卡系统自动命名为 ens224。

2) 配置 IP 地址、网关等信息

本实训由 3 台 Linux 虚拟机组成,请按要求进行 IP 地址、网关等信息的设置:一台是 squid 代理服务器(Server02),双网卡(IP1:192.168.10.20/24,连接 VMnet1,IP2:202.112.113.112/24,连接 VMnet8);一台是安装 Linux 操作系统的 squid 客户端(Server01,IP:192.168.10.1/24,网关:192.168.10.20,连接 VMnet1);还有一台是互联网上的 Web 服务器,也安装了 Linux(IP:202.112.113.113,连接 VMnet8)。

请读者注意各网卡的网络连接方式是 VMnet1 还是 VMnet8。各网卡的 IP 地址信息可以永久设置。

(1) 在 Server01 上设置 IP 地址等信息。

(2) 在 Client1 上安装 httpd 服务,让防火墙允许,并测试默认网络配置是否成功。

```
[root@Client1 ~]#mount /dev/cdrom  /media                #挂载安装光盘
[root@Client1 ~]#dnf clean all
[root@Client1 ~]#dnf install httpd -y                    #安装 Web
[root@Client1 ~]#systemctl start httpd
[root@Client1 ~]#systemctl enable httpd
[root@Client1 ~]#systemctl start firewalld
[root@Client1 ~]#firewall-cmd --permanent --add-service=http
                                                         #让防火墙放行 httpd 服务
[root@Client1 ~]#firewall-cmd --reload
[root@Client1 ~]#firefox 202.112.113.113                 #测试 Web 配置是否成功
```

注 意

Client1 的网关不要设置,或者设置成为自身的 IP 地址(202.112.113.113)。

2. 在 Server02 上安装 squid 服务(前面已安装),配置 squid 服务(行号为大致位置)

```
[root@Server02 ~]#vim /etc/squid/squid.conf
...
55 acl localnet src 192.0.0.0/8
56 http_access allow localnet
57 http_access deny all
#上面 3 行的意思是,定义 192.0.0.0 的网络为 localnet,允许访问 localnet,其他都被拒绝
64 http_port 3128
67 cache_dir ufs /var/spool/squid 10240 16 256
#设置硬盘缓存大小为 10GB,目录为/var/spool/squid,一级子目录 16 个,二级子目录 256 个
68 visible_hostname Server02
[root@Server02 ~]#systemctl start squid
[root@Server02 ~]#systemctl enable squid
```

3. 在 Linux 客户端 Server01 上测试代理设置是否成功

（1）打开 Firefox 浏览器，配置代理服务器。在浏览器中，按下 Alt 键调出菜单，选择“编辑”→“首选项”→“网络”→“设置”命令，打开“连接设置”对话框，单击“手动代理配置”，将代理服务器地址设为 192.168.10.20，端口设为 3128，如图 8-3 所示。设置完成后单击“确定”按钮退出。

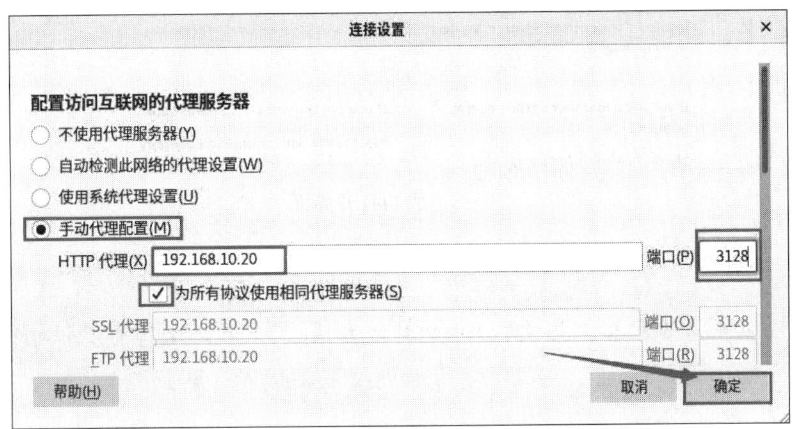

图 8-3　在 Firefox 中配置代理服务器

（2）在浏览器地址栏输入 http://202.112.113.113，按 Enter 键，出现图 8-4 所示的错误提示界面。

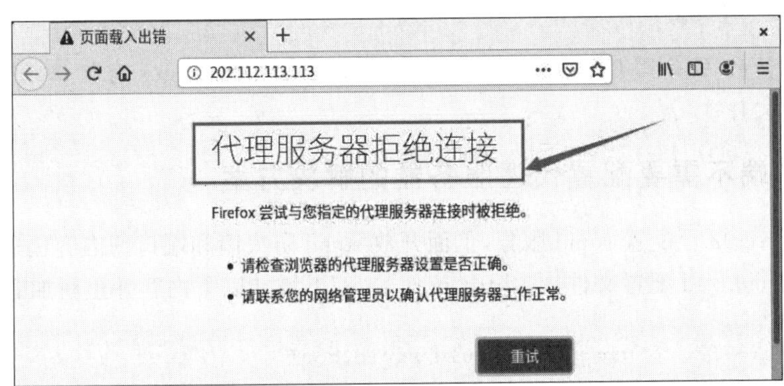

图 8-4　不能正常连接

4. 排除故障

（1）解决方案：在 Server02 上设置防火墙，当然也可以使用 stop 停止全部防火墙。

```
[root@Server02 ~]#firewall-cmd --permanent --add-service=squid
[root@Server02 ~]#firewall-cmd --permanent --add-port=80/tcp
[root@Server02 ~]#firewall-cmd --reload
[root@Server02 ~]#netstat -an |grep :3128                    #3128 端口正常监听
tcp6    0   0 :::3128       :::*                             LISTEN
```

（2）在 **Server01** 浏览器地址栏输入 http://202.112.113.113，按 Enter 键，出现图 8-5 所

示的正确提示界面。

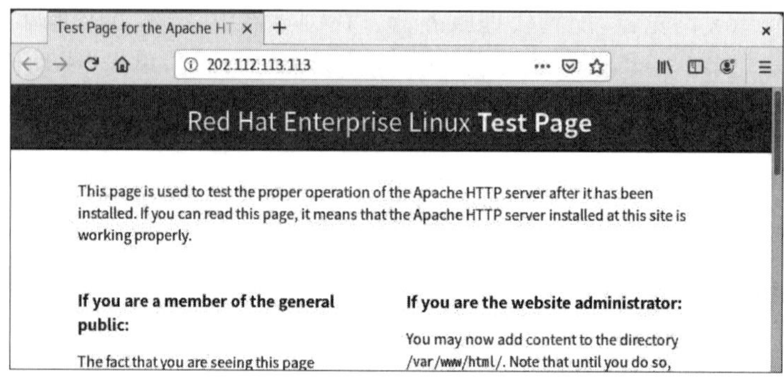

图 8-5　成功打开界面

服务器的设置一要考虑 firewall 防火墙，二要考虑管理布尔值(SELinux)。

5. 在 Linux 服务器端 Server02 上查看日志文件

```
[root@Server02 ~]#vim /var/log/squid/access.log
532869125.169 5 192.168.10.1 TCP_MISS/403 4379 GET http:#202.112.113.113/ -HIER_
DIRECT/202.112.113.113 text/html
```

思考：在 Web 服务器 Client1 上的日志文件 var/log/messages 有何记录？读者不妨查阅一下该日志文件。

8.4.3　客户端不需要配置代理服务器的解决方案

(1) 在 Server02 上配置 squid 服务，上面开放 squid 防火墙和端口的内容仍适用于本任务。

① 修改 squid.conf 配置文件，在“http_port 3128”下增加以下内容并重新加载该配置。

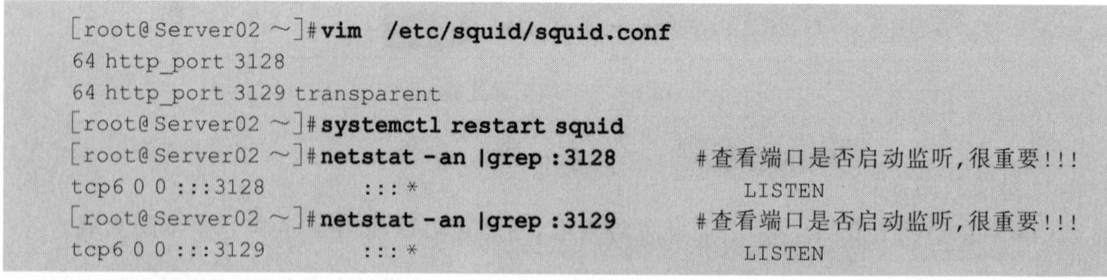

```
[root@Server02 ~]#vim  /etc/squid/squid.conf
64 http_port 3128
64 http_port 3129 transparent
[root@Server02 ~]#systemctl restart squid
[root@Server02 ~]#netstat -an |grep :3128          #查看端口是否启动监听，很重要!!!
tcp6 0 0 :::3128           :::*                        LISTEN
[root@Server02 ~]#netstat -an |grep :3129          #查看端口是否启动监听，很重要!!!
tcp6 0 0 :::3129           :::*                        LISTEN
```

3128 端口默认必须启动，因此不能用作透明代理端口。透明代理端口要单独设置，本例为 3129。

② 添加 firewall 规则，将 TCP 端口为 80 的访问直接转向 3129 端口(图 8-6)。重启防火墙和 squid。

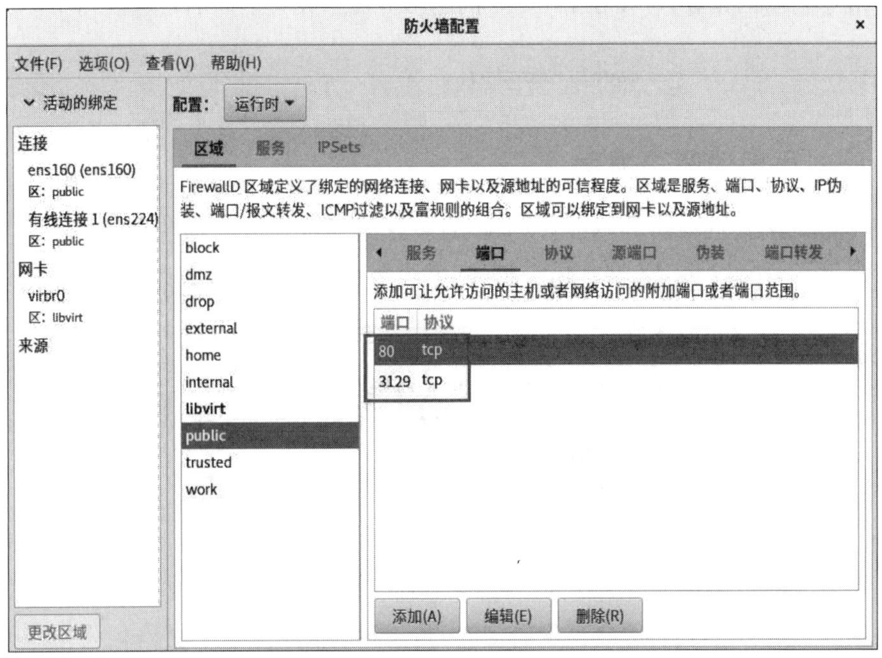

图 8-6　在 firewall 中设置端口转发

```
[root@Server02 ~]#firewall-cmd --permanent --add-forward-port=port=80:proto=
tcp:toport=3129
success
[root@Server02 ~]#firewall-cmd --reload
[root@Server02 ~]#systemctl restart squid
```

(2) 在 Linux 客户端 Server01 上测试代理设置是否成功。

① 打开 Firefox 浏览器,配置代理服务器。在浏览器中,按下 Alt 键调出菜单,依次选择“编辑”→“首选项”→“高级”→“网络”→“设置”命令,打开“连接设置”对话框,单击“无代理”,将代理服务器设置清空。

② 设置 Server01 的网关为 192.168.10.20(删除网关命令可将 add 改为 del)。

```
[root@Server01 ~]#route add default gw 192.168.10.20          #网关一定要设置
```

③ 在 Server01 浏览器地址栏输入 http:#202.112.113.113,按 Enter 键,显示测试成功。

(3) 在 Web 服务器端 Client1 上查看日志文件。

```
[root@Client1 ~]#vim /var/log/httpd/access_log
202.112.113.112 --[28/Jul/2018:23:17:15 +0800] "GET /favicon.ico HTTP/1.1" 404
209 "-" "Mozilla/5.0 (X11; Linux x86_64; rv:52.0) Gecko/20100101 Firefox/52.0"
```

RHEL 8 的 Web 服务器日志文件是/var/log/httpd/access_log,RHEL 6 中的 Web 服务器的日志文件是/var/log/httpd/access.log。

(4) 对于初学的读者,可以在 firewall 的图形界面中设置上面的转发规则。

```
[root@Server02 ~]#firewall-config            #需要先安装该软件
```

8.4.4 反向代理的解决方案

外网 Client 要访问内网 Server01 的 Web 服务器,可以使用反向代理。

(1) 在 Server01 上安装、启动 http 服务,并设置防火墙让该服务通过。

```
[root@Server01 ~]#dnf install httpd -y
[root@Server01 ~]#systemctl start firewalld
[root@Server01 ~]#firewall-cmd --permanent --add-service=http
[root@Server01 ~]#firewall-cmd --reload
[root@Server01 ~]#systemctl start httpd
[root@Server01 ~]#systemctl enable httpd
```

(2) 在 Server02 上配置反向代理(特别注意前 3 句,意思是先定义一个 localnet 网络,其网络 ID 是 202.0.0.0,后面再允许该网段访问,其他网段拒绝访问)。

```
[root@Server02 ~]#firewall-cmd --permanent --add-service=squid
[root@Server02 ~]#firewall-cmd --permanent --add-port=80/tcp
[root@Server02 ~]#firewall-cmd --reload

[root@Server02 ~]#vim  /etc/squid/squid.conf
55 acl localnet src 202.0.0.0/8
56 http_access allow localnet
59 http_access deny all
64 http_port   202.112.113.112:80   vhost
65 cache_peer 192.168.10.1 parent 80 0 originserver weight=5 max_conn=30
[root@Server02 ~]#systemctl restart squid
```

(3) 在外网 Client1 上进行测试(浏览器的代理服务器设为"无代理")。

```
[root@Client1 ~]#firefox 202.112.113.112
```

8.4.5 几种错误的解决方案

(1) 如果防火墙设置不好,就会出现图 8-7 所示的错误提示界面(以反向代理为例)。

解决方案:在 Server02 上设置防火墙,当然也可以使用 stop 停止全部防火墙(firewall 防火墙默认是开启状态,停止防火墙的命令是 systemctl stop firewalld)。

```
[root@Server02 ~]#firewall-cmd --permanent --add-service=squid
[root@Server02 ~]#firewall-cmd --permanent --add-port=80/tcp
[root@Server02 ~]#firewall-cmd --reload
```

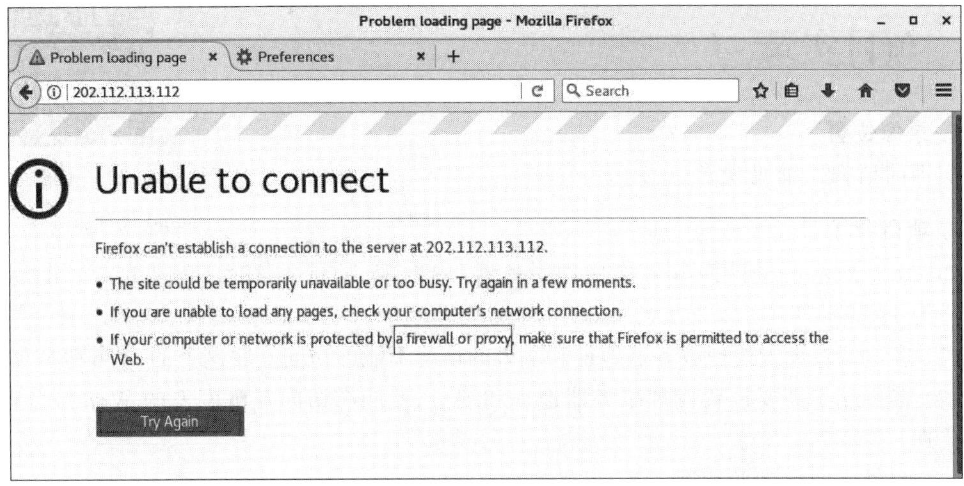

图 8-7　不能正常连接

(2) ACL 列表设置不对,可能会出现图 8-8 所示的错误提示界面。

图 8-8　不能被检索

解决方案:在 Server02 上的配置文件中增加或修改以下语句:

```
[root@Server02 ~]#vim  /etc/squid/squid.conf
acl localnet src 202.0.0.0/8
http_access allow localnet
http_access deny all
```

提示

防火墙是非常重要的保护工具,许多网络故障都是由于防火墙配置不当引起的,读者需要认识清楚。为了后续实训不受此影响,可以在完成本次实训后,重新恢复原来的初始安装备份。

8.5 项目实录

实训项目 配置与管理 squid 代理服务器

1. 录像位置

实训前请扫二维码观看。

2. 项目背景

如图 8-9 所示,公司用 squid 作代理服务器(内网 IP 地址为 192.168.1.1),公司所用 IP 地址段为 192.168.1.0/24,并且想用 8080 作为代理端口。项目需求如下。

(1) 客户端在设置代理服务器地址和端口的情况下能够访问互联网上的 Web 服务器。

(2) 客户端不需要设置代理服务器地址和端口,就能够访问互联网上的 Web 服务器,即透明代理。

(3) 配置反向代理并测试。

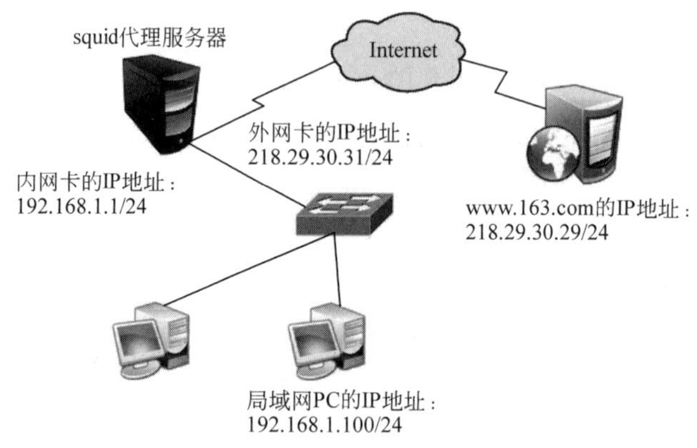

图 8-9 代理服务的典型应用环境

3. 做一做

根据项目要求及录像内容,将项目完整地完成。

8.6 练习题

一、填空题

1. 代理服务器等同于内网与________的桥梁。

2. 普通的 Internet 访问是一个典型的________结构:用户利用计算机上的客户端程序,如浏览器发出请求,远端 www 服务器程序响应请求并提供相应的数据。

3. Proxy 处于客户机与服务器之间。对于服务器来说,Proxy 是________,Proxy 提出请求,服务器响应;对于客户机来说,Proxy 是________,它接受客户机的请求,并将服务器上传来的数据转给________。

4. 当客户端在浏览器中设置好 Proxy 服务器后,所有使用浏览器访问 Internet 站点的请求都不会直接发给________,而是首先发送至________。

二、简述题

1. 简述代理服务器工作原理和作用。

2. 配置透明代理的目的是什么？如何配置透明代理？

8.7 综合案例分析

(1) 新星职业学院搭建一台代理服务器，需要提高内网访问互联网速度并能够对内部教职工的上网行为进行限制。请采用 squid 代理服务器软件对内部网络进行优化。

请写出需求分析，以及详细的解决方案。

(2) 由公司内部搭建了 Web 服务器和 FTP 服务器，为了满足公司需求，要求使用 Linux 构建安全、可靠的防火墙。网络拓扑如图 8-10 所示，具体要求如下。

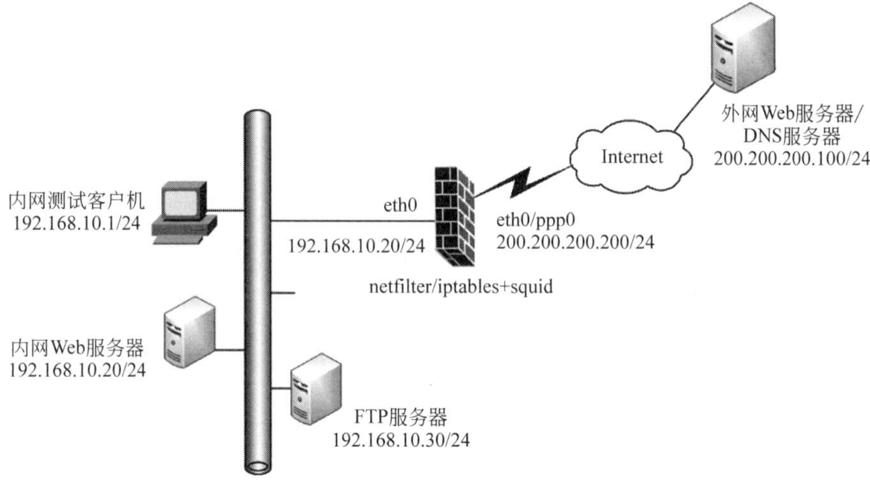

图 8-10 netfilter/iptables 和 squid 综合实验网络拓扑

① 防火墙自身要求安全、可靠，不允许网络中任何人访问；防火墙出问题，只允许在防火墙主机上进行操作。

② 公司内部的 Web 服务器要求通过地址映射发布出去，且只允许外部网络用户访问 Web 服务器的 80 端口，而且通过有效的 DNS 注册。

③ 公司内部的员工必须通过防火墙才能访问内部的 Web 服务器，不允许直接访问。

④ FTP 服务器只对公司内部用户起作用，且只允许内部用户访问 FTP 服务器的 21 和 20 端口，不允许外部网络用户访问。

⑤ 公司内部的员工要求通过透明代理上网(不需要在客户机浏览器上做任何设置，就可以上网)。

⑥ 内部用户所有的 IP 地址必须通过 NAT 转换之后才能够访问外网。

使用 netfilter/iptables 和 squid 解决以上问题，写出详细的解决方案。

如果任课教师需要这个综合案例的详细解决方案，请联系作者。

第 9 章 Linux 系统监视与进程管理

程序被加载到内存中运行，在内存中的数据运行集合被称为进程（process）。进程是操作系统中非常重要的概念，系统运行的所有数据都会以进程的形式存在。那么系统的进程有哪些状态？不同的状态会如何影响系统的运行？进程之间是否可以互相管控呢？等等，这些都是必须要知道的内容。

学习要点

- 了解进程的概念。
- 了解作业的概念。
- 掌握作业管理。
- 掌握进程管理。
- 掌握常用系统监视。

9.1 知识准备

9.1.1 进程

在 Linux 下面所有的命令与能够进行的操作都与权限有关，而用户的权限判定则与前面学习过的 UID/GID 以及文件的属性有关。更进一步，在 Linux 系统中会发现："触发任何一个事件时，系统都会将它定义成为一个进程，并且给予这个进程一个 ID(称为 PID)。同时依据启用这个进程的使用者与相关属性关系，给予这个 PID 一组有效的权限配置。"这个 PID 能够在系统上面进行的操作，与 PID 的权限有关。

1. 进程与程序

运行一个程序或命令就可以触发一个事件而取得一个 PID。系统仅认识二进制文件，那么当系统工作的时候，就需要启动一个二进制文件，此二进制文件就是程序（program）。

由于每个程序都有 3 组不同的权限（r/w/x），所以不同的使用者身份运行这个程序时，系统给予的权限也都不相同。例如，可以利用 touch 创建一个空的文件，当 root 运行 touch 命令时，它取得的是 UID/GID＝0/0 的权限，而当 dmtsai（UID/GID＝501/501）运行 touch 时，它的权限就和 root 是不同的，如图 9-1 所示。

程序一般放置在磁盘中，然后通过用户的运行触发。触发后会加载到内存中成为一个个体，这就是进程。进程中有给予执行者的权限/属性等参数，包括进程所需要的脚本数据

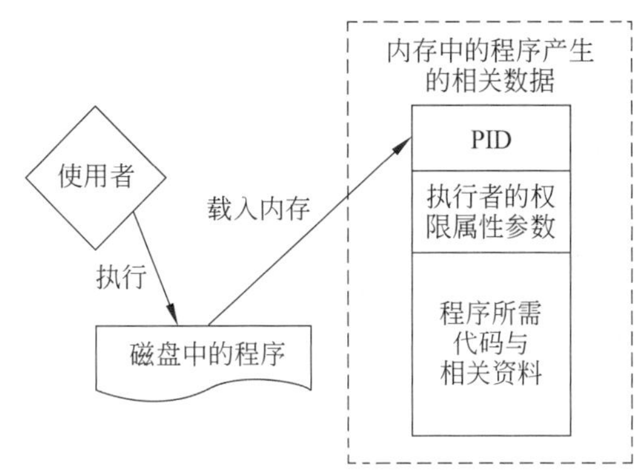

图 9-1　程序被加载成为进程以及相关数据的示意图

或文件数据等。每个进程有一个 PID。系统就是通过 PID 判断该进程是否具有权限进行工作。

例如，当登录 Linux 系统后，首先取得 Shell，也即 bash。bash 在 /bin/bash 中，需要注意的是同一时间的每个人登录都是执行/bin/bash，但每个人取得的权限不同。如图 9-2 所示。

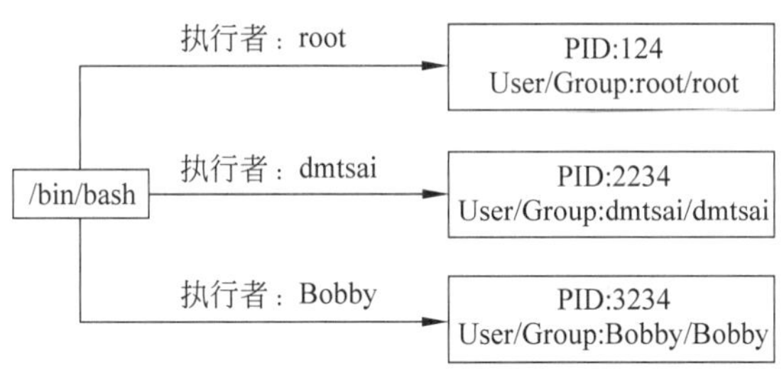

图 9-2　程序与进程之间的区别

也就是说，当登录并运行 bash 时，系统已经设定了一个 PID，其依据是登录者的 UID/GID（/etc/passwd）。以图 9-2 为例，我们知道 /bin/bash 是一个程序，当 dmtsai 登录后，它取得一个 PID 号码为 2234 的进程，此进程的 User/Group 都是 dmtsai，而当这个进程进行其他作业时，例如，上面提到 touch 命令时，那么由这个进程衍生出来的其他进程在一般状态下也会用这个进程的相关权限。

程序与进程的区别如下。

(1) 程序：通常为二进制格式，存放在存储媒介中（如硬盘、光盘、磁带等），以物理文件的形式存在。

(2) 进程：程序被触发后，执行者的权限与属性、程序的程序代码与所需数据等都会被加载到内存中，操作系统给予这个内存单元一个识别码(PID)。

(3) 进程是具有独立功能的程序的一次运行过程，是系统资源分配和调度的基本单位。

(4) 进程不是程序，但由程序产生。进程与程序的区别：程序是一系列指令的集合，是静态的概念；进程是程序的一次运行过程，是动态的概念。程序可长期保存；而进程只能暂时存在，动态产生、变化和消亡。进程与程序并不一一对应，一个程序可启动多个进程；一个进程可调用多个程序。

2. 进程的状态

(1) 就绪:进程已获得除 CPU 以外的运行所需的全部资源。

(2) 运行:进程占用 CPU 正在运行。

(3) 等待:进程正在等待某一事件或某一资源。

(4) 挂起:正在运行的进程,因为某个原因失去 CPU 而暂停运行。

(5) 终止:进程已结束。

(6) 休眠:进程主动暂时停止运行。

(7) 僵死:进程已停止运行,但是相关控制信息仍保留。

3. 进程的优先级

(1) Linux 中所有进程根据其所处状态,按照时间顺序排列成不同的队列。系统按一定的策略进行调度就绪队列中的进程。

(2) 启动进程的用户或超级用户可以修改进程的优先级,但普通用户调低优先级,而超级用户既可调高优先级也可调低优先级。

(3) Linux 中进程优先级的取值范围为－20～19 的整数,取值越低,优先级越高。默认为 0。

9.1.2 子进程与父进程

登录系统后,会取得一个 bash 的 Shell,然后 bash 提供的接口可以执行另一个命令,例如,/usr/bin/passwd 或者 touch 等。那些另外执行的命令也会被触发成为 PID,后来执行命令产生的 PID 是“子进程”,而在原来的 bash 环境下执行的命令称为“父进程”。如图 9-3 所示。

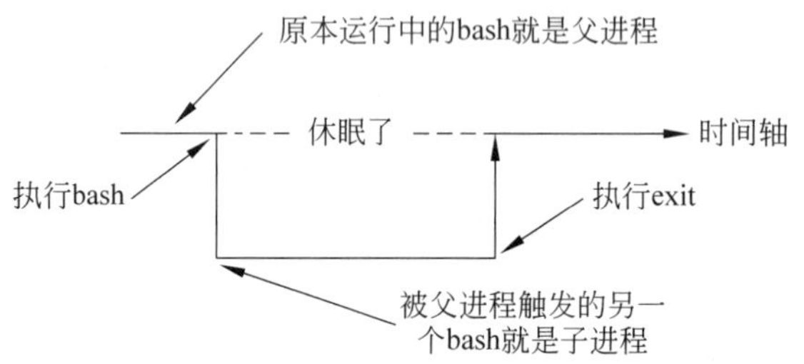

图 9-3　进程间相互关系示意图

进程之间是有相关性的。从图 9-3 可以看出,连续执行两个 bash 后,后一个 bash 的父进程就是前一个 bash。因为每个进程都有一个 PID,某个进程的父进程可以通过 Parent PID(PPID)判断。下面以一个实例来了解子进程与父进程。

【例 9-1】 请在目前的 bash 环境下,再触发一次 bash,并通过执行 ps -l 命令观察进程相关的输出信息。

参考答案:直接运行 bash,会进入到子进程的环境中,然后输入 ps -l。运行结果如下。

```
[root@Server01 ~]#bash
[root@Server01 ~]#ps -l
F  S  UID   PID    PPID   C  PRI  NI  ADDR   SZ   WCHAN   TTY     TIME     CMD
0  S   0   12103   4722   0   75   0    -   1195   wait   pts/2  00:00:00  bash
0  S   0   12119  12103   0   75   0    -   1195   wait   pts/2  00:00:00  bash
4  R   0   12132  12119   0   77   0    -   1114    -     pts/2  00:00:00  ps
```

第一个 bash 的 PID 与第二个 bash 的 PPID 都是 12103，因为第二个 bash 来自于第一个 bash。另外，每台主机的进程启动状态都不一样，所以在系统上面看到的 PID 与图中的显示一定不同，这是正常的。

9.1.3 系统或网络服务：常驻在内存的进程

可以使用 ls 显示文件，使用 touch 创建文件，使用 rm/mkdir/cp/mv 等命令管理文件，使用 chmod/chown/passwd 等命令来管理权限等。这些命令都是运行完就结束，即该项命令被触发后所产生的 PID 很快就会终止。但是也有很多一直在运行的进程。

例如，系统每分钟都会去扫描/etc/crontab 以及相关的配置文件，进行工作调度。工作调度是由 crond 进程所管理的，它启动后在后台一直持续不断地运行。

常驻在内存中的进程通常都是负责一些系统所提供的功能以服务用户的各项任务，因此这些常驻进程称为服务(daemon)。系统的服务非常多，一是系统本身所需要的服务，例如 crond、atd 和 syslog 等。还有一些是负责网络联机的服务，例如 Apache、named、postfix、vsftpd 等。这些网络服务比较有趣的地方在于这些进程被运行后，它们会启动一个可以负责网络监听的端口，以提供外部用户端的连接请求。

9.1.4 Linux 的多用户、多任务环境

在 Linux 环境中运行一个命令时，系统会将相关的权限、属性、程序码与数据等均加载到内存，并给予这个单元一个程序识别码 (PID)，最终该命令可以进行的任务则与 PID 的权限有关。根据说明，就可以简单地了解到为什么 Linux 这么多用户，但是每个人却都可以拥有自己的环境。

Linux 环境的特色如下。

1. 多用户环境

Linux 的优势在于它的多用户、多任务环境。多用户多任务是指在 Linux 系统中具有多种不同的账号，每种账号都有其特殊的权限，只有一个人具有最高权限，那就是 root(系统管理员)。除了 root 之外，其他人都必须要受一些限制。但由于每个人登录后取得的 Shell 的 PID 不同，所以每个人都可以根据个人的喜好来配置 Linux 环境。

2. 多任务行为

目前的 CPU 速度可高达几个千兆赫兹。这代表 CPU 每秒钟可以运行 109 次命令。Linux 可以让 CPU 在各个工作间进行切换，即每个工作都仅占去 CPU 的几个命令次数，所以 CPU 每秒就能够在各个进程之间进行切换。

CPU 切换进程的工作与这些工作进入到 CPU 运行的调度(是 CPU 调度，而非 crontab 调度)会影响到系统的整体性能。目前 Linux 使用的多任务切换行为是很好的一个机制，几乎

可以将 PC 的性能全部发挥出来。由于性能非常好,因此当多人同时登录系统时,其实会感受到整台主机好像就为个人服务一样,这就是多用户、多任务的环境。

3. 多重登录环境的 7 个基本终端窗口

在 Linux 中,默认提供了 6 个文本界面登录窗口以及一个图形界面,可以使用 Alt+F1～Alt+F7 组合键切换不同的终端机窗口,而且每个终端机窗口的登录者还可以是不同人。这一点在进程死掉的情况下很有用。

其实,这也是多任务环境下产生的一个情况。Linux 默认会启动 6 个终端机窗口环境的进程,所以就会有 6 个终端机窗口。

4. 特殊的进程管理行为

Linux 几乎不会死机。因为它可以在任何时候将某个被困住的进程结束,然后再重新运行该程序而不用重新启动。例如,如果在 Linux 下以文本界面(命令行)登录,在屏幕中显示错误信息后就死机了。这个时候默认的 7 个窗口就帮上忙了,可以随意地再按 Alt+F1～Alt+F7 的组合键来切换到其他的终端机窗口,然后以 pso-aux 命令找出刚才的错误进程,将进程结束,回到刚才的终端机窗口,计算机又恢复正常了。

可以这样做是因为每个进程之间可能是独立的,也可能有依赖性,只要到独立的进程中,结束有问题的那个进程就可以了。

5. bash 环境下的作业管理 (job control)

在 9.1.3 小节提到“父进程、子进程”的关系,登录 bash 之后,取得一个名为 bash 的 PID,而在这个环境下面所运行的其他命令就几乎都是子进程了。那么,在这个单一的 bash 接口下,可以进行多个工作。例如:

```
[root@Server01 ~]#cp file1 file2 &
```

在这一串命令中,重点是 & 的功能,它表示将 file1 文件复制为 file2,且在后台运行。即运行这一个命令之后,在这一个终端窗口仍然可以做其他的工作。而当这一个命令(cp file1 file2)运行完毕,系统将会在终端窗口显示完成的消息。

9.1.5 什么是作业管理

1. 作业

正在执行的一个或多个相关进程可形成一个作业。一个作业可启动多个进程。

(1) 前台作业:运行于前台,用户正对其进行交互操作。

(2) 后台作业:不接收终端输入,向终端输出执行结果。

作业既可以在前台运行也可以在后台运行。但在同一时刻,每个用户只能有一个前台作业。

2. 作业管理

作业管理用在 bash 环境下。即当登录系统取得 bash Shell 之后,在单一终端机窗口下同时进行多个工作的行为管理。例如,在登录 bash 后,想要一边复制文件,一边进行数据搜寻,一边进行编译,还可以一边进行 vim 程序编写。当然可以通过重复登录 6 个命令行界面的终端机环境来实现这个功能。也可以在一个 bash 内实现这个功能，但要使用作业管理。

从上面的说明中可以了解到："进行作业管理的行为中，其实每个工作都是目前 bash 的子进程，亦即彼此之间是有相关性的。无法以作业管理的方式由 tty1 的环境去管理 tty2 的 bash。"这个概念必须先创建起来，后续的范例介绍之后，可能就会更清楚了。

假设只有一个终端，出现提示符让用户操作的环境就称为前台，其他工作可以放入后台去暂停或运行。要注意的是，放入后台的工作运行时，它不能够与使用者互动。例如，vim 绝对不可能在后台里运行，因为没有输入数据，它就不会运行。另外，放入后台的工作不可以使用 Ctrl+C 组合键来终止。

总之，要进行 bash 的作业管理，必须要注意以下限制。

(1) 这些工作所触发的进程必须来自 Shell 的子进程(只管理自己的 bash)。

(2) 可以控制与执行命令的环境称为前台的工作

(3) 后台可以自行运行工作，无法使用 Ctrl+C 组合键终止它，可使用 bg/fg 调用该工作。

(4) 后台中"运行"的进程不能等待终端或 Shell 的输入。

9.2 使用系统监视

9.2.1 w 命令

w 命令用于显示登录到系统的用户情况。

w 命令的显示项目按以下顺序排列：当前时间，系统启动到现在的时间，登录用户的数目，系统在最近 1s、5s 和 15s 的平均负载。然后是每个用户的各项数据，项目显示顺序为登录账号、终端名称、远程主机名、登录时间、空闲时间、JCPU(JCPU 时间指的是和该终端连接的所有进程占用的时间)、PCPU(PCPU 时间则是指当前进程所占用的时间)、当前正在运行进程的命令行。语法格式如下：

```
w -[husfV] [user]
```

- -h：不显示标题。
- -u：当列出当前进程和 CPU 时间时忽略用户名。这主要是用于执行 su 命令后的情况。
- -s：使用短模式。不显示登录时间、JCPU 和 PCPU 时间。
- -f：切换显示 FROM 项，也就是远程主机名项。默认值是不显示远程主机名，当然系统管理员可以对源文件做一些修改，使显示该项成为默认值。
- -V：显示版本信息。
- user：只显示指定用户的相关情况。

9.2.2 who 命令

who 命令显示当前登录系统的用户信息。

语法格式如下：

```
who [-Himqsw][--help][--version][am i][记录文件]
```

参数说明如下。

- -H 或--heading：显示各栏位的标题信息列。
- -i 或-u 或--idle：显示闲置时间。
- -m：此参数的效果和指定"am i"字符串相同。
- -q 或--count：只显示登录系统的账号名称和总人数。
- -s：此参数将仅负责解决 who 指令其他版本的兼容性问题。
- -w 或-T 或--mesg：显示用户的信息状态栏。
- --help：在线帮助。
- --version：显示版本信息。

例如,要显示登录、注销、系统启动和系统关闭的历史记录,请输入：

```
[root@Server01 ~]#who /var/log/wtmp
root      :0         2015-02-24 01:13
root      :0         2015-02-24 01:13
root      pts/1      2015-02-24 01:13 (:0.0) 3. last 命令
...
```

列出当前与过去登录系统的用户相关信息。

语法：last [-adRx][-f <记录文件>][-n <显示列数>][账号名称][终端编号]

参数说明如下。

- -a：把从何处登录系统的主机名称或 IP 地址显示在最后一行。
- -d：将 IP 地址转换成主机名称。
- -f<记录文件>：指定记录文件。
- -n <显示列数>或-<显示列数>：设置列出名单的显示列数。
- -R：不显示登录系统的主机名称或 IP 地址。
- -x：显示系统关机,重新开机,以及执行等级的改变等信息。

单独执行 last 指令,它会读取位于/var/log 目录下名称为 wtmp 的文件,并把该文件记录的登录系统的用户名单全部显示出来。

9.2.3 系统监控命令 top

能显示实时的进程列表,而且能实时监视系统资源,包括内存、交换分区和 CPU 的使用率等。

1. 使用 top 命令

使用 top 命令的结果如图 9-4 所示。

在图 9-4 中,第一行显示的项目依次为当前时间、系统启动时间、当前系统登录用户数目、平均负载。第二行显示的是所有启动的进程,目前运行的、挂起的和无用的进程。第三行显示的是目前 CPU 的使用情况,包括系统占用的比例、用户使用比例、闲置比例。第四行显示物理内存的使用情况,包括总的可以使用的内存、已用内存、空闲内存、缓冲区占用的内存。

```
root@RHEL7-1:~
File  Edit  View  Search  Terminal  Help
top - 06:52:27 up  5:44,  2 users,  load average: 0.00, 0.04, 0.05
Tasks: 298 total,   1 running, 297 sleeping,   0 stopped,   0 zombie
%Cpu(s):  2.0 us,  1.0 sy,  0.0 ni, 97.0 id,  0.0 wa,  0.0 hi,  0.0 si,  0.0 st
KiB Mem :  1867024 total,    91952 free,   855340 used,   919732 buff/cache
KiB Swap:  3907580 total,  3907540 free,       40 used.   733984 avail Mem

  PID USER      PR  NI    VIRT    RES    SHR S %CPU %MEM     TIME+ COMMAND
 1658 root      20   0  322592  26612  10920 S  1.0  1.4   0:33.78 X
 2153 root      20   0 1870888 128496  40908 S  1.0  6.9   1:12.44 gnome-shell
 2540 root      20   0  735008  28740  16012 S  0.7  1.5   0:20.81 gnome-term+
 2267 root      20   0 1298900  25324  16364 S  0.3  1.4   0:03.33 gnome-sett+
 2288 root      20   0 1007612  27044  17024 S  0.3  1.4   0:02.89 nautilus-d+
 2331 root      20   0  385644  19656  15240 S  0.3  1.1   0:23.38 vmtoolsd
89715 root      20   0  157848   2380   1540 R  0.3  0.1   0:00.23 top
    1 root      20   0  136360   6912   4084 S  0.0  0.4   0:07.35 systemd
    2 root      20   0       0      0      0 S  0.0  0.0   0:00.01 kthreadd
    3 root      20   0       0      0      0 S  0.0  0.0   0:02.00 ksoftirqd/0
    5 root       0 -20       0      0      0 S  0.0  0.0   0:00.00 kworker/0:+
    7 root      rt   0       0      0      0 S  0.0  0.0   0:00.00 migration/0
    8 root      20   0       0      0      0 S  0.0  0.0   0:00.00 rcu_bh
    9 root      20   0       0      0      0 S  0.0  0.0   0:02.81 rcu_sched
   10 root      rt   0       0      0      0 S  0.0  0.0   0:00.16 watchdog/0
   12 root      20   0       0      0      0 S  0.0  0.0   0:00.00 kdevtmpfs
   13 root       0 -20       0      0      0 S  0.0  0.0   0:00.00 netns
```

图 9-4　top 命令显示结果

第五行显示交换分区使用情况，包括总的交换分区，使用的、空闲的和用于高速缓存的大小。

2. 第 6 行选项详细解释

第 6 行显示的项目最多，详细解释如下。

- PID(process ID)：进程标识号。
- USER：进程所有者的用户名。
- PR：进程的优先级别。
- NI：进程的优先级别数值。
- VIRT：进程占用的虚拟内存值。
- RES：进程占用的物理内存值。
- SHR：进程使用的共享内存值。
- S：进程的状态。其中 S 表示休眠，R 表示正在运行，Z 表示僵死状态，N 表示该进程优先值是负数。
- %CPU：该进程占用的 CPU 使用率。
- %MEM：该进程占用的物理内存和总内存的百分比。
- TIME+：该进程启动后占用的总的 CPU 时间。
- COMMAND：进程启动的启动命令名称。

top 命令使用过程中，还可以使用一些交互的命令来完成其他参数的功能。这些命令是通过快捷键启动的。

- ＜空格＞：立刻刷新。
- P：根据 CPU 使用大小进行排序。
- T：根据时间、累计时间排序。
- q：退出 top 命令。

- m：切换显示内存信息。
- t：切换显示进程和 CPU 状态信息。
- c：切换显示命令名称和完整命令行。
- M：根据使用内存大小进行排序。
- W：将当前设置写入~/.toprc 文件中。这是写 top 配置文件的推荐方法。
- top：动态观察程序的变化。

3. 带参数的 top 命令

相对于 ps 是拾取一个时间点的程序状态，top 则可以持续侦测程序运行的状态。使用方法如下：

```
top [-d 数字] | top [-bnp]
```

(1) 选项与参数含义如下。

-d：后面可以接秒数，就是整个程序界面升级的秒数，默认是 5s。

-b：以批量的方式运行 top，还有更多的参数可以使用。通常会搭配数据流重导向来将批量的结果输出为文件。

-n：与-b 搭配，意义是需要显示几次 top 的输出结果。

-p：指定某些 PID 来进行观察监测。

(2) 在 top 运行过程中可以使用的按键命令如下。

?：显示在 top 中可以输入的按键命令。

P：以 CPU 的使用资源排序显示。

M：以内存的使用资源排序显示。

N：以 PID 来排序。

T：由该进程使用的 CPU 时间累积(TIME+)排序。

k：给予某个 PID 一个信号。

r：给某个 PID 重新制订一个 nice 值。

q：离开 top 命令状态的按键。

top 的功能非常多，可以用的按键也非常多，用户可以用 man top 命令来查看 top 更详细的使用说明。本书也仅列出一些常用的选项。下面让我们实际学习如何使用 top。

4. 每两秒钟升级一次 top

【例 9-2】 每两秒钟升级一次 top，观察整体信息。

```
[root@Server01 ~]#top -d 2
top -17:03:09 up 7 days, 16:16, 1 user, load average: 0.00, 0.00, 0.00
Tasks: 80 total, 1 running, 79 sleeping, 0 stopped, 0 zombie
Cpu(s): 0.5%us, 0.5%sy, 0.0%ni, 99.0%id, 0.0%wa, 0.0%hi, 0.0%si, 0.0%st
Mem:   742664k total, 681672k used, 60992k free, 125336k buffers
Swap: 1020088k total,   28k used, 1020060k free, 311156k cached
<==如果 top 运行过程中按下 k 或 r 键时,就会出现"PID to kill: "或者"PID to renice: "的
文字提示。请读者试一试。
```

```
  PID  USER   PR   NI   VIRT   RES   SHR  S  %CPU  %MEM   TIME+    COMMAND
14398  root   15    0   2188  1012   816  R   0.5   0.1  0:00.05   top
    1  root   15    0   2064   616   528  S   0.0   0.1  0:01.38   init
    2  root   RT   -5      0     0     0  S   0.0   0.0  0:00.00   migration/0
    3  root   34   19      0     0     0  S   0.0   0.0  0:00.00   ksoftirqd/0
```

top 是很优秀的程序观察工具，ps 是静态的结果输出，而 top 可以持续地监测整个系统中程序的工作状态。在默认的情况下，每次升级程序资源的时间为 5s，不过，可以使用 -d 来进行修改。top 命令的运行界面主要分为两个窗格，上面的窗格为整个系统的资源使用状态，基本上总共有 6 行，显示的内容如下所示。

(1) 第 1 行(top...)显示的信息分别是：

- 目前的时间，即 17:03:09 的项目；
- 启动到目前为止所经过的时间，即前移 7 天 16:16 的项目；
- 已经登录系统的使用者人数。

系统在 1、5、15 分钟的平均工作负载。代表的是 1、5、15 分钟系统平均要负责运行几个程序(工作)的意思。越小代表系统越闲置，如果高于 15，要注意系统程序是否太过复杂。

(2) 第 2 行(Tasks...)：显示的是目前程序的总量与个别程序在什么状态(running，sleeping、stopped、zombie)。需要注意的是，最后的 zombie 如果不是 0，请查看哪个进程变成僵尸了。

(3) 第 3 行(Cpu(s)...)：显示的是 CPU 的整体负载，每个项目可使用、查阅。需要特别注意的是，%wa 代表的是 I/O 等待，通常系统会变慢都是 I/O 产生的问题比较大。因此这里要注意这个项目耗用 CPU 的资源。另外，如果是多核心的设备，可以按下数字键“1”来切换成不同 CPU 的负载率。

(4) 第 4 行与第 5 行：表示目前的实体内存与虚拟内存(Mem/Swap)的使用情况。再次重申，swap 的使用量要尽量少。如果 swap 的使用量很大，则表示系统的实体内存不足。

(5) 第 6 行：当在 top 程序中输入命令时显示状态信息的地方。

(6) top 命令运行界面下半部分的窗格，则是每个进程使用的资源情况。需要注意以下几点。

- PID：每个进程的 ID。
- USER：该进程所属的使用者。
- PR：Priority 的简写，程序的优先运行顺序，越小越早被运行。
- NI：Nice 的简写，与 Priority 有关，值越小，越早被运行。
- %CPU：CPU 的使用率。
- %MEM：内存的使用率。
- TIME+：CPU 使用时间的累加。

5. 将 top 的结果输出成为文件

如果想要离开 top，则按下 q 键。如果想要将 top 的结果输出成为文件，做法如下。

【例 9-3】 将 top 的信息进行 2 次，然后将结果输出到 /tmp/top.txt 中。

```
[root@Server01 ~]#top -b -n 2 >/tmp/top.txt
#这样就可以将 top 的信息存到 /tmp/top.txt 文件中了
```

【例 9-4】 自己的 bash PID 可由 $ $ 变量取得,请使用 top 命令持续查看该 PID。

```
[root@Server01 ~]#echo $$
89607 <==就是这个数字,用户 bash 的 PID。
[root@Server01 ~]#top -d 2 -p 89607
top -06:55:46 up  5:48,  2 users,  load average: 0.26, 0.10, 0.07
Tasks:  1 total,  0 running,  1 sleeping,  0 stopped,  0 zombie
%Cpu(s):  0.5 us,  0.5 sy,  0.0 ni, 99.0 id,  0.0 wa,  0.0 hi,  0.0 si,  0.0 st
KiB Mem :  1867024 total,    92944 free,  854296 used,  919784 buff/cache
KiB Swap:  3907580 total,  3907540 free,       40 used.  735028 avail Mem

  PID  USER  PR  NI   VIRT   RES   SHR  S  %CPU  %MEM   TIME+   COMMAND
89607  root  20   0  116304  2980  1696  S  0.0   0.2  0:00.07  bash
```

6. 修改 NI

bash 如果想要在 top 下面进行一些操作,例如修改 NI,做法如下。

【例 9-5】 承上题,上面的 NI 值是 0,这里要改成 10。

#在例 9-3 的 top 界面中直接按下 r 键之后,会出现以下内容:

```
PID to renice [default pid =9906] <==按下 r 键后再输入这个 PID 号码
PID USERPRNIVIRTRESSHR S %CPU %MEMTIME+COMMAND
13639 root1505148 1508 1220 S0.00.20:00.18 bash
```

在完成上面的操作后,在状态列会出现以下信息:

```
Renice PID 13639 to value: 10 <==这是 Nice 值
PID USERPRNIVIRTRESSHR S %CPU %MEMTIME+COMMAND
```

接下来就会看到以下显示界面:

```
top -17:38:58 up 7 days, 16:52,1 user,load average: 0.00, 0.00, 0.00
Tasks:1 total,0 running,1 sleeping,0 stopped,0 zombie

Cpu(s):0.0%us,0.0%sy,0.0%ni,100.0%id,0.0%wa,0.0%hi,0.0%si,0.0%st
Mem:742664k total,682540k used,60124k free,126648k buffers
Swap:1020088k total,28k used,1020060k free,311276k cached

PID USERPRNIVIRTRESSHR S %CPU %MEMTIME+COMMAND
13639 root26105148 1508 1220 S0.00.20:00.18 bash
```

这是修改之后所产生的效果。如果想要找出损耗 CPU 资源最大的那个进程,大多使用的就是 top 程序。然后强制以 CPU 使用资源来排序(在 top 命令运行界面中按下 p 键即可),这样就可以快速显示结果。

9.3　作业管理

9.3.1　作业的后台管理

1. 直接将命令放到后台中“运行”的命令：&

【例 9-6】 将/etc/整个备份成为 /tmp/etc.tar.gz，且不打算等待运行结束，格式如下：

```
[root@Server01 ~]#tar -zpcf /tmp/etc.tar.gz /etc &
[1] 90035 <==[job number] PID
[root@Server01 ~]#tar: 从成员名中删除开头的斜线(/)
#在中括号内的号码为作业号码，该号码与 bash 的控制有关
#后续的 8400 则是这个作业在系统中的 PID。至于后续出现的数据则是 tar 运行的数据流。
#由于我们没有加上数据流重导向，所以会影响画面，不过不会影响前台的操作。
```

bash 会给此命令一个“工作号码”，就是程序中的[1]。14924 是该命令所触发的 PID，如果输入几个命令后，出现以下数据：

```
[1]+Done        tar -zpcf /tmp/etc.tar.gz /etc
```

代表[1]这个工作已经完成，该工作的命令则是接后面一串命令列。这样做的最大好处是：不怕被 Ctrl+C 组合键中断。此外，将工作放到后台中要特别注意数据的流向。若出现错误信息，前台会受影响。虽然只要按下 Enter 键就会出现提示字符，但如果将刚刚那个命令改成：

```
[root@Server01 ~]#tar -zpcvf /tmp/etc.tar.gz  /etc &
```

在后台中运行的命令如果有 stdout 及 stderr 时，它的数据仍然是输出到屏幕上，无法看到提示字符，当然也就无法完好地了解前台工作。同时由于是后台工作，此时按下 Ctrl+C 组合键也无法停止屏幕上的输出。所以最佳的状况是利用数据流重导向，将输出数据传送至某个文件中。例如：

```
[root@Server01 ~]#tar -zpcvf /tmp/etc.tar.gz /etc >/tmp/log.txt 2>&1 &
[1] 90083
[root@Server01 ~]#
```

这样输出的信息都传送到 /tmp/log.txt 中，就不会影响到之前的作业了。

2. 将“当前”的作业放到后台中“暂停”：按 Ctrl+Z 组合键

如果正在使用 vim，发现有个文件不知道放在哪里，需要到 bash 环境下进行搜寻，此时不需要结束 vim，只要暂时将 vim 放到后台中等待即可。例如：

```
[root@Server01 ~]#vim ~/.bashrc
#在 vim 的编辑模式(一般模式)下，按下 Ctrl+Z 组合键
```

```
[1]+Stopped                  vim ~/.bashrc
[root@Server01 ~]#<==顺利取得了前台的操控权
[root@Server01 ~]#find / -print
...      //输出省略
#此时屏幕会非常忙碌,因为屏幕上会显示所有的文件名。按 Ctrl+Z 组合键暂停
[2]+Stopped                  find / -print
```

在 vim 的一般模式下,按下 Ctrl+Z 组合键,屏幕上会出现[1],表示这是第一个工作;而+代表最近一个被丢进后台的工作,且目前在后台下默认会被取用的那个工作(与 fg 这个命令有关)。而 Stopped 则代表目前这个工作的状态。默认情况下,使用 Ctrl+Z 组合键放到后台中的工作都是"暂停"的状态。

3. 查看当前的后台工作状态:jobs

```
jobs [-lrs]
```

选项与参数如下。

-l:除了列出工作号码与命令串之外,同时列出 PID;

-r:仅列出正在后台运行的作业;

-s:仅列出正在后台暂停的作业。

【例 9-7】 观察当前的 bash 中所有的作业与对应的 PID。

```
[root@Server01 ~]#jobs -l
[1]- 90250 Stopped           vim ~/.bashrc
[2]+ 90265 Stopped           find / -print
```

+代表最近被放到后台的工作号码,-代表最近倒数第二个被放置到后台中的工作号码。而超过倒数第三个以后的工作,就不会有+、-符号存在了。

4. 将后台作业放到前台来处理:fg

刚刚提到的都是将工作放到后台中去运行的,fg(foreground)可以将后台工作拿到前台来处理。例如,想要将上面范例中的工作拿出来处理时,可进行以下操作:

```
fg  %jobnumber
```

选项与参数如下。

%jobnumber:jobnumber 为工作号码(数字)。注意,%是可有可无的!

【例 9-8】 先以 jobs 观察作业,再将作业取出。

```
[root@Server01 ~]#jobs
[1]-Stopped            vim ~/.bashrc
[2]+Stopped            find / -print
[root@Server01 ~]#fg          <==默认取出那个 +的工作,亦即 [2]。立即按下 Ctrl+Z
[root@Server01 ~]#fg %1       <==直接指定取出的工作号码。再按下 Ctrl+Z 组合键
[root@Server01 ~]#jobs
[1]+Stopped                  vim ~/.bashrc
[2]-Stopped                  find / -print
```

如果输入"fg-"则代表将 - 号的那个作业放到前台运行，本例中就是 [2]- 那个作业(find /-print)。

5. 让作业在后台的状态变成运行中：bg

按 Ctrl＋Z 组合键可以将目前的工作放到后台中去"暂停"，让一个工作在后台下面运行，可以在下面的案例中测试。

下面的测试要进行得快一点。

【例 9-9】 运行 find / -perm 7000 ＞ /tmp/text.txt 后，立刻放到后台去暂停。

```
[root@Server01 ~]#find / -perm +7000 >/tmp/text.txt
#此时请立刻按 Ctrl+Z 组合键暂停
[3]+Stopped                          find / -perm +7000 >/tmp/text.txt
```

【例 9-10】 让该工作在后台下进行，并且查看它。

```
[root@Server01 ~]#jobs ; bg %3 ; jobs
[1]-Stopped               vim ~/.bashrc
[2] Stopped               find / -print
[3]+Stopped               find / -perm +7000 >/tmp/text.txt
[3]+find / -perm +7000 >/tmp/text.txt & <==使用 bg %3 的情况。
[1]+Stopped               vim ~/.bashrc
[2] Stopped               find / -print
[3]-Running               find / -perm +7000 >/tmp/text.txt &
```

状态列已经由 Stopped 变成了 Running。命令列最后多了一个"&"符号，代表该作业在后台启动运行。

6. 管理后台作业：kill

有没有办法将后台中的作业直接移除呢？有没有办法将该作业重新启动呢？答案是肯定的。这就需要给该作业一个信号(signal)，让它知道该怎么做。kill 命令可以完成该功能。

```
[root@Server01 ~]#kill -signal %jobnumber
[root@Server01 ~]#kill -l
```

选项与参数如下。

-l：L 的小写，列出当前 kill 能够使用的信号有哪些。

signal：代表下达给后面接的作业什么样的指令。用 man 7 signal 可知各数字的作用。

【例 9-11】 找出当前的 bash 环境下的后台作业，并将该作业"强制删除"。

```
[root@Server01 ~]#jobs
[1]+Stopped                vim ~/.bashrc
```

```
[2]  Stopped                find / -print
[root@Server01 ~]# kill -9 %2; jobs
[1]+Stopped                 vim ~/.bashrc
[2]  Killed                 find / -print
#过几秒你再下达 jobs 命令一次,就会发现 2 号作业显示被杀死了
```

【例 9-12】 找出当前的 bash 环境下的后台作业,并将该作业“正常终止”。

```
[root@Server01 ~]#jobs
[1]+Stopped                  vim ~/.bashrc
[root@Server01 ~]# kill-SIGTERM %1
#-SIGTERM 与 -15 是一样的。你可以使用 kill -l 来查阅
```

注 意

—9 信号通常用在“强制删除一个不正常的作业”,而—15 则是以正常步骤结束一项作业(15 也是默认值),两者并不相同。

举例来说,当使用 vim 的时候,会产生一个.filename.swp 文件。那么,当使用—15 信号时,vim 会尝试以正常的步骤来结束该 vim 作业,所以.filename.swp 会主动被移除。但如果使用—9 信号时,由于该 vim 作业会被强制移除掉,因此,.filename.swp 就会继续保存在文件系统中。

其实,kill 的妙用还不止如此。kill 搭配 signal 所列的信息(用 man 7 signal 去查阅相关数据),可以让用户有效地管理作业与进程。

kill all 也有同样的用法。至于常用的 signal,读者至少需要了解 1、9、15 这三个信号的意义。此外,signal 除了用数值来表示之外,也可以使用信号名称,上面的例 9-12 就是一个很好的范例。至于 signal number 与名称的对应,请使用 kill -l 查询。

最后需要说明一下,kill 后面接的数字默认是 PID。如果想要管理 bash 的作业,就要加上“%数字”,这点请特别留意。

9.3.2 脱机管理

在作业管理中提到的“后台”,指的是在终端模式下可以避免使用 ctrl+C 组合键中断的一个情境,并不是真正放到系统的后台去。所以,作业管理的后台依旧与终端有关。在这样的情况下,如果以远程连接方式连接到用户的 Linux 主机,并且将作业以 & 的方式放到后台去运行,请思考在作业尚未结束的情况下用户离线了,该作业还会继续进行吗?答案是不会继续进行,而是会被中断。

那么如果该项作业的运行时间很长,并且不能放到后台运行,应该如何处理呢?可以尝试使用 nohup 命令来处理。nohup 可以让用户在离线或注销系统后,使作业继续进行。语法格式如下:

```
nohup [命令与参数]         <==在终端机前台中工作
nohup [命令与参数] &       <==在终端机后台中工作
```

看下面的例子:

1. 先编辑一个会“睡 500 秒”的程序

```
[root@Server01 ~]#vim sleep500.sh
#!/bin/bash
/bin/sleep 500s
/bin/echo "I have slept 500 seconds."
```

2. 放到后台中去运行，并且立刻注销系统

```
[root@Server01 ~]#chmod a+x sleep500.sh
[root@Server01 ~]#nohup ./sleep500.sh &
[1] 5074
[root@Server01 ~]#nohup: appending output to 'nohup.out' <==会告知这个信息
[root@Server01 ~]#exit
```

如果再次登录系统，并使用 pstree 去查阅程序，会发现 sleep500.sh 还在运行中，并不会被中断掉。

程序最后要输出一个信息，但由于 nohup 与终端已经无关了，因此这个信息的输出就会被导向“ ~/nohup.out ”。用户会看到在上述命令中，当输入 nohup 后，出现提示信息：“nohup：appending output to ‘nohup.out’”。

如果要让在后台的作业在用户注销后还能够继续运行，那么使用 nohup 并搭配 & 是不错的选择。

9.4　进程管理

9.4.1　进程的查看

利用静态的 ps 或者是动态的 top 查看进程，同时还能用 pstree 来查阅进程树之间的关系。

1. ps：选取某个时间点的程序运行情况

```
[root@Server01 ~]#ps aux <==查看系统所有的进程数据
[root@Server01 ~]#ps -lA <==也能够查看所有系统的数据
[root@Server01 ~]#ps axjf <==连同部分进程树状态
```

选项与参数如下。

-A：所有的进程均显示出来，与 -e 具有同样的效用；

-a：与终端无关的所有进程；

-u：有效使用者相关的进程；

x：通常与 a 这个参数一起使用，可列出较完整信息。

输出格式规划如下。

l：长格式详细地将该 PID 的信息列出；

j：作业的格式。

-f：做一个更为完整的输出。

ps -l 命令只能查阅用户自己的 bash 程序，而 ps aux 则可以查阅所有系统运行的程序。

2. 仅观察自己的 bash 相关程序：ps -l

【例 9-13】 将当前属于用户自己登录的 PID 与相关信息显示出来(只与自己的 bash 有关)。

```
[root@Server01 ~]#ps -l
F  S  UID   PID    PPID   C  PRI  NI  ADDR   SZ   WCHAN   TTY     TIME     CMD
4  S   0   13639  13637  0   75   0    -    1287  wait   pts/1  00:00:00  bash
4  R   0   13700  13639  0   77   0    -    1101   -     pts/1  00:00:00  ps
```

F：代表这个进程的标志，说明这个进程的权限，4 和 1 为常见号码。如果为 4，表示此进程的权限为 root；如果为 1，则表示此子进程仅进行复制，而没有实际运行权限。

S：代表这个进程的状态，主要的状态如下。

R：该进程正在运行中。

S：该进程当前正在睡眠状态，但可以被唤醒。

D：不可被唤醒的睡眠状态，通常这个进程可能在等待 I/O 的情况。

T：停止状态，可能是在作业控制(后台暂停)或除错状态。

Z：僵尸状态，进程已经终止但却无法被移除至内存外。

UID/PID/PPID：代表此进程被该 UID 所拥有或进程的 PID 号码或此进程的父进程 PID 号码。

C：代表 CPU 使用率，单位为百分比。

PRI/NI：priority/nice 的缩写，代表此进程被 CPU 所调用的优先顺序，数值越小，代表该进程越快被 CPU 调用。详细的 PRI 与 NI 将在后面说明。

ADDR/SZ/WCHAN：都与内存有关。ADDR 指出该进程在内存的哪个部分，如果是个运行程序，一般就会显示"-"；SZ 代表此进程用掉多少内存；WCHAN 表示当前进程是否运行，如果为"－"表示正在运行中。

TTY：登录者的终端机位置，如果为远程登录，则使用动态终端接口。

TIME：使用掉的 CPU 时间。注意，是此进程实际花费 CPU 运行的时间，而不是系统总的运行时间。

CMD：指造成此进程触发程序的命令。

上面信息说明：bash 的进程属于 UID 为 0 的使用者，状态为睡眠，之所以为睡眠是因为它触发了 ps(状态为运行)之故。此进程的 PID 为 13639，优先运行顺序为 75，执行 bash 所取得的终端接口为 pts/1，运行状态为等待。

接下来让我们使用 ps 来查看一下系统内所有程序的状态。

3. 查看系统所有程序：ps aux

【例 9-14】 列出当前内存中的所有程序。

```
[root@Server01 ~]#ps aux
USER  PID   %CPU  %MEM   VSZ  RSS  TTY   STAT  START  TIME  COMMAND
root    1    0.0   0.0  2064  616   ?     Ss   Mar11  0:01  init[5]
root    2    0.0   0.0     0    0   ?     S<   Mar11  0:00  [migration/0]
root    3    0.0   0.0     0    0   ?     SN   Mar11  0:00  [ksoftirqd/0]
...         //中间省略
root  13639  0.0  0.2  5148  1508  pts/1  Ss   11:44  0:00  -bash
root  14232  0.0  0.1  4452   876  pts/1  R+   15:52  0:00  ps
root  18593  0.0  0.0  2240   476   ?     Ss   Mar14  0:00  /usr/sbin/atd
```

可以发现 ps -l 与 ps aux 显示的项目并不相同。在 ps aux 显示的项目中，各字段的意义如下。

USER：该进程属于哪个用户账号。

PID：该进程的识别码。

%CPU：该进程耗费掉的 CPU 资源百分比。

%MEM：该进程所占用的实体内存百分比。

VSZ：该进程耗费掉的虚拟内存量。

RSS：该进程占用的固定内存量。

TTY：确定该进程是在哪个终端机上面运行。如果与终端机无关则显示“?”。另外，tty1～tty6 是本机上面的登录者程序，如果为 pts/0 等，则表示由网络连接进入主机的程序。

STAT：该进程当前的状态。状态显示与 ps -l 的 S 标识相同。

START：该进程被触发启动的时间。

TIME：该进程实际使用 CPU 运行的时间。

COMMAND：该程序的实际命令。

一般来说，ps aux 会依照 PID 的顺序来排序显示，还是以 13639 那个 PID 所在行来说明。该行的意义为：root 运行的 bash PID 为 13639，占用了 0.2% 的内存容量，状态为休眠，该程序启动的时间为 11:44，且取得的终端机环境为 pts/1。

4. 继续使用 ps 查看其他的信息

【例 9-15】 与例 9-13 对照，显示所有的程序。

```
[root@Server01 ~]#ps -lA
F  S  UID  PID  PPID  C  PRI  NI  ADDR   SZ   WCHAN   TTY    TIME     CMD
4  S   0    1    0    0   76   0    -   435     -      ?   00:00:01  init
1  S   0    2    1    0   94  19    -     0  ksofti    ?   00:00:00  ksoftirqd/0
1  S   0    3    1    0   70  -5    -     0  worker    ?   00:00:00  events/0
...         //以下省略
#你会发现每个字段与 ps -l 的输出情况相同，但显示的进程则包括系统所有的进程。
```

【例 9-16】 类似进程树的形式，列出所有程序。

```
[root@Server01 ~]#ps axjf
PPID  PID  PGID  SID  TTY  TPGID  STAT  UID  TIME  COMMAND
  0    1     1    1    ?     -1    Ss    0   0:01  init[5]
...         //中间省略
```

```
     1   4586   4586   4586     ?      -1    Ss   0   0:00   /usr/sbin/sshd
  4586  13637  13637  13637     ?      -1    Ss   0   0:00   \_ sshd: root@pts/1
 13637  13639  13639  13639  pts/1  14266    Ss   0   0:00       \_ -bash
 13639  14266  14266  13639  pts/1  14266    R+   0   0:00           \_ ps axjf
...          //后面省略
```

【例 9-17】 找出与 cron 与 syslog 这两个服务有关的 PID 号码。

```
[root@Server01 ~]#ps aux | egrep '(cron|syslog)'
root   4286  0.0  0.0  1720   572   ?     Ss   Mar11  0:00  syslogd
root   4661  0.0  0.1  5500  1192   ?     Ss   Mar11  0:00  crond
root  14286  0.0  0.0  4116   592  pts/1  R+   16:15  0:00  egrep (cron|syslog)
#号码是 4286 及 4661
```

除此之外，还必须知道"僵尸"进程是什么。通常，造成僵尸进程的成因是该进程应该已经运行完毕，或者是因故应该要终止了。但是该进程的父进程却无法完整地将该进程结束，从而造成该进程一直在内存中存在。如果发现在某个进程的 CMD 后面有"<defunct>"时，就代表该进程是僵尸进程。例如：

```
apache   8683   0.0   0.9   83384   9992   ?   Z   14:33   0:00   /usr/sbin/httpd
<defunct>
```

当系统不稳定时就容易造成僵尸进程。因为程序写得不好，或者用户的操作习惯不良等，也可能造成僵尸进程。如果产生僵尸进程，而系统过一阵子仍没有办法通过特殊处理来将该程序删除时，用户只好通过重启系统的方式来将该进程杀死。

5. pstree

```
[root@Server01 ~]#pstree [-A|U] [-up]
```

选项与参数如下。

-A：各进程树之间以 ASCII 字符来连接。

-U：各进程树之间以 utf8 的字符来连接。在某些终端接口下可能会有错误。

-p：同时列出每个进程的 PID。

-u：同时列出每个进程的所属账号名称。

【例 9-18】 列出当前系统所有的进程树的相关性。

```
[root@Server01 ~]#pstree -A
init-+-acpid
  |-atd
  |-auditd-+-audispd---{audispd} <==这行与下面一行为 auditd 分出来的子进程
  |        `-{auditd}
  |-automount---4*[{automount}] <==默认情况下，相似的进程会以数字显示
...          //中间省略
```

```
    |-sshd---sshd---bash---pstree <==这就是命令执行的依赖性
...          //下面省略
```

【例 9-19】 承上题，同时显示 PID 与 users。

```
[root@Server01 ~]#pstree -Aup
init(1)-+-acpid(4555)
    |-atd(18593)
    |-auditd(4256)-+-audispd(4258)---{audispd}(4261)
    |              `-{auditd}(4257)
    |-automount(4536)-+-{automount}(4537) <==进程相似但 PID 不同!
    |                 |-{automount}(4538)
    |                 |-{automount}(4541)
    |                 `-{automount}(4544)
...          //中间省略
    |-sshd(4586)---sshd(16903)---bash(16905)---pstree(16967)
...          //中间省略
    |-xfs(4692,xfs) <==因为此进程拥有者并非执行 pstree 者，所以列出账号
...          //下面省略
#在括号内的即是 PID 以及该进程的拥有者。不过，由于使用 root 的身份执行此命令，所以属于
root 的进程而不会显示出来
```

如果寻找进程之间的相关性，直接输入 pstree 命令即可。

也可以使用线段将相关性进程连接起来。一般连接符号可以使用 ASCII 码，但有时因为语系问题，会默认以 Unicode 的符号来连接。这种情况下，如果终端机无法支持该编码，则会造成乱码。因此建议加上 -A 选项来克服此类线段乱码问题。

由 pstree 的输出可以很清楚地知道，所有的程序都是依附在 init 程序下面。仔细查看，发现 init 程序的 PID 是 1。这是因为 init 是由 Linux 核心所主动调用的第一个进程，所以 PID 就是 1 了。这也是发生僵尸进程需要重新启动的原因。

如果还想知道 PID 与所属用户，则加上 -u 及 -p 两个参数即可。

9.4.2　进程的管理

程序之间是可以互相控制的。举例来说，服务器软件本身是个程序，你可以关闭、重新启动服务器软件。你既然可以让它关闭或启动，当然可以控制该程序。那么程序是如何互相管理的呢？其实是通过该进程的信号去告知该进程你想要让它做什么。那么到底有多少信号呢？用户可以使用 kill －l（“ L ”的小写）或者是 man 7 signal 进行查询。主要的信号代号、名称及内容如表 9-1 所示。

表 9-1　信号代号、名称及内容

代 号	名　称	内　　容
1	SIGHUP	启动被终止的进程，可以让该 PID 重新读取自己的配置文件，类似重新启动系统
2	SIGINT	相当于按 Ctrl＋C 组合键来中断一个程序的执行

续表

代 号	名 称	内 容
9	SIGKILL	代表强制中断一个进程的执行。如果该进程进行到一半，那么尚未完成的部分可能会有“半成品”产生，比如，vim 会有 .filename.swp 保留下来
15	SIGTERM	以正常的结束进程来终止该进程。由于是正常的终止，所以后续的动作会将它完成。不过，如果该进程已经发生问题，无法使用正常的方法终止时，输入信号也没有用
17	SIGSTOP	相当于按 Ctrl+Z 组合键来暂停一个进程的进行

上面仅是常见的信号。一般来说，只要记得 1、9、15 这三个信号的作用即可。那么如何传送一个信号给某个进程呢？可以通过 kill 或 killall。

1. kill -signal PID

kill 可以将信号传送给某个作业(%jobnumber)或者是某个 PID(直接输入数字)。需要再次强调的是：kill 后面直接加数字与加 %jobnumber 的情况是不一样的，因为作业控制中有 1 号作业，但是 PID 1 号则是专指 init 程序。

【例 9-20】 用 ps 找出 syslog 这个进程的 PID 后，再使用 kill 传送信息，使 syslog 可以重新读取配置文件。

解决方案：

(1) 由于需要重新读取配置文件，因此信号是 1。下面的命令可以找出 syslog 的 PID。

```
ps aux | grep 'syslog' | grep -v 'grep'| awk '{print $2}'
```

(2) 使用 kill -1 PID。

```
kill -SIGHUP $(ps aux|grep 'syslog'|grep -v 'grep'|awk '{print $2}')
```

(3) 如果要确认是否重新启动了 syslog，则需要参考登录文件的内容。使用以下命令：

```
tail -5 /var/log/messages
```

如果看到类似“Nov 4 13:22:00 www syslogd 1.4.1: restart”之类的字样，就表示 syslogd 在 11 月 4 日重新启动过了。

如果想要将某个可疑的登录者的连接删除，就可以通过使用 pstree -p 找到相关进程，然后用 kill -9 PID 将该进程删除，对应的连接也被删除。

2. killall -signal 命令

由于 kill 后面跟 PID(或者是工作号码)，所以，通常 kill 都会配合 ps、pstree 等命令找到对应程序的 ID，这样很麻烦。是否可以利用“执行命令的名称”来赋予信号呢？比如，能不能直接将 syslog 这个进程赋予一个 SIGHUP 的信号呢？当然可以，那就需要用到 killall 了。

```
killall [-iIe] [command name]
```

选项与参数如下。

-i：表示互动式的。如果需要删除内容时，会出现提示信息。

-I：命令名称(可能含参数)忽略大小写。

-e：表示与后面接的 command name 要一致，但整个命令不能超过 15 个字符。

【例 9-21】 赋予启动 sshd 服务的 PID 一个 SIGHUP 信号。

```
[root@Server01 ~]#killall -1 sshd
```

【例 9-22】 强制终止所有以 sshd 启动的程序。

```
[root@Server01 ~]#killall -9 sshd
```

【例 9-23】 依次询问每个 bash 程序是否需要被终止运行。

```
[root@Server01 ~]#killall -i -9 bash
Kill bash(16905) ? (y/N) n <==不终止运行
Kill bash(17351) ? (y/N) y <==终止运行
#具有互动功能。可以询问是否要删除 bash 进程。要注意，如果没有 -i 参数，
#所有的 bash 都会被 root 用户终止，也包括 root 用户自己的 bash
```

总之，要删除某个进程，用户可以使用 PID 或者是启动该进程的命令名称。如果要删除某个服务，最简单的方法就是利用 killall，因为用户可以将系统中所有以某个命令名称启动的进程全部删除。比如例 9-22 中，系统内所有以 httpd 启动的进程全部被删除。

9.4.3 管理进程优先级

从 top 的输出结果可以发现，系统同时有非常多的进程在运行过程中，不过绝大部分的进程都处于休眠状态。

如果所有的进程同时被唤醒，要考虑进程的优先级与 CPU 调度。

1. 优先级与 nice 值

CPU 一秒钟可以运行多达数千兆字节的微命令，通过 CPU 调度可以让各进程轮换使用 CPU。如果进程都集中在一个队列中等待 CPU 的运行，而不具有优先顺序之分，就会出现紧急任务无法优先执行的问题。

例如，假设 pro1、pro2 是紧急程序，pro3、pro4 是一般程序，在一般的环境中由于不区分优先顺序，pro1、pro2 还是要等待 pro3、pro4 进程执行完后才能使用 CPU。如果 pro3、pro4 的工作耗时挺长，那么紧急的 pro1、pro2 就得要等待较长时间才能够完成。因此，进程要分优先顺序。如果优先级较高则优先被执行，而不需要与优先级低的进程抢位置。

图 9-5 说明进程的优先级与 CPU 调度的关系。具有高优先级的 pro1、pro2 可以被取用两次，而不重要的 pro3、pro4 则运行次数较少。这样 pro1、pro2 就可以较快被完成。需要注意的是，图 9-5 仅是示意图，并非优先级别高就一定会被运行两次。为了达到上述功能，

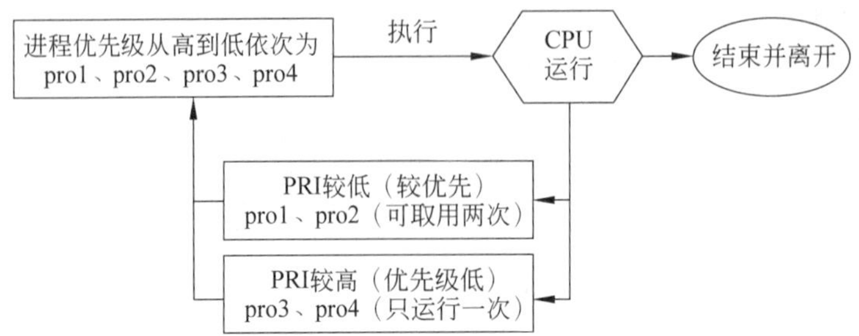

图 9-5 具有优先级的进程队列示意图

Linux 赋予进程一个“优先运行序号(PRI)”,这个 PRI 值越低,代表优先级越高。PRI 值是由内核动态调整的,用户无法直接调整 PRI 的值,但可以用 ps 查询 PRI 值。

```
[root@Server01 ~]#ps -l
F  S  UID   PID    PPID   C  PRI  NI  ADDR   SZ   WCHAN   TTY     TIME     CMD
4  S   0   18625  18623  2   75   0    -    1514   wait   pts/1  00:00:00  bash
4  R   0   18653  18625  0   77   0    -    1102    -     pts/1  00:00:00  ps
```

如果想要调整进程的优先级,需要通过 nice。nice 值与 PRI 的相关性如下:

```
PRI(新) =PRI(旧) +nice
```

如果原来的 PRI 是 50,令 nice = 5,并不一定就使 PRI 变成 55。因为 PRI 是系统“动态”决定的,所以,虽然 nice 值可以影响 PRI,但最终的 PRI 仍要经过系统分析后才能决定。另外,nice 值有正有负,当 nice 值为负值时,就会降低 PRI 值,即提高 PRI 的优先级。

此外,还要注意以下几点:

- nice 值可调整的范围为 −20 ～ 19;
- root 可随意调整自己或其他用户进程的 nice 值,且范围为−20 ～ 19;
- 一般用户仅可调整用户自己进程的 nice 值,且范围仅为 0 ～ 19(避免一般用户抢占系统资源);
- 一般用户仅可将 nice 值调高,例如,nice 原始值为 5,则用户仅能调整到大于 5。

要赋予某个程序 nice 值,有以下两种方式:一是一开始执行程序就立即赋予一个特定的 nice 值(用 nice 命令);二是调整某个已经存在的 PID 的 nice 值(用 renice 命令)。

2. 执行命令即赋予新的 nice 值

```
nice [-n 数字] command
```

选项与参数如下。

-n:后面接一个数值,数值的范围为−20 ～ 19。

【例 9-24】 用 root 给 nice 赋值为 −5,用于运行 vim,并查看该进程。

```
[root@Server01 ~]#nice -n -5 vim &
[1] 18676
[root@Server01 ~]#ps -l
F  S  UID   PID    PPID   C  PRI  NI  ADDR   SZ    WCHAN   TTY     TIME      CMD
4  S   0   18625  18623  0   75    0    -    1514   wait   pts/1  00:00:00  bash
4  T   0   18676  18625  0   72   -5    -    1242  finish  pts/1  00:00:00  vim
4  R   0   18678  18625  0   77    0    -    1101      -   pts/1  00:00:00  ps
#原来的 bash PRI 为 75，所以 vim 默认应为 75。不过由于赋予 nice 值为 -5，
#因此 vim 的 PRI 降低了。但并非降低到 70，因为内核还会动态调整
[root@Server01 ~]#kill -9 %1 <==测试完毕并将 vim 关闭
```

那么什么时候要将 nice 值调大呢？在系统的后台工作中，某些不重要的进程，比如备份工作，非常消耗系统资源，这个时候就可以将备份命令的 nice 值调大一些，以使系统资源分配更为公平。

3. 用 renice 命令对已存在进程的 nice 重新调整

如果要调整的是已经存在的进程，那么就要使用 renice 命令。方法很简单，renice 后面接上数值及 PID 即可。因为后面接的是 PID，所以要先用 ps 或者其他查看命令查找出 PID。

```
renice [number] PID
```

选项与参数如下。

PID：某个进程的 ID

【例 9-25】 找出自己的 bash PID，并将该 PID 的 nice 调整到 10。

```
[root@Server01 ~]#ps -l
   F  S   UID    PID    PPID   C   PRI  NI  ADDR   SZ   WCHAN   TTY      TIME
4  S  0  18625  18623    0    75   0    -    1514  wait   pts/1  00:00:00  bash
4  R  0  18712  18625    0    77   0    -    1102   -     pts/1  00:00:00  ps
[root@Server01 ~]#renice 10 18625
18625: old priority 0, new priority 10
[root@Server01 ~]#ps -l
F  S  UID   PID    PPID   C  PRI  NI  ADDR   SZ   WCHAN   TTY     TIME      CMD
4  S   0   18625  18623  0   85   10    -    1514  wait   pts/1  00:00:00  bash
4  R   0   18715  18625  0   87   10    -    1102   -     pts/1  00:00:00  ps
```

从该例题中可以看出，虽然修改的是 bash 进程，但是该进程触发的 ps 命令的 nice 值也会继承父进程而改为 10。nice 值可以在父进程与子进程之间传递。另外，除了 renice 命令之外，top 命令同样也可以调整 nice 值。

9.5　查看系统资源

1. free 命令可观察内存使用情况

```
free [-b|-k|-m|-g] [-t]
```

选项与参数如下。

- -b：直接输入 free 时，显示的单位是 KB，用户可以使用 b(bytes)、m(MB)、k(KB)及 g(GB) 来定制显示单位。
- -t：显示物理内存与 Swap 的总量。

【例 9-26】 显示当前系统的内存容量。

```
[root@Server01 ~]# free -m
              total   used   free   shared   buffers   cached
Mem:            725    666     59        0       132      287
-/+buffers/cache:      245    479
Swap:           996      0    996
```

该例显示，系统中有 725MB 左右的物理内存，Swap 有 1GB 左右。使用 free －m 以 MB 来显示时，就会出现上面的信息。Mem 那一行显示的是物理内存的容量，Swap 则是虚拟内存的容量。

另外，total 是总量，used 是已被使用的容量，free 则是剩余可用的容量。后面的 shared/buffers/cached 则是在已被使用的容量中用来作为缓冲及缓存的容量。

2. uname 命令可查看系统与内核相关信息

```
uname [-asrmpi]
```

选项与参数如下。

-a：所有系统相关的信息，包括下面的数据都会被列出来；

-s：系统内核名称；

-r：内核的版本；

-m：本系统的硬件名称，例如 i686 或 x86_64 等；

-p：与 -m 类似，只是显示的是 CPU 的类型；

-i：硬件的平台(ix86)。

【例 9-27】 输出系统的基本信息。

```
[root@Server01 ~]# uname -a
Linux Server01 4.18.0-193.el8.x86_64 #1 SMP Fri Mar 27 14:35:58 UTC 2020 x86_64 x86_64
x86_64 GNU/Linux
```

uname 可以列出当前系统的内核版本、主要硬件平台以及 CPU 类型等信息。例 9-27 显示主机使用的内核名称为 Linux，而主机名称为 Server 01，内核的版本为 4.18.0－193.el8.x86_64，该内核版本创建的日期为 2020/3/27，适用的硬件平台为 x86 以上等级的硬件平台。

3. uptime 命令可查看系统启动时间与工作负载

显示当前系统已经启动多长时间，以及 1、5、15 分钟的平均负载。uptime 可以显示出 top 画面的最上面一行。

```
[root@Server01 ~]# uptime
 15:39:13 up 8 days, 14:52,  1 user,  load average: 0.00, 0.00, 0.00
```

4. netstat 命令可跟踪网络

这个命令尽管经常用在网络的监控方面，但在程序管理方面也需要了解。netstat 的输出分为两大部分，分别是网络与系统的进程相关性部分。

```
netstat -[atunlp]
```

选项与参数如下。

-a：将当前系统上所有的连接、监听、Socket 数据都列出来；

-t：列出 tcp 网络封包的数据；

-u：列出 udp 网络封包的数据；

-n：不列出进程的服务名称，以端口号来显示；

-l：列出当前正在用网络监听的服务；

-p：列出该网络服务的 PID。

【例 9-28】 列出当前系统已经创建的网络连接与 UNIX socket 状态。

```
[root@Server01 ~]#netstat
Active Internet connections (w/o servers) <==与网络相关的部分
Proto Recv-Q Send-Q Local Address       Foreign Address       State
tcp        0    132 192.168.201.110:ssh 192.168.:vrtl-vmf-sa ESTABLISHED

Active UNIX domain sockets (w/o servers)       <==与本机进程的相关性(非网络)
Proto  RefCnt  Flags    Type     State       I-Node   Path
 unix    20     [ ]     DGRAM                 9153     /dev/log
 unix     3     [ ]    STREAM   CONNECTED    13317    /tmp/.X11-unix/X0
 unix     3     [ ]    STREAM   CONNECTED    13233    /tmp/.X11-unix/X0
 unix     3     [ ]    STREAM   CONNECTED    13208    /tmp/.font-unix/fs7100
...          //省略
```

在上面的结果中显示了两部分，分别是网络的连接以及 UNIX 的 socket 程序的相关性部分。网络连接情况部分内容如下。

Proto：网络的封包协议，主要分为 TCP 与 UDP 封包。

Recv-Q：非由用户进程连接到此套接字的复制的总字节数。

Send-Q：非由远程主机传送过来的应答的总字节数。

Local Address：本地用户端的 IP 端口情况。

Foreign Address：远程主机的 IP 端口情况。

State：显示连接状态，主要有 ESTABLISED(创建)及 LISTEN(监听)。

除了网络连接之外，Linux 系统的进程还可以接收不同进程所发送来的信息，即 Linux 的 socket 文件。例题中的 socket 文件的输出字段如下。

Proto：一般是 unix。

RefCnt：连接到此 socket 的进程数量。

Flags：连接的标识。

Type：socket 访问类型。主要有需要确认连接的 STREAM 与不需确认连接的 DGRAM 两种。

State：如果为 CONNECTED，表示多个进程之间已经创建连接。

I-Node：网络 i 节点的编号。

Path：连接到此 socket 的相关进程的路径或者相关数据输出的路径。

利用 netstat 命令还可以查看有哪些程序启动了相关网络的“后门”。

【例 9-29】 找出当前系统上已在监听的网络连接及其 PID。

```
[root@Server01 ~]#netstat -tlnp
Active Internet connections (only servers)
Proto  Recv-Q  Send-Q  Local Address      Foreign Address   State    PID/Program name
 tcp      0       0    127.0.0.1:2208     0.0.0.0:*         LISTEN   4566/hpiod
 tcp      0       0    0.0.0.0:111        0.0.0.0:*         LISTEN   4328/portmap
 tcp      0       0    127.0.0.1:631      0.0.0.0:*         LISTEN   4597/cupsd
 tcp      0       0    0.0.0.0:728        0.0.0.0:*         LISTEN   4362/rpc.statd
 tcp      0       0    127.0.0.1:25       0.0.0.0:*         LISTEN   4629/sendmail:
 tcp      0       0    127.0.0.1:2207     0.0.0.0:*         LISTEN   4571/python
 tcp      0       0    :::22              :::*              LISTEN   4586/sshd
#除了可以列出监听网络的端口与状态之外，最后一个字段还能够显示此服务的 PID 号码以及进程的
命令名称。例如最后一行的 4586 就是该 PID
```

【例 9-30】 将上述的本地用户端 127.0.0.1:631 的网络服务关闭。

```
[root@Server01 ~]#kill -9 4597
[root@Server01 ~]#killall -9 cupsd
```

5. dmesg 命令可分析内核产生的信息

系统在启动的时候，内核会检测系统的硬件，某些硬件有没有被识别，与这时的检测有关。但是，这些检测的过程要么不显示，要么显示时间很短。能不能把内核检测的信息单独列出来呢？可以使用 dmesg 命令列出。

dmesg 命令显示的信息实在太多，所以运行时可以加入管道命令“ | more ”来使画面暂停。

【例 9-31】 搜寻启动的时候，硬盘的相关信息如下。

```
[root@Server01 ~]#dmesg | grep -i sd
[0.000000] ACPI: RSDP 00000000000f6a10 00024 (v02 PTLTD )
[0.000000] ACPI: XSDT 000000007feea633 0005C (v01 INTEL 440BX 06040000 VMW 01324272)
[0. 000000] ACPI: DSDT 000000007feec0af 12DC4 (v01 PTLTD Custom 06040000 MSFT
03000001)
[    0.031554] ACPI: EC: Look up EC in DSDT
[    0.911875] sd 0:0:0:0: [sda] 83886080 513-byte logical blocks: (42.9 GB/40.0 GiB)
[    0.911899] sd 0:0:0:0: [sda] Write Protect is off
[    0.911901] sd 0:0:0:0: [sda] Mode Sense: 61 00 00 00
[    0.911925] sd 0:0:0:0: [sda] Cache data unavailable
...
```

由例 9-31 可以详细知道主机的硬盘格式。

试一试：用户还可以试一试能不能找到网卡。网卡的代号是 eth，所以可以直接输入

dmesg | grep -i ens 命令，看看结果是什么。

6. vmstat 命令可检测系统资源变化

vmstat 是查看虚拟内存(virtual memory)使用状况的工具，使用 vmstat 命令可以得到关于进程、内存、内存分页、堵塞 I/O、陷阱及 CPU 活动的信息。下面是常见的选项与参数。

```
vmstat [-a] [延迟 [总计检测次数]]        <==CPU 及内存等信息
vmstat [-fs]                             <==与内存相关
vmstat [-S 单位]                         <==配置显示数据的单位
vmstat [-d]                              <==与磁盘有关
vmstat [-p 分区]                         <==与磁盘有关
```

选项与参数如下。

-a：使用 inactive/active(活跃与否)取代 buffer/cache 的内存输出信息；

-f：显示从启动到当前为止系统复制的进程数；

-s：将一些事件(从启动至当前为止)导致的内存变化情况列表说明；

-S：后面可以接单位，让显示的数据有单位，例如 K/M 取代 bytes 的容量；

-d：列出磁盘的读写总量统计表；

-p：后面列出分区，可显示该分区的读写总量统计表。

【例 9-32】 统计当前主机的 CPU 状态，每秒 1 次，共计 3 次。

```
[root@Server01 ~]#vmstat 1 3
procs ------memory----------swap-------io------system-------CPU-----
r  b  swpd  free   buff    cache   si  so  bi  bo   in   cs  us  sy  id   wa  st
0  0  28    61540  137000  291960  0   0   4   5    38   55  0   0   100  0   0
0  0  28    61540  137000  291960  0   0   0   0    1004 50  0   0   100  0   0
0  0  28    61540  137000  291964  0   0   0   0    1022 65  0   0   100  0   0
```

上面的各字段的意义说明如下。

(1) 进程字段 procs 的项目如下。

r：等待执行的进程数量。

b：不可被唤醒的进程数量。

这两个项目越多，代表系统越忙碌(因为系统太忙，所以很多进程就无法被执行或一直在等待而无法被唤醒)。

(2) 内存字段 memory 项目如下。

swpd：虚拟内存使用的容量。

free：未被使用的内存容量。

buff：用作缓冲的内存大小。

cache：用作缓存的内存大小。

(3) 内存交换空间字段 swap 的项目如下。

si：每秒从交换区写到内存的大小。

so：每秒写入交换区的内存大小。

如果 si/so 的数值太大,表示内存内的数据常常需要在磁盘与内存之间传送,系统性能会很差。

(4) 磁盘读写字段(I/O)的项目如下。

bi:每秒读取的块数。

bo:每秒写入的块数。这部分的值越高,代表系统的 I/O 越忙碌。

(5) 系统字段 system 的项目如下。

in:每秒程序被中断的次数。

cs:每秒进行的事件切换次数。

这两个数值越大,代表系统与周边设备的通信越频繁。周边设备包括磁盘、网卡、时钟等。

(6) 中央处理器字段 CPU 的项目如下。

us:非核心层的 CPU 使用状态。

sy:核心层的 CPU 使用状态。

id:闲置的状态。

wa:等待 I/O 所耗费的 CPU 状态。

st:被虚拟机器(virtual machine)所占用的 CPU 使用状态。

7. 查看磁盘状态

【例 9-33】 查看系统所有磁盘的读写状态。

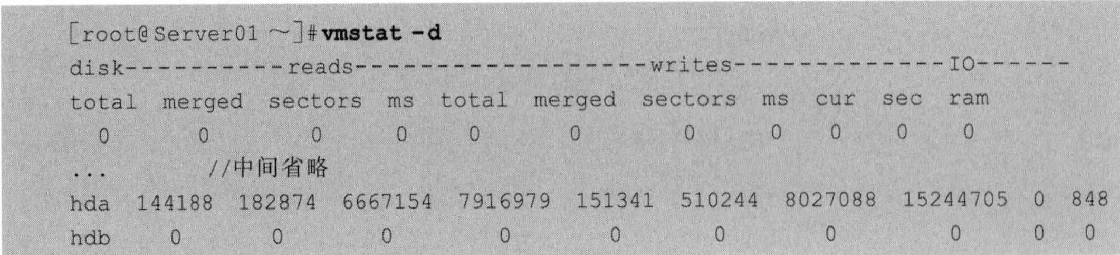

```
[root@Server01 ~]#vmstat -d
disk----------reads-----------------writes-------------IO------
total  merged  sectors  ms  total  merged  sectors  ms  cur  sec  ram
  0      0       0       0    0      0       0       0    0    0    0
...         //中间省略
hda  144188  182874  6667154  7916979  151341  510244  8027088  15244705  0  848
hdb     0       0       0        0        0       0        0         0     0   0
```

各字段详细的作用请通过 man vmstat 命令了解。

9.6 项目实录

实训项目　进程管理与系统监视

1. 录像位置

扫描二维码观看视频。

2. 项目实训目的

- 掌握进程和作业的概念。
- 学会如何进行进程管理。
- 学会如何实施系统监视。

3. 项目实训内容

- 任务 1 启动进程与作业。
- 任务 2 桌面环境下管理进程与作业。

- 任务 3 Shell 命令管理进程与作业。
- 任务 4 实施系统监视。
- 任务 5 管理系统日志。

4. 做一做

根据二维码视频进行项目的实训，检查学习效果。

9.7 练习题

1. 简单说明什么是程序(program)，什么是进程(process)。

2. 如何在网上查询/etc/crontab 与 crontab 程序的用法与写法？

3. 如何查询 crond 守护进程(daemon，实现服务的程序)的 PID 与 PRI 值？

4. 如何修改 crond 的 PID 的优先级？

5. 如果读者是一般用户，是否可以调整不属于用户的程序的 nice 值？如果用户将自己程序的 nice 值调整到 10，是否可以将它调回到 5 呢？

6. 用户怎么知道网卡在启动的过程中是否被捕获到？

第10章 使用 gcc 和 make 调试程序

程序写好了，接下来做什么呢？调试！程序调试对于程序员或管理员来说也是至关重要的一环。

职业能力目标和要求

- 理解程序调试。
- 掌握利用 gcc 进行调试的方法。
- 掌握使用 make 编译的方法。

10.1 了解程序的调试

编程是一件复杂的工作，难免会出错。有这样一个典故：早期的计算机体积庞大，有一次一台计算机不能正常工作，工程师们找了半天原因，最后发现是一只臭虫钻进了计算机中造成的。从此以后，程序中的错误就叫作 bug，而找到这些 bug 并加以纠正的过程就叫作调试。调试是一件非常复杂的工作，要求程序员概念明确、逻辑清晰、性格沉稳，还需要一点运气。调试的技能在后续的学习中慢慢培养，但首先要清楚程序中的 bug 分为哪几类。

10.1.1 编译时错误

编译器只能翻译语法正确的程序，否则无法生成可执行文件。对于自然语言来说，一点语法错误不是很严重的问题，因为仍然可以读懂句子，而编译器就没那么宽容了，哪怕只是一个很小的语法错误，编译器都会输出一条错误提示信息，然后“罢工”。虽然大部分情况下编译器给出的错误提示信息就是出错的代码行，但也有个别时编译器给出的错误提示信息帮助不大，甚至会误导我们。在开始学习编程的前几个星期，会花大量的时间纠正语法错误。等有了一些经验之后，还是会犯这样的错误，不过错误会少得多，而且能更快地发现错误的原因。等到经验更加丰富之后就会觉得，语法错误是最简单、最低级的错误，编译器的错误提示也就那么几种，即使错误提示存在误导，也能够立刻找出真正的错误原因。相比下面两种错误，语法错误解决起来要容易得多。

10.1.2 运行时错误

编译器检查不出运行错误，仍然可以生成可执行文件，但在运行时会出错，从而导致程序崩溃。对于一些程序来说，编译时错误很少见，到运行时会遇到很多的运行时错误。读者在以后的学习中要时刻注意区分编译时和运行时这两个概念，不仅在调试时需要区分这两个概念，在学习 C 语言的很多语法时都需要区分这两个概念。有些事情在编译时做，有些事情则必须在运行时做。

10.1.3　逻辑错误和语义错误

第三类错误是逻辑错误和语义错误。如果程序里有逻辑错误，编译和运行都会很顺利，也没有产生任何错误信息，但是程序没有做它该做的事情。当然，计算机只会按编写的程序去做，问题在于编写的程序不是自己真正想要的，这意味着程序的语义（即意思）是错的。找到逻辑错误的原因需要十分清醒的头脑，要通过观察程序的输出并回过头来判断它到底在做什么。

读者应掌握的最重要的技巧之一就是调试。调试的过程可能会让人感到沮丧，但调试也是编程中最需要动脑的、最有挑战也是最有乐趣的部分。从某种角度看，调试就像侦探工作，根据掌握的线索推断是什么原因和过程导致了错误的结果。调试也像是一门实验科学，每次想到哪里可能有错，就修改程序然后再试一次。如果假设是对的，就能得到预期的结果，就可以接着调试下一个 bug，一步一步逼近正确的程序；假设错误，只好另外再找思路并再做假设。

也有一种观点认为，编程和调试是一回事，编程的过程就是逐步调试，直到获得期望的结果。可以从一个能正确运行的小程序开始，每做一步小的改动立刻进行调试，这样做的好处是总有一个正确的程序作参考：如果正确就继续；如果不正确，那么一定是刚才的改动出了问题。例如，Linux 操作系统包含了成千上万行代码，但它也不是一开始就规划好了内存管理、设备管理、文件系统、网络等大的模块，一开始它仅仅是 Linus Torvalds 为琢磨 Intel 80386 芯片而写的小程序。Larry Greenfield 曾经说过：“Linus 的早期工程之一是编写一个交替打印 AAAA 和 BBBB 的程序，后来便进化成了 Linux。”

10.2　使用传统程序语言进行编译

经过上面的介绍之后，读者应该比较清楚原始码、编译器、函数库与运行文件之间的相关性了。不过，对详细的流程可能还不是很清楚，下面以一个简单的程序范例来说明整个编译的过程。

10.2.1　安装 gcc

1. 认识 gcc

gcc（GNU compiler collection，GNU 编译器集合）是一套由 GNU 开发的编程语言编译器，它是一套 GNU 编译器套装，以 GPL 许可证所发行的自由软件，也是 GNU 计划的关键部分。gcc 原本作为 GNU 操作系统的官方编译器，现已被大多数类 UNIX 操作系统（如 Linux、BSD、Mac OS X 等）采纳为标准的编译器，gcc 同样适用于微软的 Windows。gcc 是自由软件过程发展中的著名例子，由自由软件基金会以 GPL 协议发布。

gcc 原名为 GNU C 语言编译器（GNU C compiler），因为原来只能处理 C 语言。随着技术的发展，gcc 也得到了扩展，变得既可以处理 C++，又可以处理 Fortran、Pascal、Objective

C、Java,以及 Ada 与其他语言。

2. 安装了 gcc

(1) 检查是否安装了 gcc。

```
[root@Server01 ~]#rpm -qa|grep gcc
libgcc-8.3.1-5.el8.x86_64
```

上述结果表示未安装 gcc。

(2) 如果系统还没有安装 gcc 软件包,可以使用 dnf 命令安装所需软件包。

① 挂载 ISO 安装映像。

```
//挂载光盘到 /media 下
  [root@Server01 ~]#mount /dev/cdrom /media
```

② 制作用于安装的 YUM 源文件(后面不再赘述)。

```
[root@Server01 ~]#vim /etc/yum.repos.d/dvd.repo
[Media]
name=Meida
baseurl=file:///media/BaseOS
gpgcheck=0
enabled=1

[rhel8-AppStream]
name=rhel8-AppStream
baseurl=file:///media/AppStream
gpgcheck=0
enabled=1
```

③ 使用 dnf 命令查看 gcc 软件包的信息,如图 10-1 所示。

```
[root@Server01 ~]#dnf info gcc
```

④ 使用 dnf 命令安装 gcc。

```
[root@Server01 ~]#dnf clean all                              //安装前先清除缓存
[root@Server01 ~]#dnf install gcc -y
```

正常安装完成后,最后的提示信息如下:

```
Installed products updated.

已安装:
  cpp-8.3.1-5.el8.x86_64                    gcc-8.3.1-5.el8.x86_64
  glibc-devel-2.28-101.el8.x86_64           glibc-headers-2.28-101.el8.x86_64
  isl-0.16.1-6.el8.x86_64                   kernel-headers-4.18.0-193.el8.x86_64
```

```
root@Server01:~
文件(F) 编辑(E) 查看(V) 搜索(S) 终端(T) 帮助(H)
[root@Server01 ~]# rpm  -qa|grep  gcc
libgcc-8.3.1-5.el8.x86_64
[root@Server01 ~]# mount  /dev/cdrom  /media
mount: /media: WARNING: device write-protected, mounted read-only.
[root@Server01 ~]# vim  /etc/yum.repos.d/dvd.repo
[root@Server01 ~]# dnf  info gcc
Updating Subscription Management repositories.
Unable to read consumer identity
This system is not registered to Red Hat Subscription Management. You can use su
bscription-manager to register.
Meida                                          2.7 MB/s | 2.8 kB     00:00
rhel8-AppStream                                3.1 MB/s | 3.2 kB     00:00
可安装的软件包
名称          : gcc
版本          : 8.3.1
发布          : 5.el8
架构          : x86_64
大小          : 23 M
源            : gcc-8.3.1-5.el8.src.rpm
仓库          : rhel8-AppStream
概况          : Various compilers (C, C++, Objective-C, ...)
URL           : http://gcc.gnu.org
协议          : GPLv3+ and GPLv3+ with exceptions and GPLv2+ with exceptions and
              : LGPLv2+ and BSD
描述          : The gcc package contains the GNU Compiler Collection version 8.
              : You'll need this package in order to compile C code.

[root@Server01 ~]#
```

图 10-1　使用 dnf 命令查看 gcc 软件包的信息

```
  libxcrypt-devel-4.1.1-4.el8.x86_64

完毕!
```

所有软件包安装完毕,可以使用 rpm 命令再一次进行查询。

```
[root@Server01 ~]#rpm -qa | grep gcc
libgcc-8.3.1-5.el8.x86_64
gcc-8.3.1-5.el8.x86_64
```

10.2.2　单一程序:打印 Hello World

以 Linux 上面最常见的 C 语言来撰写第一个程序。该程序的功能是在屏幕上打印 Hello World。

请先确认你的 Linux 系统里已经安装了 gcc。如果尚未安装 gcc,请使用 rpm 或 yum 命令安装。

1. 编辑程序代码(源代码)

```
[root@Server01 ~]#vim hello.c     <==用 C 语言写的程序扩展名通常用.c
#include <stdio.h>
int main(void)
{
        printf("Hello World\n");
}
```

上面是用 C 语言的语法写成的程序文件,第一行的“#”并不是注解。

2. 编译与测试运行

```
[root@Server01 ~]#gcc hello.c
[root@Server01 ~]#ll hello.c a.out
-rwxr-xr-x. 1 root root 8512 Jul 15 21:18 a.out   <==此时会生成这个文件
-rw-r--r--. 1 root root   72 Jul 15 21:17 hello.c
[root@Server01 ~]#./a.out
Hello World <==运行结果
```

在默认的状态下,如果直接以 gcc 编译源代码,并且没有加上任何参数,则执行文件的文件名会被自动设置为 a.out 这个文件名,所以就能够直接执行./a.out 这个文件。

上面的例子很简单。hello.c 就是源代码,而 gcc 是编译器,a.out 就是编译成功的可执行文件。但如果想要生成目标文件(object file)来进行其他的操作,而且执行文件的文件名也不要用默认的 a.out,该如何做呢?可以将上面安装 gcc 的第 2 个步骤的代码改写如下。

```
[root@Server01 ~]#gcc -c hello.c
[root@Server01 ~]#ll hello*
-rw-r--r--. 1 root root   72 Jul 15 21:17 hello.c
-rw-r--r--. 1 root root 1496 Jul 15 21:20 hello.o   <==这就是生成的目标文件
[root@Server01 ~]#gcc -o hello hello.o
[root@Server01 ~]#ll hello*
-rwxr-xr-x. 1 root root 8512 Jul 15 21:20 hello   <==这就是可执行文件(-o 的结果)
-rw-r--r--. 1 root root   72 Jul 15 21:17 hello.c
-rw-r--r--. 1 root root 1496 Jul 15 21:20 hello.o
[root@Server01 ~]#./hello
Hello World
```

这个步骤主要是利用 hello.o 这个目标文件生成一个名为 hello 的执行文件。通过这个操作,可以得到 hello 及 hello.o 两个文件,真正可以执行的是 hello 这个二进制文件。

10.2.3 主程序、子程序链接、子程序的编译

有时在一个主程序里又调用了另一个子程序,这是很常见的一个程序写法,因为可以增加整个程序的易读性。在下面的例子中,以 thanks.c 主程序调用 thanks_2.c 子程序,写法很简单。

1. 撰写所需要的主程序、子程序

```
[root@Server01 ~]#vim thanks.c
#include <stdio.h>
int main(void)
{
    printf("Hello World\n");
    thanks_2();
}
```

上面的 thanks_2()就是调用子程序。

```
[root@Server01 ~]#vim thanks_2.c
#include <stdio.h>
void thanks_2(void)
{
    printf("Thank you!\n");
}
```

2. 进行程序的编译与链接

(1) 将源代码编译成为可执行的二进制文件。

```
[root@Server01 ~]#gcc -c thanks.c thanks_2.c
[root@Server01 ~]#ll thanks*
-rw-r--r--. 1 root root   76 Jul 15 21:27 thanks_2.c
-rw-r--r--. 1 root root 1504 Jul 15 21:27 thanks_2.o   <==编译生成的目标文件
-rw-r--r--. 1 root root   91 Jul 15 21:25 thanks.c
-rw-r--r--. 1 root root 1560 Jul 15 21:27 thanks.o     <==编译生成的目标文件
[root@Server01 ~]#gcc -o thanks thanks.o thanks_2.o
[root@Server01 ~]#ll thanks*
-rwxr-xr-x. 1 root root 8584 Jul 15 21:28 thanks       <==最终结果会生成可执行文件
```

(2) 运行可执行文件。

```
[root@Server01 ~]#./thanks
Hello World
Thank you!
```

由于源代码文件有时并非只有一个文件，所以无法直接进行编译，此时就需要先生成目标文件，然后再通过链接制作成二进制可执行文件。另外，如果升级了 thanks_2.c 这个文件的内容，则只需要重新编译 thanks_2.c 产生新的 thanks_2.o，而不必重新编译其他没有改动过的源代码文件，这对于软件开发者来说是一项很重要的功能。

此外，如果想要让程序在运行的时候具有比较好的性能，或者是具有其他的调试功能，可以在编译过程中加入适当的参数，如下面的例子。

```
[root@Server01 ~]#gcc -O -c thanks.c thanks_2.c <==-O 为生成优化的参数
[root@Server01 ~]#gcc -Wall -c thanks.c thanks_2.c
thanks.c: In function 'main':
thanks.c:5:9: warning: implicit declaration of function 'thanks_2' [-Wimplicit-
function-declaration]      thanks_2();
                           ^
thanks.c: 6: 1: warning: control reaches end of non - void function [- Wreturn -
type] }
                           ^
#-Wall 用于产生更详细的编译过程信息。上面的信息为警告信息，所以不理会也没有关系
```

至于更多的 gcc 额外参数功能，请使用 man gcc 查看并学习。

10.2.4 调用外部函数库：加入链接的函数库

刚刚都只是在屏幕上面打印出一些文字而已，如果要计算数学公式该怎么办呢？例如，我们想要计算出三角函数里的 sin90°。要注意的是，大多数程序语言都使用弧度而不是"角度"，180°等于 3.14 弧度。下面写一个程序：

```
[root@Server01 ~]#vim sin.c
#include <stdio.h>
int main(void)
{
        float value;
        value =sin ( 3.14 / 2 );
        printf("%f\n",value);
}
```

那要如何编译这个程序呢？可以先直接编译：

```
[root@Server01 ~]#gcc sin.c
sin.c: 在函数'main'中:
               ^~~
sin.c:5:17: 警告: 隐式声明与内建函数 sin 不兼容
sin.c:5:17: 附注: include '<math.h>' or provide a declaration of 'sin'
sin.c:2:1:
+#include <math.h>
  int main(void)
sin.c:5:17:
         value =sin ( 3.14 / 2 );
               ^~~
#注意看上面黑体部分，有个错误信息，代表编译没有成功
```

为何没有编译成功？黑体部分意思是"包含进<math.h>库文件或者提供 sin 的声明"，为什么会这样呢？这是因为 C 语言里的 sin 函数是写在 libm.so 这个函数库中，而我们并没有在源代码里将这个函数库功能加进去。

可以按以下方法更正：在 sin.c 中的第 2 行加入语句 **#include <math.h >**，同时编译时加入额外函数库的链接。

```
[root@Server01 ~]#vim sin.c
[root@Server01 ~]#cat sin.c
#include <stdio.h>
#include <math.h>
int main(void)
{
        float value;
        value =sin ( 3.14 / 2 );
        printf("%f\n",value);
}
```

```
[root@Server01 ~]#gcc sin.c -lm -L/lib -L/usr/lib   <==重点在 -lm
1.000000
[root@Server01 ~]#./a.out                            <==尝试执行新文件
```

使用 gcc 编译时所加入的-lm 是有意义的，可以拆成两部分来分析。

-l：加入某个函数库。

m：表示 libm.so 函数库，其中，lib 与扩展名(.a 或.so)不需要写。

所以-lm 表示使用 libm.so(或 libm.a)这个函数库的意思。

-L 后面接的路径表示程序需要的函数库 libm.so 要到/lib 或/usr/lib 里寻找。

另外，由于 Linux 默认是将函数库放置在/lib 与/usr/lib 中，所以即便没有写-L/lib 与-L/usr/lib 也没有关系。不过以后如果使用的函数库并非放置在这两个目录下，那么-L/path 就很重要了，否则会找不到函数库的。

除了链接的函数库之外，sin.c 中的第一行"#include <stdio.h>"表示要将一些定义数据由 stdio.h 文件读入，包括 printf 的相关设置。这个文件其实是放置在/usr/include/stdio.h 中的。如果这个文件并非放置在这里，就可以使用下面的方式来定义要读取的 include 文件放置的目录。

```
[root@Server01 ~]#gcc sin.c -lm -I/usr/include
```

-I/path 后面接的路径就是设置要去寻找相关的 include 文件的目录。不过，默认值是放置在/usr/include 下面，除非 include 文件放置在其他路径，否则也可以忽略这个选项。

10.2.5　gcc 的简易用法(编译、参数与链接)

(1) 仅将原始码编译成为目标文件，并不制作链接等功能。

```
[root@Server01 ~]#gcc -c hello.c
```

上述程序会自动生成 hello.o 文件，但是并不会生成二进制可执行文件。

(2) 在编译的时候，依据作业环境给予执行速度优化。

```
[root@Server01 ~]#gcc -O hello.c -c
```

上述程序会自动生成 hello.o 文件，并且进行优化。

(3) 在进行二进制可执行文件制作时，将链接的函数库与相关的路径填入。

```
[root@Server01 ~]#gcc sin.c -lm -L/usr/lib -I/usr/include
```

在最终链接成二进制可执行文件的时候，这个命令较常执行。

-lm 指的是 libm.so 或 libm.a 函数库文件；-L 后面接的路径是刚刚上面那个函数库的搜索目录；-I 后面接的是源代码内的 include 文件所在的目录。

(4) 将编译的结果生成某个特定文件。

```
[root@Server01 ~]#gcc -o hello hello.c
```

程序中,-o 后面接的是要输出的二进制可执行文件名。

(5) 在编译的时候输出较多的说明信息。

```
[root@Server01 ~]#gcc -o hello hello.c -Wall
```

加入-Wall 之后,程序的编译会变得较为严谨一点,所以警告信息也会显示出来。

我们通常将-Wall 或者-O 这些非必要的参数称为标志。这些标志偶尔会被使用,尤其是在后面介绍 make 相关用法中会被使用。

10.3 使用 make 进行宏编译

下面使用 make 简化下达编译命令的流程。

10.3.1 为什么要用 make

先来想象一个案例,假设执行文件里包含了 4 个源代码文件,分别是 main.c、haha.c、sin_value.c 和 cos_value.c。它们的功能如下。

main.c:主要目的是让用户输入角度数据与调用其他 3 个子程序。

haha.c:输出一些信息。

sin_value.c:计算用户输入的角度(360°)正弦数值。

cos_value.c:计算用户输入的角度(360°)余弦数值。

例如以下程序:

```
[root@Server01 ~]#mkdir /c
[root@Server01 ~]#cd /c
[root@Server01 c]#vim main.c
#include <stdio.h>
#define pi 3.14159
char name[15];
float angle;
int main(void)
{  printf ("\n\nPlease input your name: ");
   scanf ("%s", &name );
   printf ("\nPlease enter the degree angle (ex>90): " );
  scanf ("%f", &angle );
  haha(name);
  sin_value(angle);
  cos_value(angle);
}

[root@Server01 c]#vim haha.c
#include <stdio.h>
int haha(char name[15])
{  printf ("\n\nHi, Dear %s, nice to meet you.", name);
}
```

```
[root@Server01 c]#vim sin_value.c
#include <stdio.h>
#include <math.h>
#define pi 3.14159
float angle;
void sin_value(void)
{  float value;
   value =sin ( angle / 180. * pi );
   printf ("\nThe Sin is: %5.2f\n",value);
}

[root@Server01 c]#vim cos_value.c
#include <stdio.h>
#include <math.h>
#define pi 3.14159
float angle;
void cos_value(void)
{
    float value;
    value =cos ( angle / 180. * pi );
    printf ("The Cos is: %5.2f\n",value);
}
```

由于这 4 个文件包含了相关性，并且还用到数学函数式，所以如果想要让这个程序可以运行，那么就需要进行编译。

1）编译文件

（1）先进行目标文件的编译，最终会有 4 个 *.o 的文件名出现。

```
[root@Server01 c]#gcc -c main.c
[root@Server01 c]#gcc -c haha.c
[root@Server01 c]#gcc -c sin_value.c
[root@Server01 c]#gcc -c cos_value.c
```

（2）再链接形成可执行文件 main，并加入 libm 的数学函数(\是命令换行符，按 Enter 键后在下行继续输入未完成的命令即可)。

```
[root@Server01 c]#gcc -o main main.o haha.o sin_value.o cos_value.o \
-lm -L/usr/lib -L/lib
```

（3）本程序必须输入姓名、360°的角度值来完成计算，才能得到运行结果。

```
[root@Server01 c]#./main
Please input your name: Bobby <==这里先输入名字
Please enter the degree angle (ex>90): 30   <==输入以 360 度为主的角度
Hi, Dear Bobby, nice to meet you.      <==这 3 行为输出的结果
The Sin is: 0.50
The Cos is: 0.87
```

编译的过程需要进行好多操作。如果要重新编译，则上述的流程又要重复一遍，会很麻

烦。能不能一个步骤就完成上面所有的操作呢？可以利用 make 这个工具。先试着在这个目录下创建一个名为 makefile 的文件。

2）使用 make 编译

(1) 先编辑 makefile 这个规则文件，内容是制作出 main 这个可执行文件。

```
[root@Server01 c]#vim makefile
main: main.o haha.o sin_value.o cos_value.o
        gcc -o main main.o haha.o sin_value.o cos_value.o -lm
```

注 意

第 2 行的 gcc 之前是按 Tab 键产生的空格，不是真正空格，否则会出错！

(2) 尝试使用 makefile 制定的规则进行编译

```
[root@Server01 c]#rm -f main *.o <==先将之前的目标文件删除
[root@Server01 c]#make
bash: make: 未找到命令...
安装软件包“make”以提供命令“make”? [N/y] N
```

(3) 按 N 键退出。从上面的信息可以看出，make 命令没有安装，下面是安装过程。

```
[root@Server01 c]#dnf -y install gcc automake autoconf libtool make
警告: rpmdb: BDB2053 Freeing read locks for locker 0xef: 33313/140283926284032
...
Installed products updated.

已安装:
  autoconf-2.69-27.el8.noarch                automake-1.16.1-6.el8.noarch
  libtool-2.4.6-25.el8.x86_64                m4-1.4.18-7.el8.x86_64
  perl-Thread-Queue-3.13-1.el8.noarch

完毕!
[root@Server01 c]#make -v
GNU Make 4.2.1
为 x86_64-redhat-linux-gnu 编译
...
```

(4) 再次执行 make 命令。

```
[root@Server01 c]#make
cc    -c -o main.o main.c
cc    -c -o haha.o haha.c
cc    -c -o sin_value.o sin_value.c
cc    -c -o cos_value.o cos_value.c
gcc -o main main.o haha.o sin_value.o cos_value.o -lm
```

此时 make 会去读取 makefile 的内容，并根据内容直接编译相关的文件，警告信息可忽略。

(5) 在不删除任何文件的情况下，重新运行一次编译的动作。

```
[root@Server01 c]#make
make: "main"已是最新。
```

只进行了更新操作。

```
[root@Server01 c]#./main
Please input your name: yy
Please enter the degree angle (ex>90): 60
Hi, Dear yy, nice to meet you.
The Sin is: 0.87
The Cos is: 0.50
```

10.3.2　了解 makefile 的基本语法与变量

make 的语法相当复杂，有兴趣可以到 GNU 去查阅相关的说明。这里仅列出一些基本的守则，重点在于让读者们未来在接触原始代码时不会迷茫。基本的 makefile 守则如下：

```
目标(target): 目标文件 1 目标文件 2
<tab>   gcc   -o  欲创建的可执行文件 目标文件 1  目标文件 2
```

目标(target)就是我们想要创建的信息，而目标文件就是具有相关性的拟创建的文件。要特别留意，命令行必须以按 Tab 键作为开头才行。语法规则如下。

① 在 makefile 中的 # 代表注解。

② 需要在命令行(例如 gcc 这个编译器命令)的第一个字节按 Tab 键。

③ 目标文件之间需以"："隔开。

我们以 10.3.1 小节的范例做进一步说明。如果想要有两个以上的执行操作，例如，执行一个命令就直接清除掉所有的目标文件与可执行文件，那该如何制作 makefile 文件呢？方法如下。

(1) 先编辑 makefile 来建立新的规则，此规则的目标名称为 clean。

```
[root@Server01 c]#vim makefile
main: main.o haha.o sin_value.o cos_value.o
    gcc -o main main.o haha.o sin_value.o cos_value.o -lm
clean:
     rm -f main main.o haha.o sin_value.o cos_value.o
```

(2) 以新的目标(clean)测试，看看执行 make 的结果。

```
[root@Server01 c]#make clean   <==通过 make 以 clean 为目标
rm -rf main main.o haha.o sin_value.o cos_value.o
```

这样 makefile 里就具有至少两个目标，分别是 main 与 clean。如果我们想要创建 main，输入 make main；如果想要清除信息，输入 make clean；如果想要先清除目标文件再编译 main 程序，就可以输入 make clean main。代码如下所示：

```
[root@Server01 c]#make clean main
rm -rf main main.o haha.o sin_value.o cos_value.o
cc    -c -o main.o main.c
cc    -c -o haha.o haha.c
cc    -c -o sin_value.o sin_value.c
cc    -c -o cos_value.o cos_value.c
gcc -o main main.o haha.o sin_value.o cos_value.o -lm
```

不过,makefile 里重复的数据还是有点多,可以再通过 Shell Script 的“变量”来简化 makefile:

```
[root@Server01 c]#vim makefile
LIBS =-lm
OBJS =main.o haha.o sin_value.o cos_value.o
main: ${OBJS}
      gcc -o main ${OBJS} ${LIBS}
clean:
      rm -f main ${OBJS}
```

与 bash Shell Script 的语法有点不太相同,变量的基本语法如下。

- 变量与变量内容以“=”隔开,同时两边可以有空格。
- 变量左边不可以按 Tab 键,例如上面范例的第一行 LIBS 左边不可以按 Tab 键。
- 变量与变量内容在“=”两边不能有“:”。
- 习惯上,变量最好是以大写字母为主。
- 运用变量时,使用 ${变量}或 $(变量)。
- 该 Shell 的环境变量是可以被套用的。
- 在命令行模式也可以定义变量。

由于 gcc 在进行编译时,会主动地去读取 CFLAGS 这个环境变量,所以,可以直接在 Shell 中定义这个环境变量,也可以在 makefile 文件里定义,或者在命令行中定义。例如:

```
[root@Server01 c]#CFLAGS="-Wall" make clean main
#这个操作在 make 上进行编译时,会取用 CFLAGS 的变量内容
```

也可以这样:

```
[root@Server01 c]#vim makefile
LIBS =-lm
OBJS =main.o haha.o sin_value.o cos_value.o
CFLAGS =-Wall
main: ${OBJS}
      gcc -o main ${OBJS} ${LIBS}
clean:
      rm -f main ${OBJS}
```

可以利用命令行进行环境变量的输入,也可以在文件内直接指定环境变量。环境变量使用的规则如下。

① make 命令行后面加上的环境变量优先。

② makefile 里指定的环境变量第二。

③ Shell 原本具有的环境变量第三。

此外，还有一些特殊的变量需要了解。$@代表目前的目标。

所以也可以将 makefile 改成以下代码（**$@ 就是 main**）：

```
[root@Server01 c]# vim makefile
LIBS = -lm
OBJS = main.o haha.o sin_value.o cos_value.o
CFLAGS = -Wall
main: ${OBJS}
    gcc -o $@ ${OBJS} ${LIBS}
clean:
    rm -f main ${OBJS}
```

10.4 练习题

一、填空题

1. 源代码其实大多是________文件，需要通过________操作后，才能够制作出 Linux 系统能够认识的可运行的________。

2. ________可以加速软件的升级速度，让软件效能更快、漏洞修补更及时。

3. 在 Linux 系统中，最标准的 C 语言编译器为________。

4. 在编译的过程中，可以通过其他软件提供的________来使用该软件的相关机制与功能。

5. 为了简化编译过程中复杂的命令输入，可以通过________与________规则定义来简化程序的升级、编译与链接等操作。

二、简答题

简述 bug 的分类。

参考文献

[1] 杨云，吴敏，李谷伟. Linux 网络操作系统项目教程(RHEL 8/CentOS 8)(微课版)[M]. 4 版. 北京：人民邮电出版社，2021.

[2] 杨云. RHEL 7.4 & CentOS 7.4 网络操作系统详解[M]. 2 版. 北京：清华大学出版社，2019.

[3] 杨云，魏尧. 网络服务器搭建、配置与管理——Linux 版(微课版)[M]. 4 版. 北京：人民邮电出版社，2021.

[4] 杨云，戴万长，吴敏. Linux 网络操作系统与实训[M]. 4 版. 北京：中国铁道出版社，2020.

[5] 赵良涛，姜猛，肖川，等. Linux 服务器配置与管理项目教程(微课版)[M]. 北京：中国水利水电出版社，2019.

[6] 鸟哥. 鸟哥的 Linux 私房菜——基础学习篇[M]. 4 版. 北京：人民邮电出版社，2018.

[7] 刘遄. Linux 就该这么学[M]. 北京：人民邮电出版社，2017.

[8] 刘晓辉，张剑宇，张栋. 网络服务搭建、配置与管理大全(Linux 版)[M]. 北京：电子工业出版社，2009.

[9] 陈涛，张强，韩羽. 企业级 Linux 服务攻略[M]. 北京：清华大学出版社，2008.

[10] 曹江华. Red Hat Enterprise Linux 5.0 服务器构建与故障排除[M]. 北京：电子工业出版社，2008.

[11] 夏栋梁，宁菲菲. Red Hat Enterprise Linux 8 系统管理实战[M]. 北京：清华大学出版社，2020.

[12] 鸟哥. 鸟哥的 Linux 私房菜——服务器架设篇 [M]. 3 版. 北京：机械工业出版社，2012.